人民防空工程设计百问百答丛书暨人防工程技术人员培

总 顾 问　钱七虎

总 主 编　郭春信　王晋生

副总主编　陈力新

总 主 审　李刻铭

人民防空工程暖通空调设计百问百答

郭春信　王晋生　主　编

李国繁　李宗新　主　审

中国建筑工业出版社

图书在版编目（CIP）数据

人民防空工程暖通空调设计百问百答 / 郭春信，王晋生主编 . — 北京：中国建筑工业出版社，2022.10
人民防空工程设计百问百答丛书暨人防工程技术人员培训教材 / 郭春信，王晋生总主编
ISBN 978-7-112-27830-5

Ⅰ . ①人… Ⅱ . ①郭… ②王… Ⅲ . ①人防地下建筑物—采暖设备—建筑设计—问题解答②人防地下建筑物—通风设备—建筑设计—问题解答③人防地下建筑物—空气调节设备—建筑设计—问题解答 Ⅳ . ① TU927-44

中国版本图书馆 CIP 数据核字（2022）第 160447 号

本书是《人民防空工程暖通空调设计百问百答》分册，主要按如下九个方面对本专业问题进行分类：人防工程暖通空调基础知识，三防转换控制，风量标准与计算问题，通风系统的防护设备，进排风系统设计，电站进排风系统设计与审图，人防工程空调设计与审图，医疗救护工程通风空调设计与审图，其他工程。本书主要按现行《人民防空地下室设计规范》等规范，结合工程实际和基础理论对设计问题进行了解答。

责任编辑：齐庆梅
文字编辑：胡欣蕊
责任校对：李辰馨

人民防空工程设计百问百答丛书暨人防工程技术人员培训教材
总 顾 问　钱七虎
总 主 编　郭春信　王晋生
副总主编　陈力新
总 主 审　李刻铭
人民防空工程暖通空调设计百问百答
郭春信　王晋生　主　编
李国繁　李宗新　主　审
＊
中国建筑工业出版社出版、发行（北京海淀三里河路 9 号）
各地新华书店、建筑书店经销
北京雅盈中佳图文设计公司制版
北京建筑工业印刷厂印刷
＊
开本：787 毫米 ×1092 毫米　1/16　印张：16¼　字数：345 千字
2022 年 12 月第一版　2022 年 12 月第一次印刷
定价：70.00 元
ISBN 978-7-112-27830-5
　　（39573）

《人民防空工程设计百问百答丛书暨人防工程技术人员培训教材》编审委员会

总顾问：钱七虎

总主编：郭春信　王晋生

副总主编：陈力新

总主审：李刻铭

《人民防空工程建筑设计百问百答》

主编：陈力新

副主编：李洪卿　吴吉令

主审：田川平

《人民防空工程结构设计百问百答》

主编：曹继勇　王风霞　杨向华

主审：张瑞龙　袁正如　柳锦春

《人民防空工程暖通空调设计百问百答》

主编：郭春信　王晋生

主审：李国繁　李宗新

《人民防空工程给水排水设计百问百答》

主编：丁志斌

副主编：张晓蔚　徐　杕

主审：陈宝旭

《人民防空工程电气与智能化设计百问百答》

电气主编：郝建新　徐其威　曾宪恒

智能化主编：王双庆　王　川

主审：葛洪元

《人民防空工程防化设计百问百答》

主编：韩　浩　徐　敏

主审：史喜成　朱传珍　高学先

《人民防空工程通风空调与防化监测设计及实例》

主编：郭春信　王晋生

副主编：陈　瑶

主审：李国繁　徐　敏

《人民防空工程建筑设计及实例》（规划编写中）
《人民防空工程结构设计及实例》（规划编写中）
《人民防空工程给水排水设计及实例》（规划编写中）
《人民防空工程电气与智能化设计及实例》（规划编写中）

参编单位：
陆军工程大学（原解放军理工大学、工程兵工程学院）
军事科学院国防工程研究院
军事科学院防化研究院
陆军防化学院
中国建筑标准设计研究院有限公司
上海市地下空间设计研究总院有限公司
青岛市人防建筑设计研究院有限公司
江苏天益人防工程咨询有限公司
上海结建规划建筑设计有限公司
中拓维设计有限责任公司
南京龙盾智能科技有限公司
山东省人民防空建筑设计院有限责任公司
黑龙江省人防设计研究院
四川省城市建筑设计研究院有限责任公司
上海民防建筑研究设计院有限公司
浙江金盾建设工程施工图审查中心
中建三局集团有限公司人防与地下空间设计院
新疆人防建筑设计院有限责任公司
南京优佳建筑设计有限公司
江苏现代建筑设计有限公司
江西省人防工程设计科研院有限公司
云南人防建筑设计院有限公司
中信建设有限责任公司
安徽省人防建筑设计研究院
南通市规划设计院有限公司
广西人防设计研究院有限公司
郑州市人防工程设计研究院
成都市人防建筑设计研究院有限公司
中防雅宸规划建筑设计有限公司
南京慧龙城市规划设计有限公司
四川科志人防设备股份有限公司

《人民防空工程暖通空调设计百问百答》
编审人员

主编：郭春信　王晋生
编委：

冯德香	鲁锦川	钟发清	张卫东	袁代光	王琴英	张春光	王　丹
金晓公	刘　铮	卫军锋	沈菲菲	周　锋	赵建辉	吕永江	李金田
陈　雷	王永权	包万明	李雯雯	黄瑜英	范兰英	姜永磊	马吉民
靳翔宇	张　旭	王凤高	蒋　曙	刘英义	彭绍艳	冯姗姗	朱明亮
张利娜	刘健新	赵立新	陈　瑶	王卓然	王海文	余立峰	郝建新
刘富祥	王　强	符　燕	涂建红	陈　军	于永虹	朱培根	孙界平
万月琴	陈　阳						

主审：李国繁　李宗新

序

在当前国内外复杂多变的形势下，搞好人民防空各项工作具有重要的战略和现实意义。随着我国国民经济的持续发展，人民防空各项工作与城市经济和社会一同发展，各省区市结合城市建设和地下空间开发利用，建设了一大批人民防空工程。经过几十年不懈努力，各省区市的人均战时掩蔽面积有了较大提高，各类人民防空工程布局更加合理，建设质量明显提高，城市的综合防护能力也有较大提升。

人民防空工程标准、规范为工程建设提供了依据，但从业人员在实际工作中对现行标准、规范的执行和尺度把握仍有较多疑问，这些问题长期困扰从业人员，严重影响了工程质量。整个行业急需系统梳理存在的问题，并经过广泛研究讨论，做出公开、权威性的解答。基于以上情况，2018年底原解放军理工大学郭春信教授和王晋生教授倡议编著这套丛书。该丛书邀请了国内30多家人防专业设计院所的200多名专家组成丛书编审委员会，依托"人防问答"网，全面系统梳理一线从业人员提出的问题，组织专家讨论和解答问题，并在此基础上编著成这套丛书的六个问答分册。同时，把已解决的问题融入现有设计理论体系，配套编著各专业的设计及实例图书，方便设计人员全面系统学习。

这套丛书的特点是：问题来自一线从业人员，回答时尽量给出具体方法并举例示范，解释时能将理论与实际结合起来，配套完整设计方法与实例，使专业人员一看就懂，一看就能用。这是一套不可多得的人防工程建设指导丛书。这套丛书的出版对提高我国人民防空工程建设质量将起到积极的推动作用。

国家最高科学技术奖获得者

中国工程院院士

2021 年12月28日

前　言

俄乌冲突爆发、台海局势紧张都表明当前国际形势复杂多变，和平发展随时可能受到战争威胁。在此形势下，搞好人防工程建设具有重要意义。高水平设计是人防工程高质量建设的保证，但由于人防工程及其行业管理体制的特殊性，从业人员在长期设计中积累了许多问题，这给实际工作带来诸多困难，严重影响了人防工程的高质量建设，行业迫切需要全面梳理存在的问题，并做出公开、权威解答。

由于行业需要，2018 年底原解放军理工大学郭春信教授和王晋生教授倡议编著《人民防空工程设计百问百答丛书暨人防工程技术人员培训教材》。倡议一经提出，就在行业内得到广泛响应，迅速成立了由陆军工程大学（原解放军理工大学、工程兵工程学院）、军事科学院国防工程研究院、军事科学院防化研究院、陆军防化学院、中国建筑标准设计研究院和各省区市主要人防设计院的 200 多名专家、专业负责人或技术骨干组成的编审委员会。编审委员会以"人防问答"网为问答交流平台，在行业内广泛收集问题并组织讨论。历时四年，共收集到 2400 多个问题，4000 多个回答。因为动员了全行业参与，所以问题覆盖面广，讨论全面深入，解决了许多疑难问题，澄清了大量模糊认识，就许多问题达成了广泛专业共识，为编写修订相关规范或标准提供了重要参考和建议。编审委员会以此为基础，编著成建筑、结构、暖通空调、给水排水、电气与智能化、防化 6 个百问百答分册，主要解决各专业的疑难问题。百问百答分册知识点比较分散，为方便技术人员系统学习，本套丛书还增加建筑、结构、通风空调与防化监测、给水排水、电气与智能化各专业的设计及实例图书 5 册，把百问百答分册解决的问题融合进去，系统阐述应该如何设计并举例示范。这样，本套丛书既有对设计疑难点的深入分析，又有对设计理论和实践的系统阐述，知识体系比较完整，适宜作培训教材使用。本套丛书共计 11 册，编著工作量很大，目前 6 本百问百答分册和《人民防空工程通风空调与防化监测设计及实例》已经完稿，此次以上 7 本同时出版，其他专业设计及实例图书后续出版。

本套丛书主要面向全国人防工程设计、施工图审查、施工、监理、维护管理和质量监督等相关技术人员，是一套实用性和理论性都很强的技术指导书，既可作为工具书，也可作为培训教材，对人防工程科研人员也有一定的参考价值。

本套丛书编写过程中，得到了陆军工程大学校友和"人防问答"网会员的支持，得到了参编单位的大力支持，得到了国家人民防空办公室相关领导的肯定和支持，特别是得到丛书总顾问国家最高科学技术奖获得者、八一勋章获得者、中国工程院院士钱七虎教授的指导和帮助，在此深表感谢！

本书是《人民防空工程暖通空调设计百问百答》分册，主要按如下九个方面对本专业问题进行分类：人防工程暖通空调基础知识，三防转换控制，风量标准与计算问题，通风系统的防护设备，进排风系统设计，电站进排风系统设计与审图，人防工程空调设计与审图，医疗救护工程通风空调设计与审图，其他工程。本书主要按现行《人民防空地下室设计规范》等规范，结合工程实际和基础理论对设计问题进行了解答，也指出了现行规范的部分错漏，提出了修订建议。

由于编者水平有限，错误和疏漏在所难免，广大读者可以登录"人防问答"网或关注"人防问答"微信公众号反馈意见、批评指正。如有新问题也可在该网或公众号上提出，我们将在再版时对本套丛书进行修订和充实。

编者

2022 年 8 月

目 录

第 1 章
人防工程暖通空调基础知识

1. 什么是人防工程通风？

通过一定技术措施使人防工程内的空气与外界空气进行交换或在人防工程内循环的过程称为人防工程通风。

2. 人防工程通风方式如何分类？

人防工程通风按动力可分为机械通风和自然通风。依靠通风机驱动的通风称为机械通风；依靠自然压差驱动的通风称为自然通风。

人防工程通风按使用时期可分为平时通风和战时通风。

3. 什么是人防工程中的平时通风？

人防工程中的平时通风是指人防工程在和平时期，即国家或地区既无战争又无明显战争威胁时期的通风。平时通风是非防护状态下的通风。

4. 什么是人防工程中的战时通风？

人防工程中的战时通风是指人防工程所在地域进入战争状态，且工程转入下文中的，某种防护状态下的通风。战时通风又分为清洁式通风、过滤式通风（俗称滤毒式通风）和隔绝式通风（隔绝防护时的内循环通风）。

5. 人防工程为什么需要通风和空调？

这主要是为了把人防工程内 O_2 和 CO_2 的浓度控制在合理范围，保证外界染毒时人防工程内防毒要求，保证人防工程内空气的温湿度，使人防工程内空气成分和温湿度分布均匀，延长人员掩蔽时间和物资储藏时间。详述如下：

（1）保证人防工程内空气成分中 O_2 和 CO_2 的浓度在合理范围内

无论处于平时还是战时，在人防工程中生活和工作的人员都在不断吸入 O_2，呼出 CO_2。从表 1-1 可以看出，处在不同活动状态下的人，呼出的 CO_2 量和消耗的 O_2 量不同。实测表明，一般情况下 CO_2 浓度上升 1%，O_2 浓度相应下降 1.15%~1.20%。CO_2 和 O_2 的浓度变化对人员的健康有明显影响，见表 1-2 和表 1-3。因此人防工程必须通风换气，将 O_2 和 CO_2 的浓度控制在合理范围内。

不同活动状态下，人员消耗 O_2 量和呼出 CO_2 量　　　　　　表 1-1

活动状态	呼出 CO_2 量 [L/（h·人）]	消耗 O_2 量 [L/（h·人）]
睡眠（安静）	16	20
一般脑力劳动	20~25	25~30
紧张的脑力劳动	30	35
不同程度的体力劳动	50~100	60~120

CO_2 浓度对人员的生理影响　　　　　　表 1-2

吸入空气中的 CO_2 体积浓度（%）	在标准大气压下的影响
0.03	常态空气的 CO_2 浓度
0.05	8h 内没有有害影响
1.0	呼吸较深，肺换气量稍微增加
2.0	呼吸较深，肺换气量增加 50%
3.0	呼吸较深，不舒服，肺换气量增加 100%
4.0	呼吸吃力，速率加快，相当不舒服，肺换气量增加 200%
5.0	呼吸极端吃力，剧烈头痛，恶心，肺换气量增加 300%
7.0~9.0	容忍限度（个别人可能发生昏迷）
10.0~12.0	失调，瞬间失去知觉
15.0~20.0	症状增加，时刻有致命危险
25.0~30.0	呼吸减少、血压下降、昏迷、失去知觉，时刻有致命危险

O_2 浓度对人员的生理影响　　　　　　表 1-3

吸入空气中的 O_2 体积浓度（%）	在标准大气压下的影响
21	常态空气的 O_2 浓度
17	潜水艇的最小设计浓度，没有不利的影响
15	没有直接有害的影响
10	眩晕，呼吸短促、深而较快，脉搏加快
7	昏迷
5	最小的生存浓度
2~3	瞬息间死亡

（2）外界染毒时，保证人防工程内满足防毒要求

工程处在隔绝防护期间，室内 CO_2、毒剂或有害物浓度超标或有人员出入工程时，工程应转入过滤式通风工况（过滤式防护），为人防工程内的掩蔽人员提供不染毒的空气，并形成室内超压和防毒通道换气，防止外界染毒空气跟随人员带入工程或沿各种孔隙进入工程。

（3）保证人防工程内空气的温湿度，保持人体舒适度，提高人体对 CO_2 的耐受力

室内空气温度对人体的热调节起着主要作用，空气湿度也对其有重要影响。两者过高或过低都影响人体的舒适和健康。图 1-1 是高温高湿对人体温度和脉搏的影响。

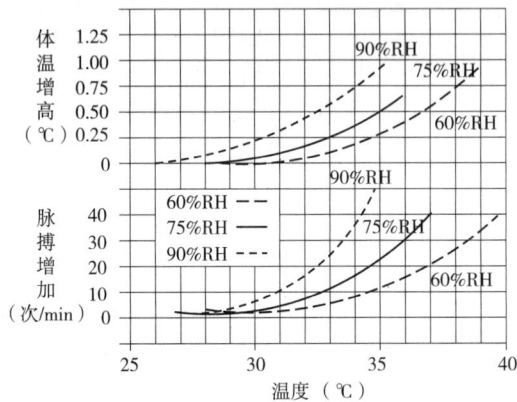

图 1-1　高温高湿对人体温度和脉搏的影响
注：RH 为相对湿度。

另外，空气温度高低直接影响人员对 CO_2 浓度的耐受力，这在人防工程中有着特殊意义。军事医学科学院试验表明：高温时人员对 CO_2 的耐受力低，低温时人员对 CO_2 的耐受力高。气温与 CO_2 浓度对人员生理耐受力的关系见表 1-4。

气温与 CO_2 浓度对人员生理耐受力的关系　　　　　　　　表 1-4

气温 （℃）	生理变化（CO_2）		
	明显改变	突然增大	剧烈改变
13.2	3.26	4.55	5.08
27	2.30	3.40	4.60

（4）保证人防工程（物资库）内空气的温湿度，延长物资储藏时间

①空气湿度对粮油食品的影响

空气中的水分很容易被粮食和其他食品吸收而增加其含水率。粮食的呼吸作用随着含水率的增加而加强。例如，大麦在含水率为 10%~12% 时，呼吸作用很微弱，若含水率增加到 14%~15%，则呼吸将增加 2~3 倍。因此粮库和食品库一定要控制库内空气的湿度。

②空气温度对粮油食品的影响

粮食的呼吸作用随温度的提高而加强，所以要控制库内的温度。例如，在小麦含水率为 14%~15% 的情况下，当温度为 15℃时呼吸强度较微弱，而当温度上升至 25℃时呼吸强度将增加 16 倍。另外虫害和霉菌在 15℃以下繁殖剧减，降温至 10℃则完全停止繁殖。温度高、湿度大的环境也会引起其他食品和食用油中霉菌的迅速繁殖和变质。

③药品库、被服库等都需要通风空调使其保持在一定的温度和湿度下，保证物资的长期储藏。在《人民防空食品药品储备供应站设计规范》DB32/T 3399—2018 中人防药品站的温湿度要求见表 1-5。

温度、湿度和噪声标准　　　　　　　　　　　　表 1-5

房间名称		库房	值班室	休息室
温度（℃）	夏	≤ 26	≤ 26	≤ 26
	冬	≥ 5	≥ 5	≥ 5
相对湿度 RH（%）	夏	≤ 65	≤ 65	≤ 65
	冬	30 ≤ Φ ≤ 65	30 ≤ Φ ≤ 65	30 ≤ Φ ≤ 65
噪声 [dB（A）]		≤ 55	≤ 50	≤ 45

（5）通风使人防工程内空气成分和参数分布均匀

人防工程内不同区域之间被墙体分隔，人员掩蔽区的氧气消耗量大，二氧化碳产生量也大，通过通风循环可以使工程内空气成分和参数分布均匀，提高掩蔽人员的舒适感，延长工程隔绝防护时间。

（6）在热湿环境下通风可以提高掩蔽人员的舒适感，延长掩蔽时间

与无通风的工程相比，在有通风的人防工程中，人员的耐受能力明显提高。在人防工程隔绝式防护条件下，有无通风的比较试验表明：高温高湿环境下，有通风时人体感受明显好于无通风时。其原因主要是通风使人体散热加快，提高了人的耐受能力。试验还指出在换气次数等于或小于 5 次 /h 时，人员不会感到明显的吹风感。所以适当提高换气次数是非常必要的。数量最多的二等人员掩蔽工程，人员进驻后一般都成为热湿环境。例如一个防护单元掩蔽人员为 1200 人，一个成年男子在 25~28℃时的散热量为 108W，散湿量为 61~82g/h，所以一个防护单元内的总散热量为 129.6kW，散湿量为 73.2~98.4kg/h。这样大的热量和湿量将使工程内温湿度升高，使人感觉闷热，空气浑浊。此时启动通风系统，人员会立刻感到舒适得多，隔绝时间也将延长。

6. 人防工程平战转换期间，在工程防护密闭方面暖通和防化专业要做哪些工作？

人防工程平战转换期间，在工程防护密闭方面，暖通和防化专业要做的主要工作如下：

（1）暖通专业

①完善各防护单元独立的进、排风系统和人防电站的进风、排风及排烟系统，平时未安装的设备要安装到位并拆除影响战时通风的管道或管件；

②检查防爆波活门是否完好，并进行维护保养，重点检查悬摆板是否启闭灵活，并为其铰页添加润滑剂，悬板与底座板贴合是否严密；

③检查平时已经安装到位的密闭阀门和自动排气活门等设备是否完好，并进行维修和保养；

④封堵防护单元之间预留的通风管穿墙孔洞；

⑤平时没有安装的仪器和设备如测压装置、除尘器和过滤吸收器的测压差装置及流量计等要全部安装到位；

⑥调试通风系统，使每个送风口和排风口达到设计风量；

⑦供暖和空调系统过防护密闭墙的套管，要做好密闭处理。

（2）防化专业

①采购或配备防化器材，报警和检测装置安装到位；

②做工程超压检查：检查漏气部位，进行封堵；检查门的漏气情况，请厂家来调试门扇的垂直度，更换密闭胶条，测试门的漏气量，测试每个出入口部漏气量是否达到 $V \leq 0.1W$（V——漏气量，m^3/h；W——该工程口部最小防毒通道的容积，m^3）的要求；

③做工程整体超压试验：在设计滤毒式进风量条件下，测试其超压值和最小防毒通道换气次数是否达到规范要求。

④按《人民防空工程防护设备产品与安装质量检测标准》（暂行）RFJ 003—2021 要求，全面做好防护设备和通风密闭管段的质量检查及气密性测试，保证上述两项双达标。

7. 什么是清洁式防护和清洁式通风?

战时，工程所在地区随时有遭受敌人核、生、化武器袭击的可能，但人防工程外空气尚未污染。此时，该地区进入临战状态，把工程进、排风（烟）系统上开启的防爆波活门的门扇关闭锁紧，依靠门扇上孔口通风和排烟，人员出入口的门也随时关闭锁紧，这种防护方式称为清洁式防护。

人防工程转入清洁式防护状态下的通风称之为清洁式通风。

8. 清洁式防护应做哪些工作?

主要需做如下工作：

（1）各出入口部的防护密闭门和密闭门要有人值守，出入人员要随手关门；

（2）关闭进、排风系统和排烟系统防爆波活门的门扇，依靠门扇上的孔洞进、排风和排烟；

（3）为水封井注足水；

（4）防爆地漏的漏芯旋下到防护位置，并注足水；

（5）工程中防化、暖通、给水排水、电气、自控和通信系统，全部转入战备状态，各专业要明确岗位值守人员；

（6）平战转换不到位的密闭措施，在此期间必须补充完善。

9. 什么是隔绝式防护和隔绝式通风？

利用工程围护结构、防护设施和气密措施使工程内外隔绝，将武器爆炸产生的冲击波和核、生、化污染物阻挡在工程外的防护方式称为隔绝式防护。

人防工程转入隔绝式防护之后，所进行的内循环通风称为隔绝式通风。

10. 隔绝式防护应做哪些工作？

隔绝式防护要断绝工程与外界的空气、水和人员交流，并在清洁式防护的基础上做如下工作：

（1）立即关闭锁紧出入口的防护密闭门和密闭门；

（2）立即关闭主体进、排风系统的风机和密闭阀门；

（3）立即关闭供暖系统和空调冷却系统管道上的防护阀门；

（4）立即关闭排污泵和给水排水管道上的防护阀门，并将水封，地漏转入隔绝防护状态；

（5）检查与外界连通的孔洞封堵是否严密；

（6）防化分队开始取样化验，查明室外污染情况（污染物种类、浓度、性质），并报告指挥室。

11. 什么是过滤式防护和过滤式通风？两者有什么区别？

当工程所在地域遭到敌人核、生、化武器袭击致使空气被污染，工程在隔绝式防护或隔绝式通风的基础上，开启过滤式进风系统的进风机和密闭阀门，外界被污染空气经过除尘滤毒设备处理后进入工程，开启超压排风系统上的相关阀门，将用过的废气通过超压排风系统排出工程。从防污染物的角度看，这是一种防护方式，所以称为过滤式防护。从通风换气角度看，这是一种通风方式，所以称为过滤式通风，两者还是有区别的，通风是目的，防护是保障。

过滤式通风是在良好隔绝情况下，为满足工程使用的需要，如有人员出入时保障工事超压和防毒通道换气要求，或工程隔绝时间到了或隔绝居住时间到了，有内部空气品质改善的要求等。在过滤式防护条件下，开启过滤通风系统，进行有组织地进排风，滤除进风中污染物，送入清洁空气供工程内人员使用。

而过滤式防护是要求过滤式通风时,先弄清室外污染物种类、浓度和性质之后,确认是该过滤吸收器可以过滤的,且浓度并不太高的情况下,根据工程当时防护的需要,利用工程的过滤式通风系统,在工程防化信息的指导下,有效地组织进、排风,实时监测进气污染滤除的质量,供给工程内部人员洁净新风,排除有毒有害气体,改善工程的空气品质,以保证内部人员正常生活与勤务活动的一种防护方式。

12. 过滤式防护应做哪些工作?

过滤式防护需要在隔绝式防护或隔绝式通风的基础上做如下工作:

(1)打开过滤式进风系统和排风系统上相关的密闭阀门及超压排气活门,启动过滤式进风机;

(2)观察流量计,风量要从小到大逐渐调到设计的过滤式进风量,不得超过过滤吸收器的额定风量;

(3)监测过滤吸收器的尾气,含毒浓度不能超标(如果发现某一过滤吸收器超标,关闭其前方的密闭调节阀,按剩余过滤吸收器的计算风量运行);

(4)检测室内 CO_2、O_2 及有害物浓度,空气质量得到改善或人员出入完毕后应及时转为隔绝式防护或隔绝式通风,并应注意过滤式通风是间歇运行的。

13. 过滤式通风与滤毒式通风有什么区别?

滤毒式通风是过滤式通风的习惯叫法,一般意义上可以认为没有区别。

但严格讲两者略有区别:核武器袭击后要求进风系统过滤放射性气溶胶中的放射性灰尘,生物武器袭击后要求进风系统过滤生物战剂气溶胶中的飞沫及飞沫核,化学武器袭击后要求进风系统过滤毒剂,滤毒式通风有只过滤毒剂之意,而过滤式通风则可以表示过滤核、生、化武器袭击后的多种污染物,所以用过滤式通风比滤毒式通风表达更全面、更准确。

14. 隔绝式防护与清洁式防护有什么区别?

隔绝式防护要关闭所有与工程外相通的阀门、出入口的门、进排风机、进排水泵并封堵其他孔洞,使工程内外没有空气和水的交换,除了信息交换之外工程内外完全隔绝。

清洁式防护时,进排风系统和给水排水系统仍然可以进行空气和水的内外交换,人员可以进出工程。

两者的区别是工程内外有无空气、水和人员的交流。

15. 什么时候转入隔绝式防护？

隔绝式防护是人防工程最基本的防护，也是最主要的防护，这个理念必须十分清晰。工程处在下列情况之一时，应转入隔绝式防护：

（1）敌人将对工程所在地区实施核、生、化武器袭击，上级主管单位发出警报指令时；

（2）敌人对工程所在地区实施核、生、化武器袭击致使工程外空气被污染，核、生、化监测设备发出报警信息时；

（3）工程外发现大面积火灾时；

（4）在工程外空气已经被污染，过滤吸收器失效时；

（5）在工程外空气已经被污染，通风孔口被堵塞无法进排风时；

（6）发现过滤吸收器不能处理的新型毒剂时；

（7）温压弹刚袭击过，工程外空气氧气含量低时。

16. 什么时候转入隔绝式通风？

在确保工程已经转入隔绝式防护并且经检查达到隔绝式防护要求后，转入隔绝式通风。详述如下：

（1）隔绝式通风是工程在隔绝式防护条件下的内循环通风。这里要注意，接到报警后，工程从清洁式防护转入隔绝式防护有很多工作要做，而且要求详细检查。例如：要检查出入口的门、通风系统密闭阀门、自动排气活门等是否关闭锁紧，水封井和地漏是否注足水，各种穿密闭隔墙的管孔是否密闭等。隔绝式通风运行时，送风口区域是正压，回风口区域是负压，不做好密闭工作负压区会漏毒、正压区会漏气。只有通过检查确认都达到隔绝式防护的要求后，才可考虑转入隔绝式通风。

（2）工程内人员掩蔽区因人员呼吸氧气浓度逐渐降低，CO_2 浓度逐渐升高。启动循环通风可以使工程内空气成分和温湿度分布均匀。在正常温度下，通风所产生的一定风速能促进人体散热、散湿，使人体感觉舒适。因此在确保工程已经转入隔绝式防护并且经检查达到隔绝式防护要求后，即可转入隔绝式通风。

17. 什么时候转入过滤式通风？

经查明污染物的种类和浓度，确定由所设置的除尘、滤毒设备可以清除，当出现以下任一情况时，应转入过滤式通风。

（1）当工程隔绝一定时间，室内空气中 CO_2 浓度升高到设计容许浓度或 O_2 浓度降低到设计容许浓度，并且人员感到继续隔绝难以维持时；

（2）毒剂沿缝隙进入工程，毒剂监测仪发出报警信号时；

（3）其他有害物超标，威胁掩蔽人员安全时；

（4）有人员进出工程，需要工程超压为防毒通道进行通风换气以排除人员带入防毒通道的染毒空气时。

18. 转入过滤式通风时应该注意什么？

主要注意以下五点：

（1）工程转入过滤式通风之前，应查明工程外遭受袭击的状况以及毒剂的种类、性质和浓度，确认是所设置过滤吸收器可以过滤的毒剂。待初生云团过后，方可转入过滤式通风。

（2）过滤式通风的通风量应严格控制在过滤吸收器的额定风量范围内，否则由于风量增加而提高了通过吸收层的速度，缩短了吸收时间，过滤效果降低，造成尾气过早超标。这种因风量过大而引起的尾气超标不等于吸收器失效，只有在设计风量时也超标，才可判定为过滤吸收器失效。

（3）当工程外发现大面积火灾时，不能转入过滤式通风。因为工程外 CO 和 CO_2 浓度高，过滤吸收器对 CO 和 CO_2 基本没有过滤能力，此时外界空气进入工程反而会使工程内空气环境恶化。而且工程外空气温度过高，也会对滤毒设备产生不利影响。

（4）因为每个过滤吸收器出厂时，所测到的初阻力都不相同，有的相差几十 Pa 甚至上百 Pa，这样安装到同一个系统上（图 1-2），必须通过调节阀 TJ 调节 7~8 管段的阻力，使三个 7~8 管段阻力相等后，通过三个过滤吸收器的风量才能相等，此时方可转入过滤式通风。

（5）转入过滤式通风时要打开增压管上的阀门 F9，使密闭阀 F1 和 F2 之间管段内超压，防止毒剂从该管段漏入工程。

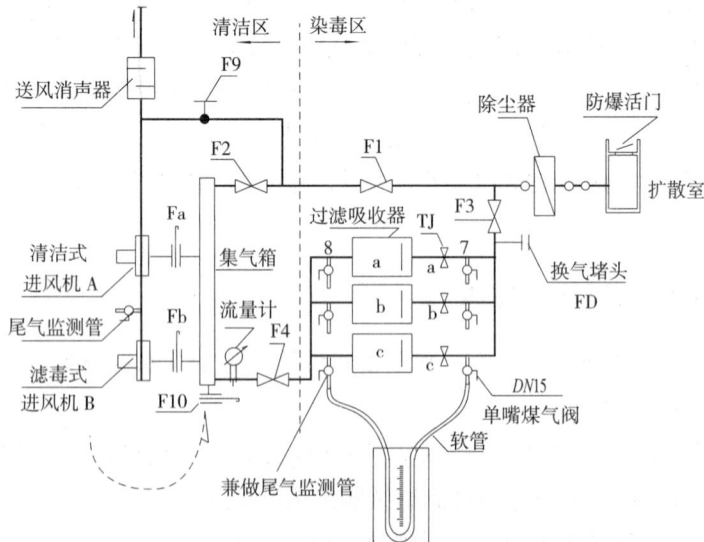

图 1-2　进风系统过滤吸收器管路同程设计示例

F1、F2、F3、F4—密闭阀门；F9—球阀；Fa、Fb、F10—密闭插板阀；TJ—阻力平衡调节阀

说明：

①过滤吸收器出口不宜设阀门，因为它增加了该管段调节阻力平衡的难度，增加了占地面积。过滤吸收器尾气超标的报警浓度，是在某一时间段内的安全浓度，因此出口设阀有害而无利。

②系统设计时，要注意管路同程，如图 1-2 进风系统图中，通过三个过滤吸收器的管路即为同程。管路同程才便于调节阻力平衡。

19.防护和通风方式的转换顺序是什么？

防护方式和通风方式转换要根据战争阶段的变化、上级指令及工程内外空气环境实际情况变化进行转换，具体转换顺序及转换时机见图 1-3。

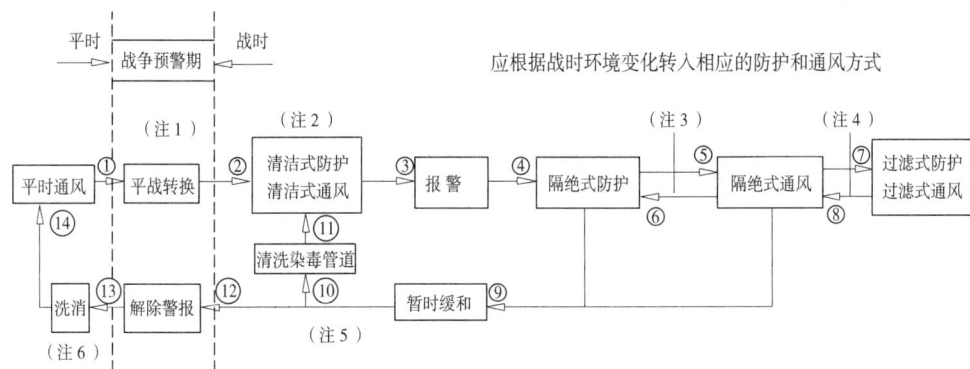

图 1-3 防护和通风方式的转换顺序

①接到上级指令：本地进入战争预警期，人防工程要在指定的时间内，完成平战转换工作；
②接到上级指令：本地进入战争状态，人员应进入工程掩蔽；
③核、生、化报警器发出，本工程收到袭击空气已经污染的声光信号；
④工程立即转入隔绝式防护，报警器发出报警信号，本地区的防护性质发生变化，受到了敌人的核或生物或化学武器的袭击，必须立即转入隔绝式防护；
⑤转入隔绝式通风，见"注 3"；
⑥发现孔口仍然不严密，有漏毒情况，应立即转入隔绝式防护，待密闭工作完成，再转入隔绝式通风；
⑦转入过滤式通风：满足"注 4"中所述的某种情况可转入过滤式通风；
⑧转回隔绝式通风：因为人员出入完毕或者室内空气质量转好，就转回隔绝式通风，过滤式通风是间歇运行的，这样可以延长工程防护时间和提高过滤吸收器的防护能力；
⑨在隔绝式防护或者在隔绝式通风期间，接到上级指令：第一次袭击过去，可能出现缓和阶段，但是战争危险并未解除，此时工程可以转入清洁式通风；
⑩转入清洁式通风之前，必须对染毒的进风竖井和染毒的管道进行消毒，同时对出入口和人员活动场地进行洗消，划出安全边界，以便人员活动；
⑪洗消完成，确认无误，可以转入清洁式通风；
⑫接到上级指令，解除战争警报；
⑬全面进行战后洗消；
⑭转入平时通风。
注 1：
战争预警期和平战转换期是两个概念：
（1）战争预警期：从发现敌人准备发动侵略战争的时候起，到该地转入战争状态时的一段时间。一般说来，先宣战后交兵的战争，预警期较长，不宣而战的战争，预警期较短。现代战争条件下，战争的突然性、隐蔽性进一步增大，预警期更短。

（2）平战转换期：早期转换应完成物资、器材筹措和构件加工，临战转换应完成后加柱安装和对外出入口及孔口的封堵，紧急转换应完成防护单元连通口的转换及综合调试等工作。经过转换工作，工程应由平时功能完全转为战时功能，达到原设计要求的标准。此期间称为平战转换期，它一般含在预警期内。

注2：

人防工程平战功能转换完成后，不一定立即转入清洁式防护和清洁式通风。战争的情况是难以预料的，平战功能转换完成是"准备就绪"，何时转入清洁式防护和清洁式通风，何时人员进驻，视战况的发展来决定。

注3：

（1）只有确认完成隔绝式防护密闭措施之后，才可以根据需要转入隔绝式通风，不是拉响警报、关上门就可以转入隔绝式通风。因为隔绝式通风运行时，送风口区域是正压，回风口区域是负压，回风口处在次要出入口部，不做好密闭工作负压区会漏毒。所以必须确认一切无误后，才可以进行隔绝式通风。

（2）转入隔绝式通风之后，可能出现次要出入口的门缝等处仍然漏毒的情况，需要返回隔绝式防护状态去处理，所以此处有反向箭头。

注4：

若出现毒剂浓度超标或 CO_2 浓度超标，或有人员出入工事的情况，需要转入过滤式通风。当空气环境改善或者人员出入完毕，还应返回隔绝式通风或者隔绝式防护。过滤式通风是间歇运行的，以便使过滤吸收器更好地发挥其作用，延长工程防护时间。

注5：

当室外空气证明已经无污染，本地战事稍有缓和，警报暂时解除时，必须对染毒的进风竖井、通风管道、口部有限地域进行消除，并划出安全边界，供掩蔽人员活动。

注6：

解除战争威胁，转入平时通风之前，必须进行全面消毒和消除，包括对染毒的进排风井、管道进行清洗消毒、染毒设备进行更换等，全部完成后才可以转入平时通风。

第 2 章
三防转换控制

20. 接到报警信号后，目前三防转换一般是首先转入隔绝式通风，这对吗？

不对！

这样做可能造成灾难性后果。接到报警信号后，三防转换应首先转入隔绝式防护而不是隔绝式通风。三防控制箱应增加隔绝式防护键，三防信号显示箱也应增加隔绝式防护显示灯。详述如下：

人防工程进风系统均设在战时人员的次要出入口，隔绝式通风的循环风机多数是清洁式进风机。实际验收时发现，接到报警信号工程立即转入隔绝式通风，进风机室回风口处立即形成负压区，而此时手动启闭的门和密闭阀门并未关闭，外界染毒空气大量进入工程，因此这样做必然造成灾难性后果。

正确的做法应是接到警报信号后首先转入隔绝式防护。这是三种防护方式控制和三种通风方式转换的关键。应尽快按隔绝式防护要求断绝工程内外空气和水的交换，如关闭出入口的门、进排风机、密闭阀门、自动排气活门、污水泵，检查与室外相通的封堵口、管孔等是否密闭，检查排水系统的水封和地漏是否注足水等，这些工作需要一定时间才能完成。完成隔绝式防护后，才可转入隔绝式通风。

目前的三防控制箱和三防信号显示箱只有控制或显示清洁式通风、隔绝式通风和过滤式通风三种通风方式，没有单独的隔绝式防护按键和显示灯。从上面分析可知这是有重大缺陷的，必须在三防控制箱上增加隔绝式防护键和相应的信号显示灯，这将方便相关人员准确理解和控制。

21. 什么是隔绝式防护键？

隔绝式防护键是在三防控制箱上新增的按键，按下该键时工程立即转入隔绝式防护。

从电气控制角度，按下该键应能自动关闭所有与外界有空气、水或人员交流的电动设备，例如进风机、排风机、电动密闭阀门、排污泵和出入口的电动防护密闭门等。同时，按下该键后工程内各处的三防显示灯箱的隔绝式防护灯显示蓝色灯光，并且伴有提示的铃声。工程维护管理人员也应立即检查手动启闭的门和密闭阀门等与外界有空气、水和人员交流的设备或部位，未关闭或未封堵的应立即关闭或封堵。

　　这个独立的隔绝式防护键，也称为"一键隔绝键"。

22. 能举个增设隔绝式防护键的三防控制箱实例吗？

　　新增隔绝式防护键的三防控制箱（也称三防控制中心），如图 2-1 所示，下面对其进行介绍。

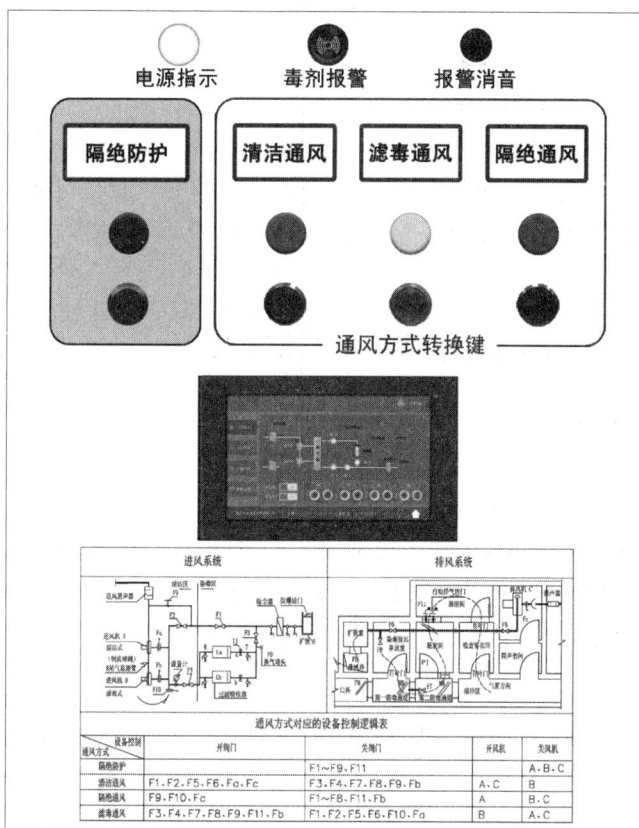

图 2-1　增设隔绝式防护键的三防控制箱实例

　　（1）面板上部按键区：分为通风方式转换按键区和隔绝式防护按键区两部分。

　　①通风方式转换按键区：设有清洁式通风、隔绝式通风、过滤式通风三个按键，只能转换三种通风方式，按键上方对应配有绿、红、黄三种颜色的显示灯和三种通风方式汉字灯；

　　②隔绝式防护按键区：只有隔绝式防护按键，按键上方对应配有蓝色的显示灯和汉字灯；

　　③隔绝式防护和三种通风方式转换时，均伴有提示的铃声。

（2）面板中部可视化监视控制区

该区域可视化监控进风、排风设备及系统，监控三种防护通风方式转换。与箱体内部控制器结合，执行三防控制箱的基本控制逻辑，即接到报警信号，首先应转入隔绝式防护，人工检查工程确认达到隔绝式防护要求之后，才可以根据工程具体情况，通过手动按键实施其他通风方式转换。执行该控制时，可分为两种情况：

①设有核、生、化报警器的工程中，报警器的数据线必须与三防控制箱相连，接到报警后对应的电气设备能自动转入隔绝式防护（面板上同时配有触摸隔绝式防护按钮）。

②未设核、生、化报警器的工程，接到报警时，按下三防控制箱上的触摸隔绝式防护按钮，对应的电气设备能转入隔绝式防护。上部按键、中部触摸按钮互为备用，更加安全可靠。

（3）面板下部通风系统显示区

三防控制箱的面板下部应有进、排风系统原理图和系统防护方式及通风方式转换操作表，方便人员操作。同时应注意进、排风机室的控制箱也应分别有进、排风系统原理图和系统防护方式及通风方式转换操作表，以便就地控制。

23. 隔绝式防护键与隔绝式通风键有什么区别？

有以下五个方面不同：

（1）功能不同：按下隔绝式防护键是转换一种防护方式，而按下隔绝式通风键，是转换一种通风方式，两者是不可相互替代的；

（2）启动时机不同：必须先转入隔绝式防护，且检查工程达到隔绝式防护要求后，才能根据需要按下隔绝式通风键，转入隔绝式通风，有先后之别；

（3）重要性不同：人防工程必须有隔绝式防护的功能，但可以没有隔绝式通风的功能；

（4）控制目的不同：前者是使内外隔绝，后者是在隔绝的前提下使内部空气循环起来；

（5）控制范围不同。

进一步解释如下：

按下隔绝式防护键将关闭所有与外界有空气、水或人员交流的电动设备，如进排风机、电动密闭阀门、排污泵和出入口的电动防护密闭门等。同时三防信号灯变为蓝色，并有铃声提示。以图2-2进风系统转换为例，按下隔绝防护键将自动关闭进风机和所有密闭阀门（如果是非电动阀门，则由人工关闭）。注意这里只是以进风系统转换为例，隔绝式防护要求的其他转换内容仍要完成。

隔绝式通风键是为转换到隔绝式通风而设置。按下该键将启动内循环电动设备，如清洁式进风机，有空调的工程是启动送回风系统，并使工程内各处的三防信号灯变为红色，有铃声提示。因为隔绝式通风需要开关的非电动设备只能在信号提醒下由人工完成。

隔绝式防护键是关闭与外界连通的孔口、进排风系统的风机和密闭阀门、给水排水系统的泵和水封及阀门，使内外隔绝；而隔绝式通风键，是在隔绝式防护条件下，启动内循环通风系统。以二等人员掩蔽所的进风系统转换为例，见图 2-2。按下隔绝通风键将自动开启进风机 A，由人工打开阀门 F9、插板阀 F10 和 Fa，其余阀门关闭。

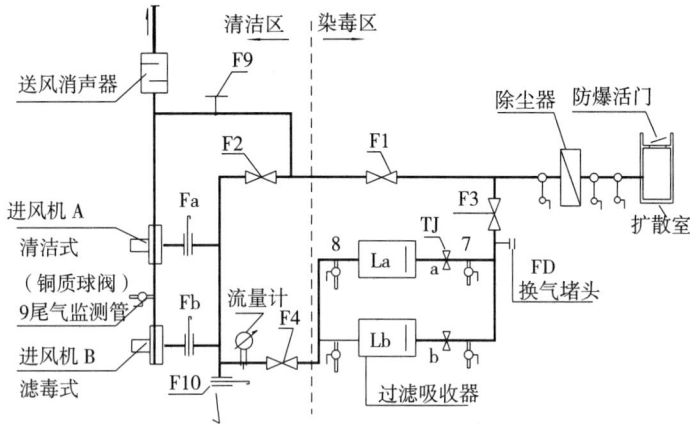

通风方式	开阀门	关阀门	进风机	
			开	关
清洁式	F1、F2 Fa	F3、F4、F9 Fb、F10	A	B
隔绝式	F9 Fa、F10	F1~F4 Fb	A	B
滤毒式	F3、F4、TJ F9、Fb	F1、F2 Fa、F10	B	A

图 2-2　进风系统原理图

第 3 章
风量标准与计算问题

24.《人民防空地下室设计规范》GB 50038—2005 中表 5.2.2（表 3-1）的新风量标准只有下限值没有上限值是否合理？能推荐风量上限值吗？

室内人员战时新风量 [m³/（P·h）]　　　　　　　　　　　　　　　　表 3-1

防空地下室类别	清洁通风	滤毒通风
医疗救护工程	≥ 12	≥ 5
防空专业队队员掩蔽部、生产车间	≥ 10	≥ 5
一等人员掩蔽所、食品站、区域供水站、电站控制室	≥ 10	≥ 3
二等人员掩蔽所	≥ 5	≥ 2
其他配套工程		

注：物资库的清洁式通风量可按清洁区的换气次数 1~2 次 /h 计算。

新风量标准只有下限值没有上限值不合理。新风量应有经济合理的取值范围，不能无限大。

25. 二等人员掩蔽部的清洁式新风量标准都取下限值 $5m^3$/（P·h）合适吗？

应区别对待。

人员掩蔽工程中，新风主要是保证工程内 CO_2 和 O_2 浓度在合理范围、排除异味气体。以二等人员掩蔽部为例，清洁式通风时，室内 CO_2 浓度要控制在 0.25%~0.45% 之内；滤毒式通风时，室内 CO_2 浓度要控制在 0.72%~1.05% 之内。为此，相应规定了新风量也在一个范围内，如清洁式新风量 5~10m³/（P·h）；滤毒式新风量 2~3m³/（P·h）。（注：上限值参考本书第 24 号问答）

人防工程的新风量推荐标准 [m³/（P·h）]　　　　　　表 3-2

防空地下室类别	清洁式新风量	滤毒式新风量
医疗救护工程	15~20（注 1）	5~7
防空专业队人员掩蔽部、生产车间	10~15	5~7
一等人员掩蔽所、区域给水站、电站控制室	10~15	3~5
食品储备供应站、药品储备供应站	30（注 2）	5~7（注 2）
二等人员掩蔽所	5~10（注 3）	2~3
其他配套工程	—（注 4）	—（注 4）

注 1：《人民防空医疗救护工程设计标准》RFJ 005—2011 第 4.2.2 条 "战时清洁通风时，室内人员新风量标准定为 15~20m³/（P·h）" 标准高于上级 "战术技术" 要求是因为行业标准可以高于 "战术技术要求"。

注 2：这是江苏省《人民防空食品药品储备供应站设计规范》DB32/T 3399—2018 的新风量标准，可参照执行。

注 3：《人民防空地下室设计规范》GB 50038—2005 里规定二等人员掩蔽所清洁式新风量 ≥ 5m³/（P·h），没有上限值不妥，建议改为 5~10m³/（P·h）。

注 4：其他配套工程新风量取值可见相应工程的专门设计规范或标准，例如油库、粮库、被服库等均有相应的国家规范或标准可查。

　　新风量范围是考虑了技术和经济性的一个相对合理的取值范围，它主要考虑的是战时人员短时间隐蔽在工程内，具体工程如何取值应根据实际情况不同加以区别。一般未来战争威胁较大的城市，宜取上限，新风量大，空气环境好，转入隔绝式防护时 CO_2 初始浓度低，人员掩蔽的时间可以更久，未来战争威胁较小的城市可取下限。此外，比较重要的工程宜取上限。总之，新风量标准一概都取下限值不合适。

26. 计算清洁式排风量会大于计算清洁式进风量吗？如果大于怎么处理？

　　这要从以下几个方面来说明：

　　（1）对设有空调的工程，为了防止夏季热湿空气自然流入工程，一般在空调系统运行期间，工程的排风量 L_P=（0.8~0.9）L_J，（L_J 为进风量）。以便保持主体内的微正压，让漏风气流方向是指向工程外的。这是设计意图，必须在运行说明中加以强调，运行管理人员在系统运行时，要调节进、排风量，使其满足上述要求。

　　（2）对无空调的工程，其排风量没有 L_P=（0.8~0.9）L_J 的要求。

　　（3）计算排风量 L_P 大于计算进风量 L_J 时，有以下两种方法来调节：

　　①在新风量标准取值范围内，增加进风量。

　　②进风量已经达到上限，则调节排风房间的换气次数，换气次数是推荐值，是可以适当改变的，要灵活运用。

　　同样道理，这也是设计意图，必须在运行说明中加以强调，运行管理人员在系统运行时，要调节进排风量，使其满足排风量 L_P=（0.8~0.9）L_J 的要求。

　　③医疗救护工程是个特例，因为排风要素房间较多，计算排风量常常大于计算新风量，此时可以根据实际情况，突破新风量上限，要灵活运用规范，特殊情况特殊对待。

（4）设计人员应知道设计意图是靠运行调节来实现的，不是设计进风量大，开机运行进风量就大。必须告诉维护管理人员要按设计说明调节到 $L_P=（0.8\sim0.9）L_J$。

（5）设计人员要积极参加所设计工程的系统调试运行和验收工作，总结实际经验逐渐提高自己的设计质量和理论水平。

27. 按计算新风量选择清洁式进风机会使送风换气次数太小，如何解决该问题？

仅按计算新风量选择清洁式进风机会使送风换气次数太小，但不能通过突破新风量标准上限来解决该问题，应通过新风加回风的方式加大总送风量。

现以一个常见掩蔽1200人的二等人员掩蔽所为例，清洁区的掩蔽面积约为1700m²，顶板距地面为3m，因此它的空间体积为 1700×3=5100m³。该工程清洁式新风量标准取 5m³/（P·h），因此清洁式进风量为 5×1200=6000m³/h，换气次数仅仅为 6000/5100=1.176 次/h。即使清洁式新风量标准取上限 10m³/（P·h），换气次数也仅为 2.35 次/h。如果按该计算新风量选择清洁式进风机为工程通风，显然会使换气次数太小。工程在隔绝式防护条件下，有无通风的比较试验指出换气次数等于或小于 5 次/h 时，觉不出有明显的吹风感，所以适当提高换气次数是非常必要的。

如果大幅提高新风量标准，这将明显加大防护通风设施，如进排风井、进排风机和防爆波活门，成本较高。这个问题主要是送风换气次数太低，而不是新风量不够，所以可以通过进风加回风的方式加大总送风量，把换气次数提高到 5 次/h 以上。下面结合工程实例介绍两种做法：

（1）进风量不变引入回风，加大清洁式进风机的风量

仍以上述二等人员掩蔽所为例，其平时为地下汽车库，通风系统图见图 3-1。计算清洁式新风量为 6000m³/h，如果换气次数取 6 次/h，则清洁式送风量须达到30600m³/h，按此风量选清洁式进风机 7，并适当增加系统的回风量。运行时，打开密闭阀门 1 和 2，调节回风插板阀 9，调节进风量达到 6000m³/h，则回风量可达到24600m³/h，送风换气次数可增加到 6 次/h。

这种做法虽然可以增大送风换气次数，但缺点是增大了战时清洁式进风机及其送回风管路，同时也增大了调节难度。和下面的做法相比系统复杂且成本高，一般不在工程中优先采用。

（2）战时进风系统与平时排风机联合运行

仍以平时为地下汽车库的二等人员掩蔽所为例。如图 3-2 所示，清洁式进风机的送风管平战转换法兰 A 接入平时排风系统的总管上。清洁式进风机 7 按计算清洁式新风量 6000m³/h 选型。清洁式通风时，关闭平时排风井下方的防护密闭门 m1 和密闭门 m2，打开集气室门 m3，同时启动清洁式进风机和平时排风机 10。因为地下汽车库的换气次数按 5~6 次/h 左右，这样换气次数就可以增加到约 5~6 次/h，可解

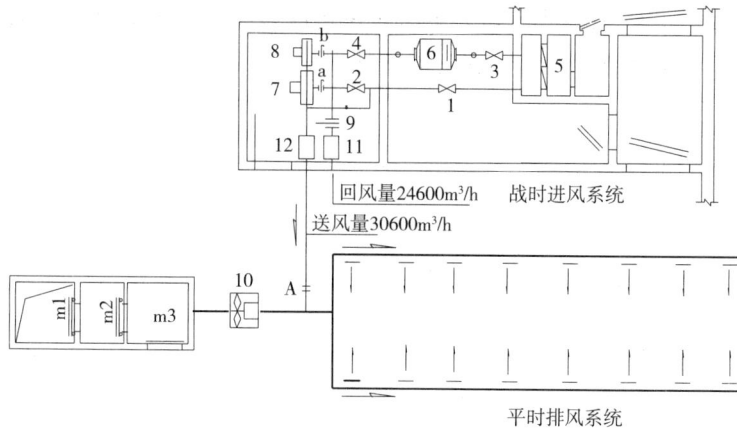

平时排风系统和战时进风系统串连。战时系统运行时关闭门 m1、门 m2 和门 m3。

图 3-1　加大清洁式进风机进风量运行示意图

1~4—密闭阀门；5—LWD 型除尘器；6—过滤吸收器；7—清洁式进风机；8—滤毒式进风机；9—回风插板阀；10—汽车库平时排风机；11—回风消声器；12—送风消声器

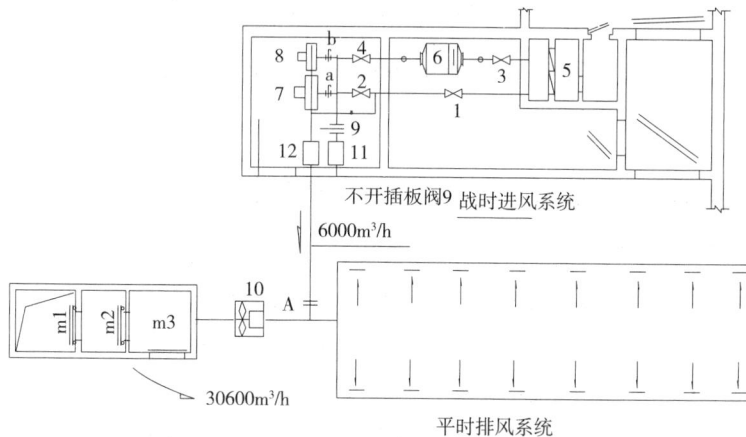

图 3-2　战时进风系统与平时排风机联合运行示意图

1~4—密闭阀门；5—LWD 型除尘器；6—过滤吸收器；7—清洁式进风机；8—滤毒式进风机；9—回风插板阀；10—汽车库平时排风机；11—回风消声器；12—送风消声器

决换气次数不足的问题。隔绝式通风时，只开风机 10 即可。

目前此类工程最常见的做法是平战转换法兰 A 就近接入平时排风系统，如图 3-3 所示。这样只开清洁式进风机，因接入点不在送风管路的阻力平衡点，且送风量较小，所以风口送风量很难调节均匀。如果平时排风机 10 同时启动运行，则换气次数大大提高。风口也由战时送风改为回风，风口风量容易调节均匀。采用"清洁式进风系统与平时排风机联合运行"，风口风量相对均匀，换气次数也大，所以平战转换法兰 A 接入点不在管路阻力平衡点也是可以的。甚至可以进一步说，只要风机把新风送到人员掩蔽区，不接入送风管都可以。

这里需注意的是，因为战时需要平时排风机联合运行，所以平时排风机的用电负荷要计入战时，需告知电气专业设计时不能遗漏。

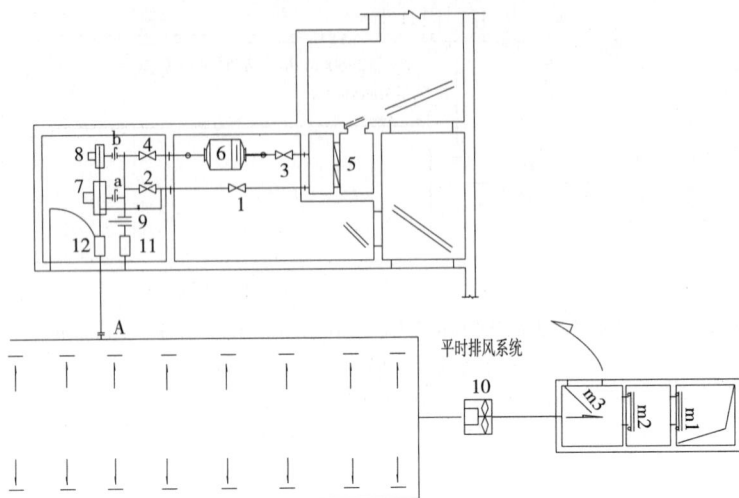

图 3-3　目前常见战时进风系统示意图

1~4—密闭阀门；5—除尘器；6—过滤吸收器；7—清洁式进风机；8—滤毒式进风机；9—增压管上的球阀；10—平时排风系统的排风机；11—回风消声器；12—送风消声器；A—平战转换法兰（平时系统与战时进风系统的连接法兰）；a—清洁式进风机的启动插板阀；b—滤毒式

28. 如何选择清洁式进、排风（烟）系统的风机？

风机应根据系统的计算阻力 P 和计算风量 L 两个量来确定其型号的。但是，通风系统均有漏风，所以选风机时，风量要增加一个附加值。同理，由于风量增加以及保证安全，计算阻力也要增加一个附加值 β；所以选择风机的风量 $Q=(1+\alpha) L$（m^3/h）；风压 $H=(1+\beta) P$（Pa）。

《民用建筑供暖通风与空气调节设计规范》GB 50736—2012 第 6.5.1 条规定：

（1）通风机风量应附加风管和设备的漏风量。进、排风系统可附加 5%~10%，排烟兼排风系统宜附加 10%~20%；

（2）通风机采用定速时，通风机的压力在计算系统压力损失上宜附加 10%~15%。

因为设计对象是人防工程，所以选择清洁式进、排风（烟）系统的风机时，优先按人防工程规范执行，人防工程规范不明确的按《民用建筑供暖通风与空气调节设计规范》GB 50736—2012 执行。

29. 可以选用两台同型号滤毒式进风机并联代替清洁式进风机吗？

在审查的图纸中，有采用两台同型号滤毒式进风机代替清洁式进风机的，有人提出异议。是否可以代替，应通过分析风机和管路性能曲线，综合比较耗功率、效率等因素确定。现以某二等人员掩蔽部为例，计算滤毒式新风量 2400m³/h，滤毒式通风系统的计算阻力约为 910Pa。计算清洁式新风量为 6000m³/h，清洁式进风系统的计算阻力约为 390Pa。清洁式进风机和滤毒式进风机按如下两种方法选用，进风系统参见图 3-2。

第一种选用方法：按滤毒式通风计算参数 2400m³/h、910Pa 选一台 4-72 No3.2A 型离心式风机（设定风量和风压的附加值 $\alpha=10\%$；$\beta=20\%$；则风机的风量：$L \geqslant 2640$m³/h，风机的全压 $P \geqslant 1092$Pa。参数见表 3-3）作为滤毒式风机，满足要求同时再选用一台同型号风机，清洁式通风时，两台并联运行，也满足要求。

第二种选用方法：滤毒式风机选用一台 4-72 No3.2A 型离心式风机，清洁式通风机按清洁式通风计算参数 6000m³/h、390Pa 选一台 4-72 No6A 型离心式风机（清洁式进风机风量和风压的附加值 $\alpha=10\%$；$\beta=10\%$，则风机的风量：$L \geqslant 6600$m³/h，风压 $P \geqslant 429$Pa。参数见表 3-4 序号 5）。清洁式风机和滤毒式风机各自在其相应通风方式下运行。

4-72 No3.2A 型离心式风机性能参数　　　　表 3-3

机号	传动方式	转数（r/min）	序号	流量（m³/h）	全压（Pa）	轴功率（kW）	效率（%）	电机功率（kW）
3.2	A	2900	1	1688	1300	0.88	69.3	2.2
			2	1955	1263	0.93	73.2	
			3	2209	1220	0.99	75.5	
			4	2476	1160	1.03	76.8	
			5	2729	1091	1.07	76.9	
			6	2996	1006	1.10	75.6	
			7	3250	918	1.13	73.2	
			8	3517	792	1.11	69.3	

4-72 No6A 型离心风机性能参数　　　　表 3-4

机号	传动方式	转数（r/min）	序号	流量（m³/h）	全压（Pa）	轴功率（kW）	效率（%）	电机功率（kW）
6	A	960	1	4420	498	0.79	77.6	1.5
			2	5065	492	0.84	81.8	
			3	5679	481	0.89	84.7	
			4	6324	463	0.94	86.0	
			5	6938	437	0.98	86.1	
			6	7582	402	1.00	84.6	
			7	8196	366	1.01	82.1	
			8	8841	317	1.00	77.6	

对这两种选法，首先肯定滤毒式风机选择 4-72 No3.2A 都是正确的。下面来比较清洁式通风时，两者的耗功率。

（1）第一种选用方法

如图 3-4 所示，线 1 为 4-72 No3.2A 型离心式风机的流量 Q- 压头 H 性能曲线，因为风机并联运行，所以按风机并联规律根据线 1 可做出线 4：两台风机并联运行的流量 Q- 压头 H 性能曲线。因为管路在流量 $Q=6600\text{m}^3/\text{h}$ 时阻力 $H=429\text{Pa}$，所以可以把该组参数代入阻力—流量函数关系式（3-1），从而计算出阻抗 S 的值。

$$H=SQ^2 \tag{3-1}$$

确定 S 的值后，这个管路的性能曲线方程就确定了。按这个性能曲线方程在图 3-4 中可画出管路性能曲线 5。线 5 和两台同型号进风机联合性能曲线 4 的交点就是风机并联运行时的工作点 K。从图中可查得 K 点流量为 7700m³/h，压头为 650Pa，根据并联风机和单台风机的压头和流量关系可知单台风机的流量为并联总风量的一半即 3850m³/h，压头仍为 650Pa。在图 3-4 中做流量为 3850m³/h 的等流量线 6，线 6 与单台风机性能曲线的交点 M 和 T 的参数即为单台风机的另外两个运行参数：轴功率 1.13kW、效率 63%。两台风机的总轴功率为 2.26kW。

当滤毒式通风时，流量为 2400m³/h，所以做等流量线 7 与线 1、2、3 相交，交点 E 为滤毒式通风时的工作点，交点 G 轴功率为参数为 1.03kW，交点 F 效率为 76%。

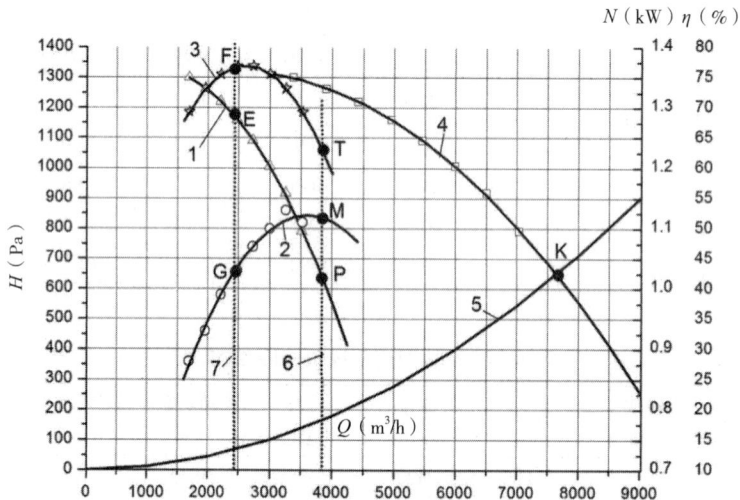

图 3-4　两台 4-72 No3.2A 型离心式风机并联运行特性曲线
1—4-72 No3.2A 离心式风机的流量 – 压头性能曲线；
2—4-72 No3.2A 离心式风机的流量 – 轴功率性能曲线；
3—4-72 No3.2A 离心式风机的流量 – 效率性能曲线；
4—两台 4-72 No3.2A 离心式风机并联运行流量 – 压头性能曲线；
5—按流量 6000m³/h 时阻力 400Pa 做的清洁式管路性能曲线；
6—流量为 3850m³/h 的等流量线；
7—流量为 2400m³/h 的等流量线

（2）第二种选用方法

如图 3-5 所示，线 10、11、12 为 4-72 No6A 型离心式风机的性能曲线。使用和

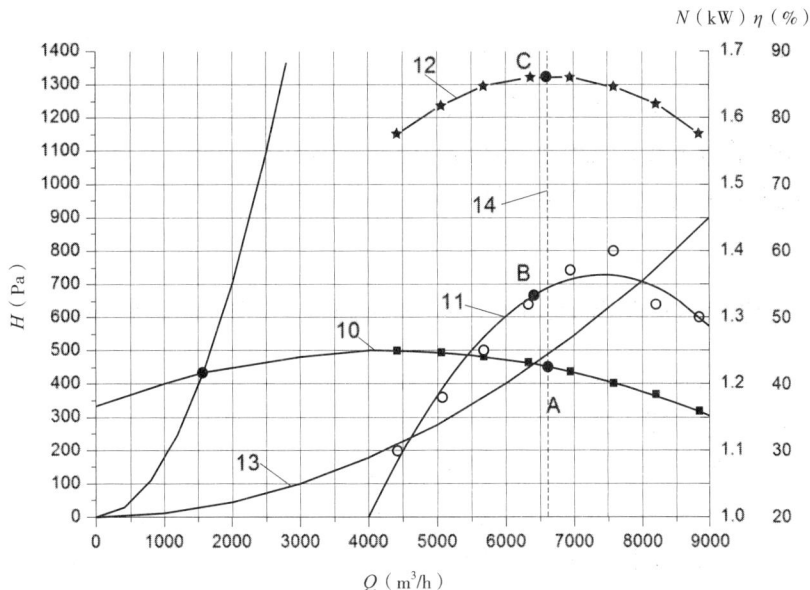

图 3-5　清洁式通风单台 4-72 No6A 型离心式风机运行特性曲线

10—4-72 No6A 离心式风机的流量 – 压头性能曲线；

11—4-72 No6A 离心式风机的流量 – 轴功率性能曲线；

12—4-72 No6A 离心式风机的流量 – 效率性能曲线；

13—按流量 6600m³/h 时阻力 429Pa 做的管路性能曲线；

14—流量为 3850m³/h 的等流量线

上面同样的分析方法，只是不考虑风机并联，可以得到清洁式通风时的运行工作点 A。从图中可查得 A 点流量为 6400m³/h，压头为 460Pa。因为是单台风机运行，所以这即是风机运行时的流量和压头。做流量为 6600m³/h 的等流量线 14，线 14 与风机性能曲线的交点 B 和 C 的参数即为风机另外两个运行参数：轴功率 B=1.34kW，效率 C=86%。

（3）比较分析

在第一种选用方法中，清洁式通风时总风量为 7700m³/h，压头为 650Pa，轴功率为 2.26kW，效率为 63%；在第二种选用方法中，清洁式通风时总风量为 6600m³/h，压头为 460Pa，轴功率为 1.34kW，效率为 86%。下面分别从轴功率、效率等方面进行比较。

①轴功率：两者清洁式通风工况运行时，第一种的轴功率是第二种的 1.7 倍，显然第一种能耗高，运行费用高。但应该看到第一种虽然能耗高，但其清洁式风量也是第二种的 1.2 倍。第一种的风量没有超过悬板活门 HK600 的额定风量 8000m³/h，此时不需对清洁式风量做调节，因为风量大能使室内空气环境更好。所以虽然第一种功率略高，但相应风量也略大。

②效率：两者清洁式运行时，第一种的运行效率低，已不在该风机的高效运行区间，而第二种运行效率高，在风机高效运行区间。

③噪声：两者清洁式运行时，第一种转速为 2900r/min 高，一般噪声约 90dB（A），两台并联运行，还有附加噪声，而第二种转数低 960r/min，噪声约 70dB（A），第二

种噪声明显较小。

（4）综合以上因素，本书的观点

两种方法各有利弊。但是两者比较，第二种方法优点更多一些，单台出口气流更通畅，操作管理方便，耗能小，运行费用低，单台运行噪声小，风机的可靠性高。因此目前绝大多数设计师采用第二种方法，这是值得肯定的。

30. 清洁式进风机的选型风量不能超过防爆波活门的额定风量吗？

不一定。确有审图人员曾提过"不能超过"的意见，但应结合工程实际情况具体问题具体分析，不能一概而论。

《人民防空地下室设计规范》GB 50038—2005 第 5.2.10 条规定，所选用的防爆波活门的额定风量不得小于战时清洁通风量。据此，如果审图意见为"清洁式进风量不能超过防爆波活门的额定风量"，则正确。但若为"清洁式进风机的选型风量不能超过防爆波活门的额定风量"，则不妥。如图 3-1 所示，清洁式进风机 7 入口前方设有启动阀 a 和回风插板阀 9，清洁式进风机 7 的选型风量远超过防爆波活门的额定风量。清洁式通风时，是靠调节回风插板阀 9 和密闭阀门 1 来控制清洁式进风量和回风量的。风机的风量是可以调节的，这个基本常识要清楚。因此，应结合工程实际情况分析，不能一概而论。

31. 选择风机的风压为什么要附加 10%~15%？可以超过 15% 吗？

《人民防空工程设计规范》GB 50225—2005 第 7.1.7 条规定，通风机的风压应按通风系统计算的压力损失附加 10%~15% 确定，同时规定了风量应考虑的漏风量比例。下面仍以第 29 号问答中的工程为例分析，其清洁式进风量 Q=6000m³/h，进风系统计算的阻力 H=400Pa。

（1）考虑管道和设备漏风，因为本系统长度 L < 100m，按规范漏风量取 5%，则风机风量 Q_f=1.05Q=6300m³/h，风机风压附加取 10%，则风机全压 H_f=1.1H=440Pa。从表 3-4 可知，应选用 4-72 No6A 风机。将其 H-Q 工作曲线画在图 3-6 上，该系统的阻力特性曲线 H_a=SQ^2 与 4-72 No6A 风机的性能曲线相交得到初始工作点 E，风量 Q_e=6400m³/h，风压 H_e=440Pa。该值符合规范要求。

但是，再来看图 3-6，随着进风系统除尘器阻力增加，即 S 增大，系统特性曲线 H_a=SQ^2 与 4-72 No6A 风机性能曲线交点将从 E 点向 F 点和 G 点移动，进风量会明显减少。工作点 G 的阻力不到 500Pa，风量已经不足 5000m³/h。

（2）如果选择风压较高的 4-72 No5A 型风机（表 3-5），系统运行初始工作点 C 的阻力约为 550Pa，风压超过进风系统计算阻力 15%，此时风量约为 7300m³/h，如系统除尘器阻力再增加，则工作点从 C 点移到 B 点，当阻力增加到 700Pa 时，风量还有 6000m³/h。

（3）结论：

①设有除尘器等会引起阻力变化的进风系统中，进风机的压头应适当偏大一点，其附加值可以超过 15%；

②对于不产生阻力变化的排风系统不宜超过上述给定值。

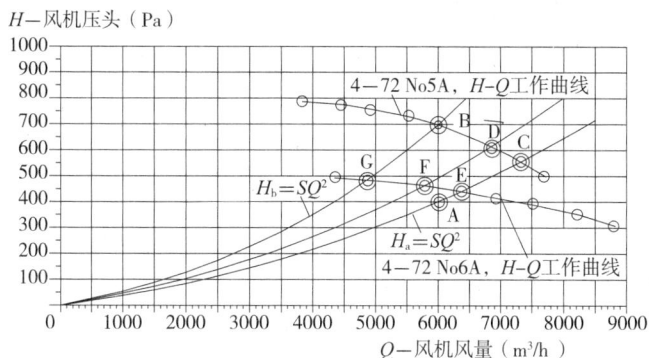

图 3-6　风机工作点的变化规律

4-72 No5A 型离心式风机性能参数　　　　　表 3-5

机号	传动方式	转数（r/min）	序号	流量（m³/h）	全压（Pa）	电机功率（kW）
5	A	1450	1	3864	790	2.2
			2	4427	780	
			3	4964	762	
			4	5527	735	
			5	6064	693	
			6	6628	637	
			7	7164	580	
			8	7728	502	

32. 清洁式通风与滤毒式通风合用一台进风机的进风系统，进风机选型如何满足这两种通风方式的风量和风压要求？运行时需要如何调节？

确实有这种情况，这是有内电源，而且掩蔽人数不多的工程。现以某一等人员掩蔽工程为例，战时掩蔽 450 人。滤毒式进风量标准取 3m³/（h·P），计算得滤毒式进风量 Q_d=1350m³/h。选用 2 台 RFP-1000 型过滤吸收器，滤毒式通风系统的计算阻力为 H_1=1200Pa。清洁式进风量标准取 10m³/（h·P），计算得进风量 Q_q=4500m³/h，清洁式进风系统计算阻力 H_2=400Pa。系统合用 1 台进风机，见图 3-7。

（1）根据《人民防空工程防化设计规范》RFJ 013—2010 第 5.2.6 条：

①滤毒式进风机的风压 $H_d \geqslant 1.2 \times 1200$=1440Pa；

因为该滤毒式进风机兼做清洁式进风机，所以风压 $H_d \geqslant 1.2 \times 1200+\Delta H$=1440+30=1470Pa（$\Delta H$ 为工程超压值）；

②滤毒式进风机的风量 $Q_d \geqslant 1.2 \times 1350 = 1620 \text{m}^3/\text{h}$。

（2）清洁式进风机的风压和风量：

①清洁式进风机的风压 $H_q \geqslant 1.15 \times 400 = 460 \text{Pa}$；

②清洁式进风机的风量 $Q_d \geqslant 1.05 \times 4500 = 4725 \text{m}^3/\text{h}$。

（3）选风机：

从风机样本上选用一台 4-72 No3.6A 离心式进风机。该风机的性能参数见表 3-6，此表中的参数能涵盖两种工况的工作点。因为国内大部分厂家只给出最高效率区的几个参数，而不是性能曲线，致使设计人员误认为离开这几个参数就不能选用此风机了。如果根据给出的参数绘制性能曲线，就可以扩展它的使用范围。

（4）按表 3-6 做 4-72 No3.6A 型风机的工作曲线，见图 3-8。

①将表 3-6 中序号 1~8 的风量 Q 和全压 H 各参数，在方格图上画出各相应工作点；

②将 8 个工作点连成一条曲线，即为该风机的风量 Q 与全压 H 特性曲线，风机在系统中运行时，其工作点一定在这条曲线上；

③滤毒式通风时的计算工作点 A（风量 1620m³/h，阻力 1440Pa）和清洁式通风时的计算工作点 D（风量 4725m³/h，阻力 460Pa）都在风机特性曲线及延长线的区域内，所以该风机能够满足两种工况的要求。

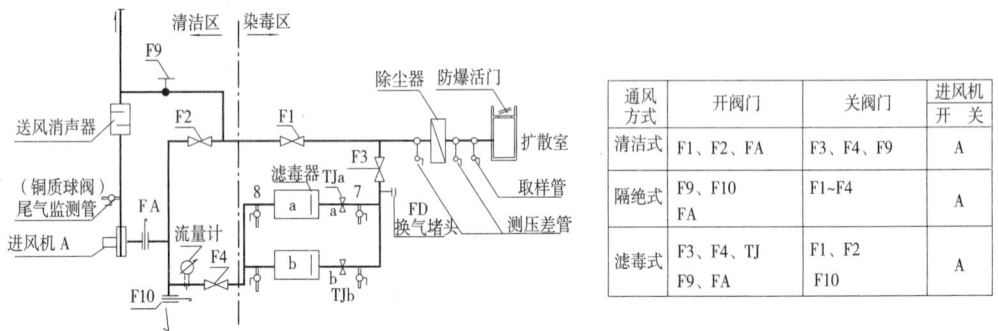

图 3-7　合用一台进风机的进风系统

通风方式	开阀门	关阀门	进风机	
			开	关
清洁式	F1、F2、FA	F3、F4、F9	A	
隔绝式	F9、F10 FA	F1~F4		A
滤毒式	F3、F4、TJ F9、FA	F1、F2 F10		A

4-72 No3.6A 离心通风机性能表　　　　　　表 3-6

机号	传动方式	转数（r/min）	序号	流量 Q（m³/h）	全压 H（Pa）	电机功率（kW）	备注
3.6	A	2900	1	2664	1578	3.0	
			2	3045	1531		
			3	3405	1481		
			4	3786	1419		
			5	4146	1343		
			6	4527	1256		
			7	4887	1144		
			8	5268	989		

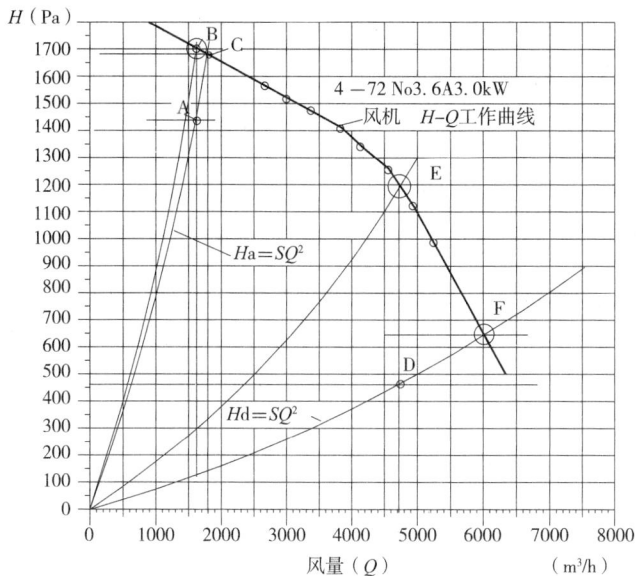

图 3-8　4-72 No3.6A 风机的工作曲线

（5）工作点 A 的调节（图 3-7）：

①在室外染毒的条件下，在全部关闭的阀门中首先开启增压管的阀门 F9，其次将过滤吸收器前的调节阀 TJa、TJb 调节到预定位置，然后打开密闭阀门 F3 和 F4；

②启动进风机（应空载启动，风机启动阀 FA 是关闭的），慢慢开启阀门 FA，当流量计的读值达到 1620m³/h，将阀门 FA 开启位置记录下来，并固定。可见得到理论计算工作点 A 的风量需要调节风机启动阀 FA，风机运行工作点实际在 B 点，不在 A 点运行，如果不调节，它的自然工作点在 C 点，风量大约会增加到 1800 m³/h。

（6）清洁式通风系统 D 也是理论工作点：

①在全部关闭的阀门中，首先开启阀门 F1 和 F2；

②启动进风机（应空载启动，风机启动阀 FA 是关闭的），渐渐开启阀门 FA 使风量为 4725m³/h（或 4500），可见工作点 E 也是调节风机启动阀 FA 达到的。

③清洁式通风量在不超过防爆波活门额定风量时，越大越好，所以将阀门 FA 全开，读流量计，本工程实际流量将达到 $Q=6000m³/h$，此时系统阻力将为 $H_2=650Pa$，工作点将在 F 点上。

④随着除尘器阻力不断增加，其工作点 F 将逐渐向 E 点移动，达到 E 点，要清洗除尘器，或更新除尘器，此时工作点又回到 F 点，如此不断地反复。

33. 一、二等人员掩蔽所是否需要均匀送风？

均匀送风在暖通专业有特定含义，一、二等人员掩蔽部不需要均匀送风，多数仅需要等量送风或排风。详述如下：

在均匀分布送风口的管道中，按静压不变原理设计，由风管侧壁相邻较近的成排孔口或短管均匀地把等量空气以相同的出口速度和规定的出流角度送出称之为均匀送风。其特点是通过连续改变送风管道截面积或送风口大小来实现，施工完成，不需后期调节，有其专门的设计方法。它主要用于北方大型厂房的大门空气幕和特殊工艺要求车间等。

对于平时是汽车库，战时为普通一、二等人员掩蔽部的大空间，它的送、排风口是等距离布置的，各风口的风量应相等，即等量送风或等量排风。其风管各断面不是按静压不变原理设计的，它的风口风量是靠施工后调节达到相等的，和均匀送风有明显区别。因此，在设计图纸上，要标明每个风口的风量，以便竣工调试。

对于分隔成多个房间的普通人防地下室，各风口风量根据房间大小、掩蔽人数不同而不同，连等量送风都不是。同样，在设计图纸上，要标明每个风口的风量，以便竣工调试。

34.《人民防空工程防化设计规范》RFJ 013—2010 第 5.1.1 条中，滤毒式新风量、最小防毒通道换气次数、主体超压值指标都是一个区间，设计时可否超过这个区间的上限？

三个指标都可能超过区间上限。一般掩蔽人员较多的二等人员隐蔽工程，多数防毒通道换气次数指标超出上限；掩蔽人员较少的食品、药品、被服供应站工程，滤毒式新风量指标通常超出上限。气密性较好的工程，主体超压值会超过上限。下面举例说明：

（1）某丙级防化工程

①按滤毒式新风量指标计算滤毒式进风量：

某丙级防化工程为二等人员掩蔽部，该工程内战时掩蔽 1200 人，清洁区有效面积 1700m²，层高 3.0m，因此清洁区有效容积 V_1=5100m³，防毒通道及超压排风系统如图 3-9 所示，防毒通道长 4m，宽 2.8m，高 3.0m，因此防毒通道容积 V_2=33.6m³。

该工程为丙级防化工程，根据《人民防空工程防化设计规范》RFJ 013—2010 第 5.1.1 条，可知其滤毒式新风量指标区间为 2~3m³/（P·h），见表 3-7。

新风量、换气次数和主体超压值　　　　　　　　　　　　　表 3-7

防化级别		滤毒风量 [m³/（P·h）]	最小防毒通道换气次数（次/h）	主体超压值（Pa）
乙	1	5~7	50~60	50~70
	2	3~5		
丙		2~3	40~50	30

按《人民防空工程防化设计规范》RFJ 013—2010 中的式（5.2.5-1）：

$$Q_1=q_R N$$

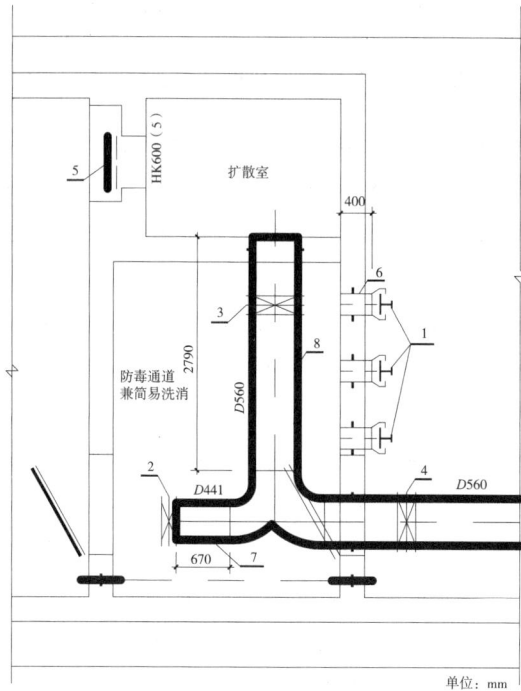

图 3-9　排风系统图

1—超压排气活门；2、3、4—密闭阀门；5—悬板活门；6、7、8—管段

式中　Q_1——按掩蔽人员计算所得的新风量，m^3/h；

　　　q_R——人员新风量，$m^3/(P \cdot h)$；

　　　N——工程中掩蔽人数。

本工程人员滤毒式新风量指标 q_R 为 $2\sim3m^3/(P \cdot h)$，工程中掩蔽人数 N 为 1200 人，按滤毒式新风量指标下限计算滤毒式新风量为 $2400m^3/h$（注：一般二等人员掩蔽部滤毒式新风量指标多数取 $2m^3/(P \cdot h)$；重点工程如学校等可取 $3m^3/(P \cdot h)$）。

②按最小防毒通道换气次数指标计算滤毒式进风量：

按《人民防空工程防化设计规范》RFJ 013—2010 式（5.2.5-2）：

$$Q_2 = q_L + KV$$

式中　Q_2——按最小防毒通道换气次数计算所得的新风量，m^3/h；

　　　q_L——工程保持超压的漏风量（该值应为保证防毒通道换气次数的附加安全量，漏风量不能这么大，但为叙述方便，仍沿用漏风量说法），m^3/h，取清洁区有效容积的 4%~7%，防化乙级以下工程取 4%（根据《人民防空地下室设计规范》GB 50038—2005 第 5.2.7 条）；

　　　K——最小防毒通道换气次数，次 /h；

　　　V——最小防毒通道容积，m。

漏风量：

$$q_L = V_1 \times 4\% = 5100 \times 4\% = 204 m^3/h$$

按最小防毒通道换气次数下限值 40 次 /h 计算可得滤毒式进风量为：

$$Q_2 = q_L + KV = 204 + 40 \times 33.6 = 1548 \text{m}^3/\text{h}$$

该风量和按滤毒式新风量指标计算滤毒式进风量 2400m³/h 比较取较大值，可知滤毒式进风量应取风量为 2400m³/h。该风量减去漏风量，可反算出对应的最小防毒通道换气次数为 $K=65$ 次 /h，显然超过规范中最小防毒通道换气次数的上限 50 次 /h。

如果该工程是重点工程如学校，同样方法可算得最小防毒通道换气次数为 $K=101$ 次 /h，更是远超过规范中最小防毒通道换气次数的上限 50 次 /h。

③超压值计算：

滤毒式通风时，工程是在主体整体超压下排风的，即是该超压克服了排风系统的总阻力和自然压差（室外风压及工程内外温差和高差引起的热压差）。下面计算滤毒式通风时排风系统的总阻力。总阻力包括局部阻力和沿程阻力，表 3-8 是图 3-9 所示口部排风系统滤毒式通风时的局部阻力计算表，表 3-9 是沿程阻力计算表，计算可得排风系统总阻力为 80.77Pa，远超表 3-7 中超压值指标 30Pa。丙级防化工程规范中没有规定上限值，但该值也超过了乙级防化工程的超压值指标上限 70Pa。如果排风系统总阻力上再加自然压差，则超压值更高，更是远超乙级防化工程的超压值指标上限。图 3-9 是较为典型的布置形式，其计算超压值较高，说明只要工程的实际气密性较好，一般实际超压值都会超过规范的上限。图 3-9 是设淋浴的洗消方式，排风系统的阻力还要增加两道门上百叶风口的阻力，这将使排风系统的总阻力更大，工程的超压值也相应更大，更会超过规范的上限。

某二等人员掩蔽部滤毒式通风时排风系统局部阻力计算表　　　　表 3-8

局部阻力名称	管径或型号	局部阻力系数	流量（m³/h）	通风截面积（m²）	风速（m/s）	局部阻力（Pa）	备注
超压排气活门	PS-D250	—	732	—	—	41.00	查图
突然扩大	DN250	1	732	0.049	4.14	10.31	
突然缩小	DN441	0.5	2196	0.153	4.00	4.79	
密闭阀门 2	DN441	0.24	2196	0.153	4.00	2.30	
圆形弯头	DN441	0.22	2196	0.153	4.00	2.11	此处虽为三通，但密闭阀 4 滤毒通风时关闭，所以作为弯头处理
密闭阀 3	DN560	0.24	2196	0.246	2.48	0.88	
突然扩大	DN560	1	2196	0.246	2.48	3.68	
悬板活门 5	HK600（5）	5.39	2196	0.283	2.16	15.07	其通风截面积相当于 DN600 圆管，该阻力也可直接查图得
局部阻力合计						80.14	局部阻力名称列表顺序沿排风方向

某二等人员掩蔽部滤毒式通风时排风系统沿程阻力计算表　　　表 3-9

管段	管径	单位摩擦阻力（Pa/m）	流量（m³/h）	长度（m）	通风截面积（m²）	风速（m/s）	沿程阻力（Pa）	备注
管段 6	DN250	0.9	732	0.4	0.049	4.14	0.36	
管段 7	DN441	0.41	2196	0.67	0.153	4.00	0.27	
管段 8	DN560	0.13	2196	2.79	0.246	2.48	0.36	忽略密闭阀门长度
沿程阻力合计							0.64	
排风系统总阻力（Pa）		80.77						该值即为工程超压值

（2）某人防工程食品储备供应站

①按滤毒式新风量指标计算滤毒式进风量：

某人防食品储备供应站，工程内战时掩蔽 15 人，清洁区有效面积 2000m²，层高 4m，可知清洁区有效容积 V_1=8000m³。防毒通道长 3.0m，宽 2.5m，高 3.0m，可知防毒通道容积 V_2=22.5m³。该工程为乙级防化工程，根据《人民防空工程防化设计规范》RFJ 013—2010 第 5.1.1 条，可知其滤毒式新风量指标区间为 5~7m³/（P·h），见表 3-7。滤毒式新风量指标 q_R 取上限 7m³/（P·h），则计算滤毒式新风量为 105m³/h。

②按最小防毒通道换气次数指标计算滤毒式进风量：

按《人民防空工程防化设计规范》RFJ 013—2010 式（5.2.5-2）计算，则漏风量 q_L：

$$q_L=V_1 \times 4\%=8000 \times 4\%=320m^3/h$$

按最小防毒通道换气次数下限值 40 次 /h 计算可得滤毒式进风量 Q_2 为：

$$Q_2=q_L+KV=320+40 \times 22.5=1220m^3/h$$

该风量和按滤毒式新风量指标计算滤毒式进风量 105m³/h 比较取较大值，可知滤毒式进风量应取风量为 1220m³/h。该风量除以站内掩蔽人数 15，可得滤毒式新风量指标为 81m³/（人·h），显然远超过规范中滤毒式新风量指标的上限 7m³/（P·h）。

从上面两个例子分析可知，三个指标都可能超过区间上限。

35. DJF-J 电动、脚踏两用风机两台并联运行时，如何确定它的工作点？

选择电动、脚踏风机，要熟悉表 3-10 中各参数，查看计算的风量和风压是否在脚踏时风机的 8 个参数范围内或如图 3-10 所示的延长线以内。由表和图可知，脚踏时只能达到 2750r/min，而电动运行时，可达 3000r/min，所以同一台风机，脚踏和电动是两条工作曲线，脚踏运行时能满足要求，电动运行时就一定能满足要求。DJF-J 电动、脚踏两用风机，四人脚踏时，转数达不到 3000r/min，而且转数不稳定，电动则不然，运行稳定、转数不变。

要学会画图 3-10，并学会使用这张图。两台并列运行时风量在同压下相加。

现以某工程为例：本工程为二等人员掩蔽部，掩蔽人数 800 人，计算滤毒式进风量 1600m³/h，清洁式进风量 5000m³/h，计算滤毒式进风系统阻力 H_1=1050Pa，清洁式进风系统阻力 H_2=400Pa。

（1）根据《人民防空工程防化设计规范》RFJ 013—2010 5.2.6 条：

①选择滤毒式进风机的风压 $H_d \geqslant 1.2 \times 1050Pa=1260Pa$；

因为该滤毒式进风机兼做送风机，所以风压

$H_d \geqslant 1.2 \times 1050\ Pa + \Delta H=1260\ Pa+30Pa=1290Pa$；

②选择滤毒式进风机的风量 $Q_d \geqslant 1.2 \times 1600=1920m³/h$。

（2）根据《人民防空工程设计规范》GB 50225—2005 7.1.7 条：

选择清洁式进风机的风压 $H_q \geqslant 1.15 \times 400\ Pa=460Pa$；

选择清洁式进风机的风量 $Q_d \geqslant 1.05 \times 5000=5250m³/h$。

（3）在图 3-10 上确定系统与风机的工作点

①滤毒通风的工作点：根据滤毒式通风系统的方程 $H_d=SQ^2$，画出系统的特性曲线 1。两台风机并联运行脚踏时的工作点在 A，风量为 2000m³/h，电动运行时，工作点在 B，风量为 2220m³/h。这是不允许的，滤毒式通风时，不可超过滤毒器的额定风量。本工程两台并联运行是对清洁式通风而言的。单台脚踏风机足以满足本工程要求。

②单台运行脚踏时的工作点在 D，风量为 1780m³/h；电动运行时，工作点在 C，风量为 1950m³/h，是合理的。

（4）滤毒式通风系统分析：

①滤毒式通风的工作点：

滤毒式进风时，是单台风机运行。系统开始运行时，设备均为初阻力，管路阻力较小，脚踏运行工作点可能在 E 点，电动工作点在 F。这两点的风量都超过了两台过滤吸收器的额定风量 2000m³/h，所以要调节滤毒式进风系统的密闭阀门 F4，使系统的工作点分别由 E 或 F 点移至 D 或 C 点。滤毒风量必须调节到 2000m³/h 以内。

②清洁式通风的工作点：

清洁式通风时，两台风机必须并联运行，计算风量和风压点 M，在脚踏运行时，风机特性曲线内侧，通过 M 点的管路特性曲线 $H=SQ^2$，在脚踏和电动两条特性曲线的工作点，分别为 N 和 P 点，进风量分别约为：5470m³/h 和 6100m³/h，均不超过防爆波活门的额定风量 8000m³/h，满足设计要求，不须调节。

DJF-1 电动脚踏风机性能表　　　　　　　　表 3-10

转数（r/min）	序号	全压（Pa）	流量（m³/h）	电动机	
				Y 型	kW
3000	1	410	3273	Y90s-4	1.1
	2	548	3154		
	3	629	2988		
	4	843	2701		

续表

转数（r/min）	序号	全压（Pa）	流量（m³/h）	电动机	
				Y 型	kW
3000	5	964	2421	Y90s-4	1.1
	6	1204	2033		
	7	1370	1548		
	8	1430	1287		
2750	1	353	2983	脚踏	
	2	452	2828		
	3	521	2720		
	4	702	2470		
	5	840	2203		
	6	1000	1870		
	7	1138	1397		
	8	1208	1225		

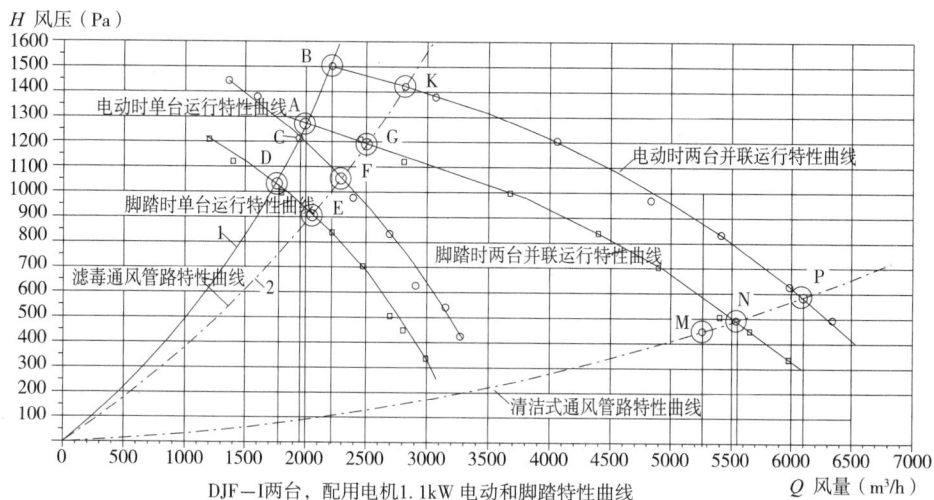

图 3-10　DJF-1 电动脚踏两用风机特性曲线

第4章

通风系统的防护设备

第 1 节   消波设备的设计

36. 防爆波活门选哪种好？

现有悬板式（俗称悬摆式）防爆波活门和胶管式防爆波活门两种，应选悬板式活门。原因详述如下：

（1）胶管式活门

主要缺点有五个，一是胶管保质期十年，易老化，战备性能差，二是胶管用卡箍固定在底座板的短管上，不能承受冲击波的负压作用，三是胶管更换时装卸麻烦，四是胶管不能反复使用，五是没有经过核爆实验现场验证。因为缺点明显，所以有些省市已明令禁止选用，还在选用的地区应该停止选用。

（2）悬板式活门

悬板式活门如图 4-1 所示，以 HK600 型为例，没有胶管式活门的缺点，且经过核爆实验现场验证性能优越。其消波效率高，有限位座，能承受冲击波的负压作用，可以反复使用，一次安装到位可以始终处于战备状态，基本都是金属制作，使用寿

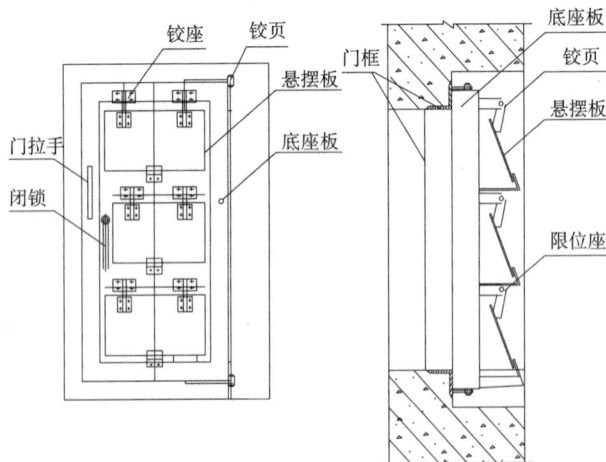

图 4-1   HK600 型悬板式防爆波活门

命长，需更换的部件很少，维护管理方便。

悬板式防爆波活门的名称出自《地下工程通风防护设备手册》，在一些文献和口头上也有称为悬摆式防爆波活门的。

37. 如何选用 HK 系列的防爆波活门？

暖通专业向建筑专业提供需要通过防爆波活门的风量，具体为工程主体平时通风量、进排风系统的清洁式通风量和柴油电站进排风量及排烟量。建筑专业根据工程的防护等级、该防爆波活门所在口部样式确定冲击波在活门上可能达到的作用压力，结合风量从表 4-1 中选定合适的型号。

以表 4-1 中 HK600（X）为例，"X"表示承受冲击波压力的六个等级，共分 6、5、4、3、2、1 六挡。600 表示悬板活门门扇上的孔洞通风面积折算为圆管截面积时对应的管径，其安全区最大风量（有时称为额定风量或战时最大通风量）对应风管内的风速约为 8m/s，表 4-1 中 A 门洞平时最大通风量指该活门门扇全开，门洞中的风速约为 8m/s 时的风量。

如常用的 HK600（6）型选板活门的抗力是 0.15MPa，HK600（5）型的抗力是 0.3MPa，悬板活门门扇上的孔洞通风面积为 $0.2827m^2$，折算为圆管截面积时对应的管径为 600mm，其安全区最大风量为 $8000m^3/h$，按通风面积 $0.2827m^2$ 计算的风速为 7.86m/s。其平时门洞最大通风量为 $25000m^3/h$，按门洞尺寸 620mm×1400mm 计算的风速为 8.00m/s。

常用悬板式活门性能参数　　　　　　　　　　表 4-1

型号	通风管径（mm）	安全区最大风量（m^3/h）	门洞尺寸（宽×高）（mm）	A 平时门洞最大通风量（m^3/h）
HK400（X）	ϕ400	3600	440×800	10000
HK600（X）	ϕ600	8000	620×1400	25000
HK800（X）	ϕ800	14500	650×2000	37400
HK1000（X）	ϕ1000	22000	850×2100	51400

选型时，根据冲击波在活门上可能达到的作用压力确定 X 的值。然后，按风量进一步确定型号，具体要求是：工程主体进排风系统的清洁式通风量和柴油电站进排风量及排烟量不能超过表中安全区最大风量，工程主体平时通风量不宜超过平时门洞最大通风量。

38. 悬板活门选型时，为什么清洁式进风量不能超过其安全区最大风量（也称为战时最大通风量）？

通风系统运行时，如果清洁式进风量超过悬板活门安全区最大风量，则进风口悬板活门的悬摆板会发生摆动，甚至关闭，导致系统运行不稳定，甚至不能进风，因此清洁式进风量不能超过悬板活门安全区最大风量，设计和审图人员要特别注意这一点。排风系统的排风量也不能超过悬板活门安全区最大风量，超过时悬板活门的悬摆板也会发生摆动，并导致系统运行不稳定。

39. 防爆波活门的阻力从哪里能查到?

　　原则上应在厂家提供的阻力曲线上查得。如没有该曲线可查时，常用的 HK 型防爆波活门的阻力可从图 4-2~ 图 4-5 中查找参考值。

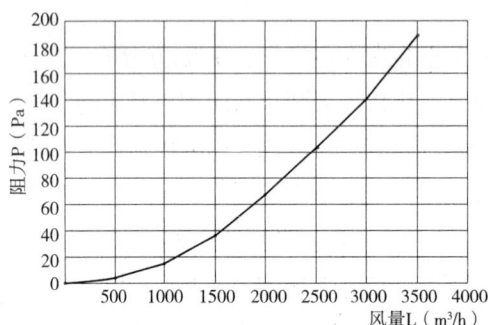

图 4-2　HK400 型防爆波活门风量与阻力关系图

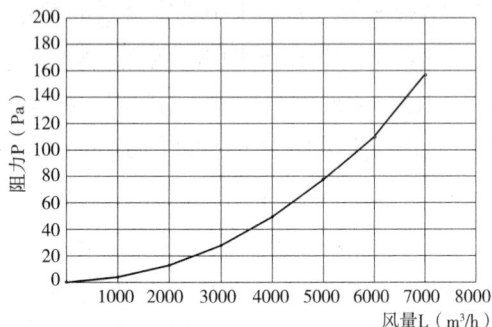

图 4-3　HK600 型防爆波活门风量与阻力关系图

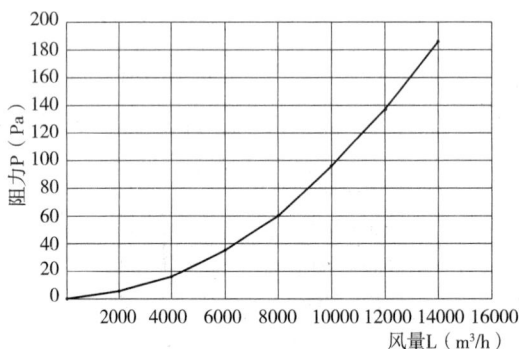

图 4-4　HK800 型防爆波活门风量与阻力关系图

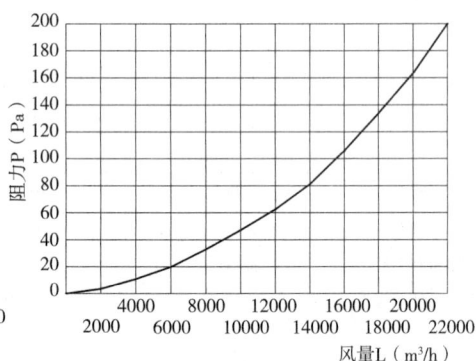

图 4-5　HK1000 型防爆波活门风量与阻力关系图

　　下面介绍图 4-2~ 图 4-5 的制作方法。在 1972 年的《地下工程通风防护设备手册》中，有底板固定的悬板式防爆波活门的风量和阻力的关系曲线图。后将其底板固定式改为门式，并形成 HK 系列悬板式（也叫悬摆式）防爆波活门，但两种形式的通风部分形状和尺寸都基本相同。在该资料中，防爆波活门的战时最大通风量对应的阻力约为 200Pa，所以本文也取 HK 型防爆波活门的战时最大通风量对应的阻力为 200Pa。这样，因为防爆波活门通风面积是已知的，所以可以求出战时最大通风量对应的风速。局部阻力系数公式（4-1）中，局部阻力取 200Pa，风速取战时最大通风量对应的风速，可求出各型号悬板式防爆波活门的局部阻力系数，见表 4-2。

$$\zeta = \frac{2P}{\rho v^2} \tag{4-1}$$

式中　ζ——局部阻力系数；

　　　P——局部阻力，Pa；

　　　ρ——空气密度，kg/m^3，取 $1.2kg/m^3$；

　　　v——风速，m/s。

HK 型悬板式防爆波活门局部阻力系数表　　　　表 4-2

型号	通风管径（mm）	通风面积（m^2）	战时最大通风量（m^3/h）	风速（m/s）	局部阻力系数
HK400（X）	$\phi400$	0.1257	3600	7.96	5.26
HK600（X）	$\phi600$	0.2827	8000	7.86	5.39
HK800（X）	$\phi800$	0.5026	14500	8.02	5.19
HK1000（X）	$\phi1000$	0.7854	22000	7.78	5.50

注：X 共分 6、5、4、3、2、1 六挡，表示可承受冲击波压力的六个等级。

由式（4-1）可推导出式（4-2），根据公式（4-2）和（4-3）可以推导出局部阻力和风量的关系式（4-4）：

$$P = \zeta \frac{\rho v^2}{2} \tag{4-2}$$

$$L = Fv \tag{4-3}$$

$$P = \zeta \frac{\rho L^2}{2F^2} \tag{4-4}$$

式中　L——风量，m^3/h；

　　　F——通风面积，m^2。

式（4-4）中，对一种型号确定的悬板式防爆波活门，局部阻力系数 ζ、空气密度 ρ 和通风面积 F 都是定值，所以就可根据式（4-4）做出防爆波活门风量与阻力关系图 4-2~ 图 4-5。

40. 确定防爆波活门的阻力要注意什么？

应注意分别按清洁式和滤毒式进风量查阻力，列入各自通风系统阻力计算中。

例如，某工程计算清洁式进风量为 $6000m^3/h$，滤毒式进风量为 $3000m^3/h$。由于清洁式进风量接近且不超过 HK600 型悬板活门的战时最大通风量 $8000m^3/h$，所以选 HK600 型。

　　然后分别按清洁式和滤毒式进风量在图 4-3 活门风量与阻力关系图中查相应阻力，结果分别是：清洁式通风时活门局部阻力为 112Pa，滤毒式通风时活门局部阻力为 28Pa。

　　除查图外，还可用式（4-2）计算，相比查图则更为准确。

41. 防爆波活门的承受压力和剩余压力如何计算？

　　（1）工程设计时，根据工程抗力等级和活门前方口部形式由相关规范查得防爆波活门承受压力。

　　（2）防爆波活门的剩余压力 ΔP 应按式（4-5）进行计算：

$$\Delta P=（1-\eta）P_1 \qquad\qquad （4-5）$$

式中　ΔP——防爆波活门的剩余压力，MPa；

　　　　P_1——冲击波作用在防爆波活门上的压力，MPa，见相关规范；

　　　　η——单级防爆波活门的消波效率，见相关规范。

42. 扩散室和活门室有什么区别？

　　主要区别在于扩散室有明确消波要求，内部空间尺寸要根据消波要求通过计算确定。而活门室没有明确消波要求，内部空间尺寸根据防爆波活门和连接管道安装要求确定。具体区别详述如下：

　　扩散室是利用一个突然扩大的空间来削弱活门悬摆板关闭之前漏入的冲击波，在进风或排风（烟）口处，不超过规范所限定的压力。它主要用于削弱冲击波余压，同时方便防爆波活门和管道连接。仅靠防爆波活门达不到消波要求时，需设扩散室，具体消波要求见表 4-3 和表 4-4。扩散室有明确的消波要求，需要根据消波要求通过计算确定其内部空间尺寸，而且连接管道还有 "1/3" 距离要求。

　　活门室是用于安装防爆波活门的小室，主要是为了方便防爆波活门的安装，同时便于防爆波活门和管道连接。因活门室也是防爆波活门后的一个突然扩大的空间，所以也有削弱冲击波余压的作用。活门加活门室的总消波率比单个活门提高约 5% 或稍大些。虽然活门室事实上有消波作用，但工程设计时其消波作用是作为安全量来考虑的，尺寸也不需要根据消波要求计算确定，根据防爆波活门和连接管道安装要求确定即可，连接管道也没有 "$L/3$" 距离要求。其最小尺寸可参考《人民防空地下室设计规范》GB 50038—2005 附录 A 的表 A.0.1 确定。

43. 如何判断应选用扩散室还是活门室？

　　规范对进、排风口或排烟口的消波系统允许余压值有规定（见表 4-3），防爆波活门消波后余压大于该允许压力值，需要进一步消波，则采用扩散室，小于等于允许压力值，不需要进一步消波，则采用活门室。

按式（4-5）计算出防爆波活门的消波后余压，并根据表 4-3 要求，选择扩散室或活门室，计算及选室结果见表 4-4 和表 4-5。

进、排风口或排烟口的消波系统允许余压值 表 4-3

	允许压力（MPa）	说明	备注
进风口	0.03	过滤吸收器抗空气冲击波允许压力值为 0.03MPa，进风系统中其能承受的压力最低	《人民防空地下室设计规范》GB 50038—2005 表 5.2.11
排风口	0.05	因为密闭阀门、排风机抗空气冲击波允许压力值为 0.05MPa	《人民防空地下室设计规范》GB 50038—2005 表 5.2.11
排烟口	0.2	增压柴油发电机排烟管抗空气冲击波允许压力值为 0.2MPa	
	0.3	非增压柴油发电机排烟管抗空气冲击波允许压力值为 0.3MPa	《人民防空地下室设计规范》GB 50038—2005 表 5.2.11

核 6 常 6 级人防工程选择扩散室或活门室 表 4-4

抗力级别		6	防爆波活门后余压（MPa）	选室		
地面超压（MPa）		0.15		进风口	排风口	排烟口
风井口样式	直通式、单向式	0.15	0.045	扩散室	活门室	活门室
	穿廊式、楼梯式、竖井式	0.15	0.045	扩散室	活门室	活门室

核 5 常 5 级人防工程选择扩散室或活门室 表 4-5

抗力级别		5	防爆波活门后余压（MPa）	选室		
地面超压（MPa）		0.3		进风口	排风口	排烟口
风井口样式	直通式、单向式	0.3	0.09	扩散室	扩散室	活门室
	穿廊式、楼梯式、竖井式	0.3	0.09	扩散室	扩散室	活门室

按上面结果可知部分口部不需设扩散室，而只设活门室即可，这将带来很大便利且节约建造成本。此问答可供设计、审图及规范修订参考。

44. 扩散室的设计与通风专业有什么关系？

采用"防爆波活门 + 扩散室"的消波系统，扩散室的体积和尺寸由建筑专业通过计算确定，其具体要求见《人民防空工程设计规范》GB 50225—2005 第 4.6.1 条。与暖通专业有以下关系：

（1）管道接入扩散室位置，应符合 $L/3$ 的要求，见图 4-6。

（2）进风系统的气流从防爆波活门进入扩散室计算阻力时，防爆波活门的阻力（可查图 4-2~图 4-5），扩散室的沿程阻力可略去。气流出扩散室进入管道的突然缩小的局部阻力系数可取 0.5。但是图 4-6（b）90° 弯头的局部阻力应列入系统中。

（3）排风系统的气流进入扩散室计算阻力时，包括防爆波活门的阻力（可查图 4-2~ 图 4-5）和气流从管道进入扩散室的突然扩大的局部阻力，扩散室的沿程阻力可略去。气流从管道进入扩散室的突然扩大的局部阻力的局部阻力系数可取 1，同样图 4-6（b）90° 弯头的局部阻力也应列入系统中。

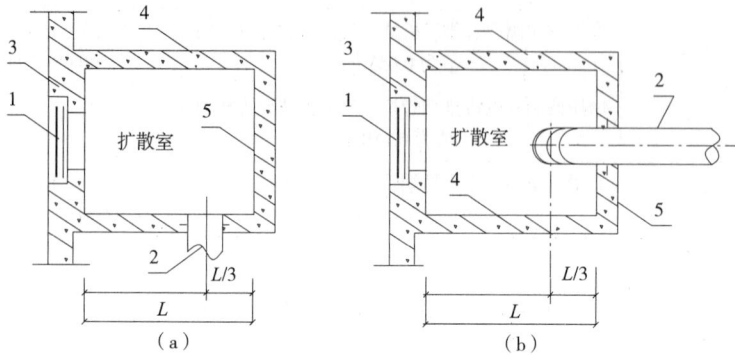

图 4-6　扩散室接风管图
（a）风管接口设在侧墙；（b）风管接口设在后墙
1—防爆波活门；2—风管；3—扩散室前墙；4—扩散室侧墙；5—扩散室后墙

45. 活门室的设计与通风专业有什么关系？

活门室主要是为了方便防爆波活门的安装和管道连接，其尺寸由建筑专业确定，与通风专业有以下关联：

（1）风管接入活门室位置，没有 $L/3$ 的要求，见图 4-7；

（2）进排风系统的气流阻力计算与扩散室相同，见本书第 44 号问答。

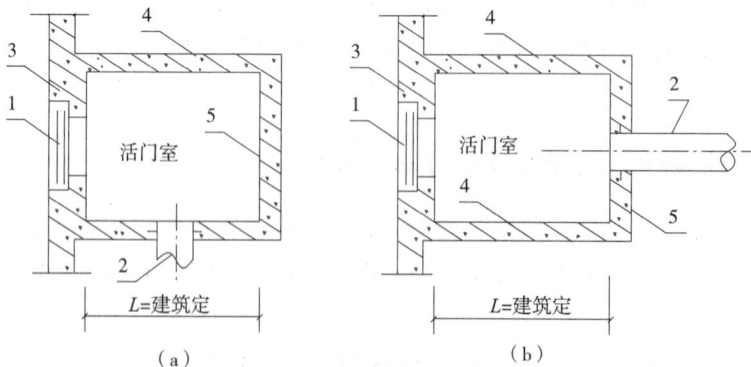

图 4-7　活门室接风管图
（a）风管接口设在侧墙；（b）风管接口
1—防爆波活门；2—风管（无 $L/3$ 要求）；3—活门室前墙；4—活门室侧墙；5—活门室后墙

第 2 节　除尘室设计

46. 标准图集中油网滤尘器的型号有 LWP-X 和 LWP-D 两种，在工程设计中应如何选型？分别适用于哪种类型的工程？

LWP-D 型适宜防化乙级及以下工程，LWP-X 型适宜防化甲级工程。

LWP-D 型和 LWP-X 型主要是过滤网的层数不同：首先 LWP-D 型为 18 层，外框厚度 120mm，LWP-X 型 12 层，外框厚度 70mm。其次是丝网规格不同，即孔眼尺寸和金属丝直径不同。这导致两种型号的初阻力和过滤效率也不同，但是它们的长和宽是相同的，都是 520mm×520mm，见图 4-8。

工程设计选型时应注意：

（1）LWP-D 型的过滤效率高，适宜防化乙级及以下工程。因为防化乙级以下工程没有设预滤器，油网滤尘器的过滤效率高对过滤吸收器的保护作用好一些；

（2）LWP-X 型的过滤效率比 LWP-D 型低，阻力也小，适宜防化甲级工程，只负责过滤大颗粒灰尘，因为后面还设有过滤效率更高的预滤器和过滤口可保护滤毒口。

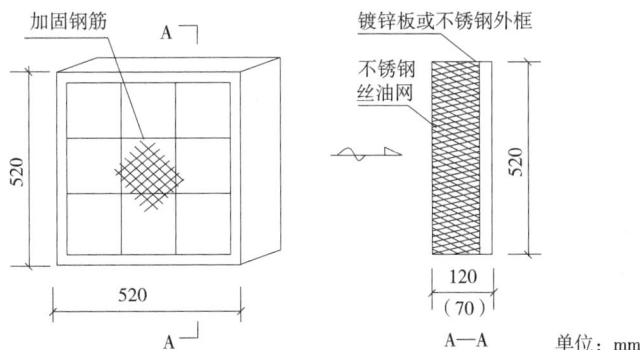

图 4-8　LWP-D（X）型油网滤尘器

47. LWP 型油网滤尘器的过滤风量取多少为宜？

LWP 型油网滤尘器属于粗效过滤器，其风速宜控制在 2m/s 以内。

根据人防工程特点，以每片过滤器风量 800~1600m³/h 为宜。风量大，选的片数少，初投资小，但是阻力大，清洗间隔时间短，风量小，选的片数多，初投资大，阻力小，清洗间隔时间长。对于平时运行时间较多的工程，风量宜取下限 800m³/h，终阻力 Z=100Pa；仅供临战运行的工程，风量可取接近上限 1600m³/h，终阻力 Z=160Pa（见《人民防空工程防护设备产品与安装质量检测标准》（暂行）RFJ 003—2021，表 6.15.3）。

48. LWP 型油网滤尘器是按清洁式进风量还是滤毒式进风量计算个数？

LWP 型油网滤尘器是设在清洁式进风和滤毒式进风共用的管路上，是清洁式进

风和滤毒式进风共用的。两种风量比较，清洁式进风量大，所以应按清洁式进风量
选择 LWP 型滤尘器的个数。

　　此外，施工说明中应强调选不锈钢丝网、外框用热镀锌钢板或不锈钢钢板加工
的 LWP 型油网滤尘器，不可以选用铁丝网滤尘器。

49. 扩散室或活门室的墙上是否可以直接安装 LWP 型油网滤尘器（图 4-9）？

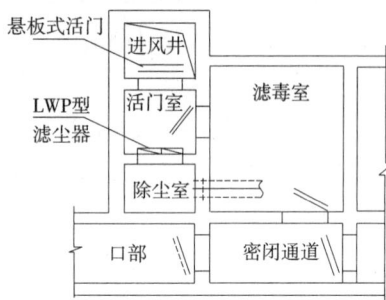

图 4-9　LWP 油网滤尘器设在活门室墙上

　　（1）对一般防化乙级及以下工程，从理论上说是可以的，因为扩散室或活门室
后的剩余压力 $\Delta P \leqslant 0.03MPa$，而油网滤尘器可承受 0.05MPa 的冲击波压力。对于
乙类工程，因为不考虑防核冲击波作用，也是可以的。目前有两种做法，①将门开
在活门室（扩散室）的侧墙上，除尘器设在活门室一侧。②是将密闭门开在除尘室
的侧墙上，除尘器设在除尘室一侧的墙上。

　　（2）对二类以上设防城市的防化乙级及以下工程，从安全和管理方便的角度还
是采用除尘或室式安装为宜，参见图 4-10 和图 4-11。

　　（3）图 4-10 这种活门室，管道入口没有 $L/3$ 的要求，管式安装的滤尘器距墙应
有大于或等于 400mm 的操作空间。

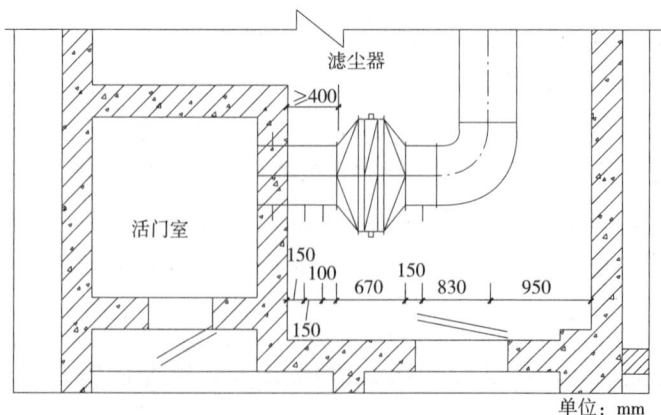

单位：mm

图 4-10　滤尘器管式安装

（4）除尘器室式安装时，除前文提及的布置样式外，还可如图 4-11 将除尘室的门开在密闭通道内。

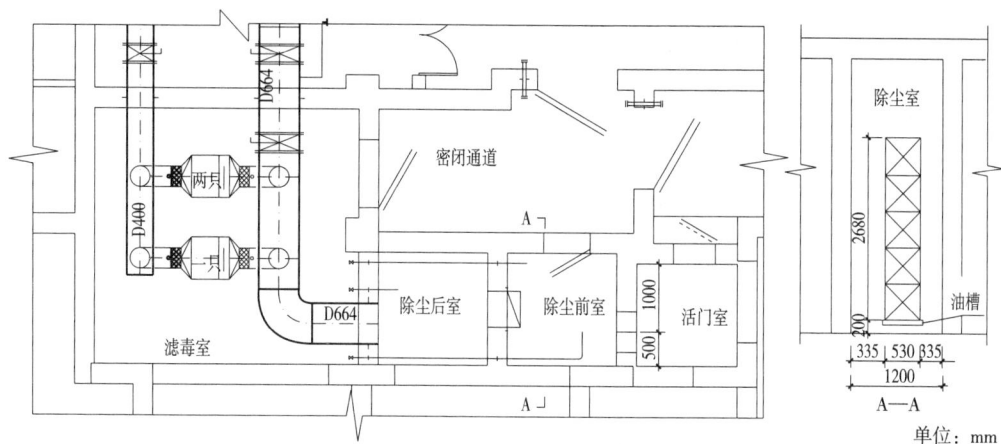

图 4-11 除尘室的门开在密闭通道内

50. 油网滤尘器为室式安装时，设在隔墙的迎风侧还是背风侧？国标图集《防空地下室通风设计 FK01~02》（2007 合订本）P19 安装在背风侧，是否可以按该图设计？

油网滤尘器一般应设在隔墙的迎风侧（图 4-11），这是考虑冲击波作用时，油网滤尘器不易脱落。但受条件所限，只能安装在背风侧时，如国标图集《防空地下室通风设计》FK01 P19（图 4-12）所示，应注意两点：

（1）应在施工图纸或说明中，给出油网滤尘器加固的具体措施和要求。

（2）验收时，应注意看油网滤尘器安装是否牢固，不易振落。

此外，应注意该图还存在以下问题：

（1）图中 A：测压管室外端设在了战时进风井内，滤毒式通风时这是负压区，不是"室外空气零点压力处"，所得测试结果会严重失实。

（2）图中 B：既然设了回风消声器 12，插板阀 17 之前的防火阀 7 和这段管就应去掉，要利用回风消声器 12 的消声功能。

（3）图中 C：密闭阀门距墙一定要保持国标图集《防空地下室通风设计》FK02 P38~41 所要求的距离，并标注清楚，以便安装和维护，清洁式进风管道上第一道密闭阀门，宜靠近进风除尘室设置，尽量缩短染毒管段长度。

（4）图中 D：图中过滤吸收器两支管不是同程式，不利于阻力平衡。

51. 国家标准图集中油网滤尘器立式安装每列最多 5 块，若大于 5 块，施工时可否参照现有图集进行安装？

可以。只要上部空间够用，超过 5 块可以参照标准图集安装，但是过高将使安

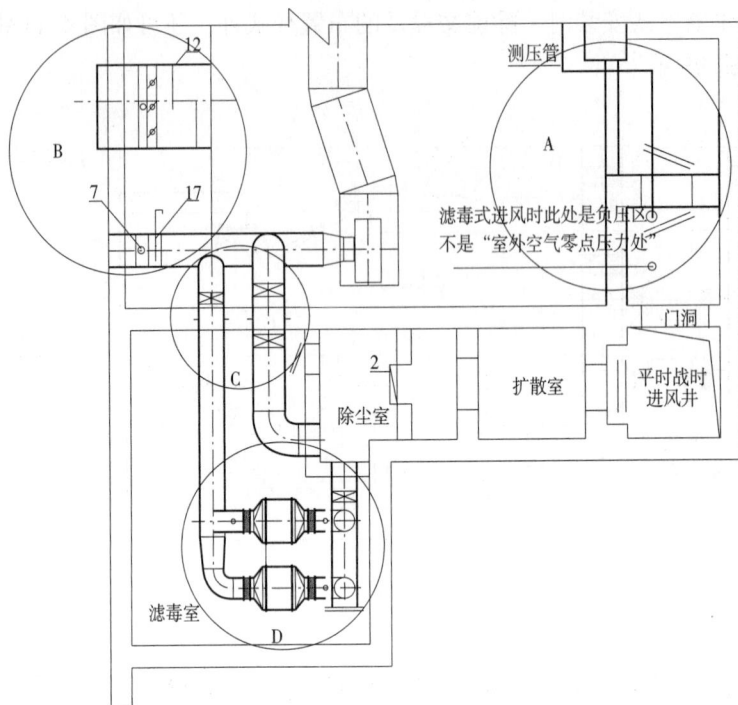

图 4-12　国标图集《防空地下室通风设计》FK01 P19 进风口部通风平面图

装和维护不便，因此要综合权衡利弊后确定。注意油网滤尘器个数多时，宜采用双列双数立式安装。

52. LWP 型油网滤尘器的终阻力如何确定？

（1）宜执行《人民防空工程防护设备产品与安装质量检测标准》（暂行）RFJ 003—2021 的规定

根据人防工程特点，以每片的通风量 800~1600m³/h 为宜。风量大，选的片数少，初投资小，但是阻力大，清洗间隔时间短。风量小，选的片数多，初投资大，阻力小，清洗间隔时间长。对于平时运行时间较多的工程，风量宜取下限 800m³/h，终阻力 Z=100Pa。仅供战时运行的工程，风量可取接近上限 1600m³/h，终阻力 Z=160Pa（参见《人民防空工程防护设备产品与安装质量检测标准》（暂行）RFJ 003—2021。取中间值时，终阻力可靠上限 160Pa。施工图说明应注明终阻力，以便工程管理。

（2）取初阻力 2 倍的提法源自工业通风

除尘器的阻力在运行中是不断增加的，阻力增加能耗也同时增加。以袋式除尘器为例：阻力由 800Pa 增加到 1500Pa，能耗也由 3.0kJ/m³ 增加到 4.5kJ/m³，因此工业通风除尘器的终阻力一般按初阻力的 2 倍来计算的。这种除尘器有专人管理，达到终阻力就拆下清洗或更新。

（3）人防工程不采用表 4-6 的终阻力

表 4-6 是某厂家给出的油网滤尘器性能参数，其终阻力基本是初阻力的 2 倍。人防工程为了减少清洗（或更换）次数，采用的是 50 年代以来地下工程的经验做法，现在《人民防空工程防护设备产品与安装质量检测标准》（暂行）RFJ 003—2021 中表 6.15.3 规定，应统一执行该规定：单个油网滤尘器计算流量在 800~1600m³/h 之间时，终阻力 Z=100~160Pa。

LWP 型油网滤尘器性能参数表　　　　　　表 4-6

型号		风量（m³/h）							耗油量（g/块）
		600	800	1000	1200	1400	1600	2000	
		阻力（Pa）							
LWP-D	初	12.7	19.6	27.4	36.3	47.0	58.8	98.0	200~325
	终	24.5	37.2	53.9	73.5	95.6	122.5	147.0	
LWP-X	初	8.8	14.7	20.6	25.2	35.3	44.1	58.8	125~200
	终	19.6	29.4	41.7	55.9	71.1	86.2	98.0	

53. 工程中 LWP 型油网滤尘器有的锈蚀严重，如图 4-13 所示，为什么设计还要选用？

这是 1956 年前后引进苏联的"列克"式浸油铁丝网滤尘器，其锈蚀原因主要是丝网和外框是铁制的，这在地下潮湿环境中极易锈蚀。现在油网滤尘器的丝网材料已改为不锈钢，框架改为热镀锌钢板，不宜再选用这种铁丝网滤尘器。所以选型时一定要注明丝网材料为不锈钢，框架材料为热镀锌钢板。

图 4-13　LWP 型油网滤尘器锈蚀

54. 能否把 LWP 型油网滤尘器改为其他形式除尘器？

可以。LWP 型滤尘器技术确实落后，希望有更好的产品替代。但是要满足以下几点要求：

（1）抗冲击波强度 $P \geqslant 0.05\text{MPa}$；

（2）外壳尺寸应与 LWP 型外壳尺寸相同，以便与安装标准图保持一致；当外形尺寸不同时，厂家应配有施工安装大样图；

（3）过滤效率相当，或更高一些；

（4）便于清洗和重复使用。

（5）《人民防空工程防化设计规范》RFJ 013—2010 第 5.2.7 条要求：人防工程选用的防化设备应是经国家人民防空办公室认证、具有专用设备生产资质厂家生产并经相关检验机构检验合格的产品。

55.《人民防空工程质量验收与评价标准》RFJ 01—2015 中滤尘器管式安装时采用柔性连接为强制性条文，滤尘器的抗冲击波允许压力值为 0.05MPa，柔性连接是否也能达到该抗冲击波要求？

柔性连接难以保证该处抗冲击波余压强度和气密性，宜采用刚性连接，详述见下文：

《人民防空工程质量验收与评价标准》RFJ 01—2015 第 11.6.6 条中"滤尘器管式安装时，设备与管道采用柔性连接"为强条。油网滤尘器是接在扩散室之后，会受到冲击波余压的作用，因此有一定的抗力要求。《人民防空地下室设计规范》GB 50038—2005 表 5.2.11 规定油网滤尘器的抗空气冲击波允许压力值为 0.05MPa，的确存在该柔性连接能否达到和油网滤尘器同样抗冲击波要求的问题。标准 RFJ 01—2015 中，关于油网滤尘器管式安装使用柔性连接，条文中没有明确说明使用哪种材质的柔性连接。暖通空调专业的柔性连接通常用于运行中有振动的设备，比如通风机进出口与风管连接处采用柔性连接以防管道随风机振动。油网滤尘器并不是产生振动的设备。但是，在管道与除尘器对接处，有时会有偏差对接困难，如果能有经国家有关部门认证，并具有相应资质的厂家生产，与除尘器配套的橡胶波纹管，在抗力和密闭性满足要求的条件下，可以在除尘器出口单侧，设置橡胶波纹管。不可用帆布等透气的材料做软接头。条件不具备时不要采用不符合密闭要求的柔性连接。而且，这部分管段是染毒段，采用柔性连接也难保证气密性。因此，实际工程大部分采用刚性连接，确保其强度和气密性，如图 4-14 所示。

56. 除尘室设计应选用室式安装还是管式安装？

具有室式安装条件的工程，不宜采用管式安装。因为竣工验收时，无法检查除

图 4-14　管式滤尘器刚性连接实际工程照片
注：此图存在没有设测压管和放射性取样管问题

尘器是否合格、是否锈蚀、方向是否正确，正常运行时也无法得知其实际工作状况。

57. 除尘室设计应该注意什么？

除注意本节前述几个问答的内容外，还应该注意以下几点：

（1）设计图纸中安装尺寸要标注完整、准确；

（2）油网滤尘器的油槽不能落地，与地面最少要有 200mm 的距离，防止受潮腐蚀；

（3）管式安装时，滤尘器与扩散室墙面之间距离要大于 400mm，留下的操作空间不能太小，此处还有放射性取样管和除尘器测压差管的焊接等工作要做，应给施工和维护留下足够的操作空间；

（4）放射性取样管和滤尘器测压差管应设在管侧面，如果按图 4-15 将这三个管设置在风管的上部，一是位置较高，连接测试用软管时，软管截面易下弯变形，导致气流受阻，二是位置高，不方便操作；

（5）滤尘器测压差管端不宜设置《人民防空地下室设计规范》GB 50038—2005第 5.2.18 条 3 款所说的"球阀"，无法与测压软管直接连接。应设置单咀煤气阀，一端与镀锌钢管直接连接，另一端可与测压软管直接连接。

图 4-15　取样管和测压差管不应设在管道上部

第3节　过滤吸收器及滤毒室设计

58. RFP型过滤吸收器与过去采用的LX型和SR型在构造和原理上有什么不同？

2011年国家人民防空办公室下达《关于使用新型人防专用过滤吸收器的通知》（国人防〔2011〕58号），要求从2011年3月1日起停止生产和选用LX型和SR型过滤吸收器，选用性能更优的RFP系列过滤吸收器。选用了旧型号但尚未安装到位的工程，在平战转换时，一律改用RFP型。

RFP型过滤吸收器的构造原理见图4-16，其与过去采用的LX型、SR型过滤吸收器基本相似，主要有以下四点不同：

（1）滤烟层

RFP型过滤吸收器的滤烟层过滤效率$\eta \geqslant 99.999\%$，与LX型和SR型相同，但是它与壳体间的结合比LX型和SR型更严密，强度更高，不易脱落。

（2）吸收层

吸收层是吸附毒剂蒸汽的装置，RFP型过滤吸收器的结构形式有所改进。《RFP型人防过滤吸收器制造与验收规范》（暂行）RFJ 006—2021指出RFP型采用浸渍炭等技术可除去进风中的毒剂。

（3）灭活装置

RFP型过滤吸收器入口内迎风侧设有等离子灭活装置，用以杀灭活体细菌。这是新增的功能，可以杀灭病毒、细菌、芽孢等。LX型和SR型过滤吸收器则没有该功能。

（4）存储期长

RFP型过滤吸收器采取防陈化措施，存储期延至30年，比LX型、SR型过滤吸收器存储期长。

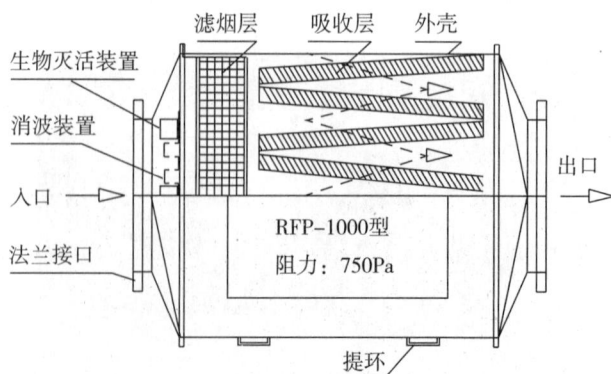

图4-16　RFP型过滤吸收器构造原理图

59. RFP 型过滤吸收器与 LX 及 SR 型过滤吸收器外形有什么差别？

主要有以下几点：

（1）外部标识

RFP 型过滤吸收器的封盖上标注有出厂时测得的初阻力。过去认为每个过滤吸收器初阻力出厂时都相同，这是不对的。实际测到的几乎每个过滤吸收器的阻力都是不同的，有的相差几十帕。它提示我们多台过滤吸收器并联运行时，必须采取措施来调节过滤吸收器之间阻力平衡，否则阻力小的过滤吸收器流过的风量大，会过早失效。而 LX 及 SR 型外壳未标阻力值。

（2）外形尺寸

RFP 型过滤吸收器比 LX 及 SR 型过滤吸收器外形尺寸小，参见表 4-7 和图 4-17。

（3）安装方式

RFP 型过滤吸收器可以卧式安装，也可以立式安装，而 LX 及 SR 型一般都是卧式安装。

RFP 型过滤吸收器主要技术参数和外形尺寸　　　　表 4-7

型号	风量（m³/h）	重量（kg）	尺寸 $L \times W \times H$（mm）	接管内径（mm）
RFP-300 型	300	70	$750 \times 530 \times 530$	$\phi 204$
RFP-500 型	500	110	$750 \times 625 \times 625$	$\phi 204$
RFP-1000 型	1000	150	$880 \times 625 \times 625$	$\phi 315$

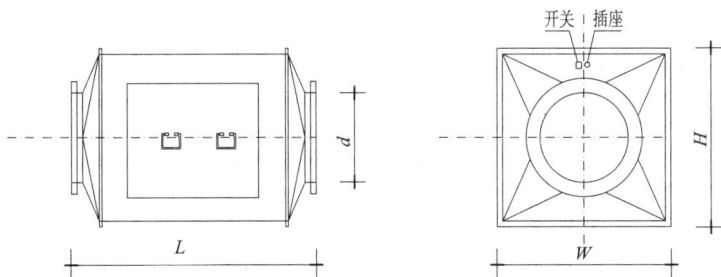

图 4-17　RFP 型过滤吸收器外形

60. 工程改造时用 RFP 型过滤吸收器替换 LX 型和 SR 型过滤吸收器，原空间是否够大？原连接管道是否变化大？替换难度是否大？

替换空间够大，连接管道变化不大，难度小。

现以风量同为 1000m³/h 的过滤吸收器做比较，RFP-1000 型以及 LX-1000 型和 SR-1000 型过滤吸收器的尺寸对照表见表 4-8。由表中尺寸比较可知 RFP-1000 型过滤吸收器的长宽高尺寸比 LX-1000 型和 SR-1000 型的过滤吸收器小，所以改造时安装空间有余，而且 RFP-1000 型过滤吸收器进出口法兰直径与 LX 型和 SR 型基本相同，只是连接短管长度不同，所以替换难度小。

RFP 型以及 LX 型和 SR 型过滤吸收器的尺寸对照　　　　表 4-8

型号	风量（m³/h）	L 长度 mm	B 宽度 mm	H 高度 mm	进出口直径 mm
SR-1000	1000	1165	832	677	ϕ300
LX-1000	1000	1200	700	690	ϕ315
RFP-1000	1000	880	625	625	ϕ315

61. 过滤吸收器数量是按计算滤毒式进风量选择？还是按所选滤毒式进风机的风量选择？

过滤吸收器的数量应按计算滤毒式进风量选择。详述如下：

滤毒式进风的目的是满足工程掩蔽人员所需新风量、工程保持超压所需进风量和最小防毒通道换气次数所需进风量。从《人民防空工程防化设计规范》RFJ 013—2010 第 5.2.5 条，工程滤毒式进风量的计算式可知，经过两式计算比较取大值，该风量就可满足这些要求。

《人民防空工程防化设计规范》RFJ 013—2010 第 5.2.6 条规定滤毒式进风机的风量不小于 1.2 倍计算滤毒式进风量，这个 1.2 倍是为风机选型留的安全系数。

工程实际运行时，要通过调节滤毒通风管路上的阀门把滤毒式进风量调节到计算进风量。

62. 对《人民防空地下室设计规范》GB 50038—2005 第 5.2.16 条"设计选用的过滤吸收器，其额定风量严禁小于通过该过滤吸收器的风量"（强制性条文），目前有两种认识，哪个认识对？

[问题补充]

两种认识如下：

（1）在滤毒式进风系统运行时，其滤毒式进风量不得超过该过滤吸收器的额定风量；

（2）在选用滤毒式进风机的风量时，不得超过该过滤吸收器的额定风量。

解答：

（1）第 1 种认识是正确的。该条的本意是：在滤毒式进风系统运行时，其滤毒式进风量不得超过该过滤吸收器的额定风量。

（2）第 2 种认识是错误的。根据《人民防空工程防化设计规范》RFJ 013—2010 第 5.2.6 条，滤毒风机的选择应满足：

①风机风量不小于 1.2 倍工程滤毒进风量；

②风机全压不小于 1.2 倍滤毒进风系统阻力。

现以图 4-18 为例，依据上述要求，所选滤毒式进风机的风量和风压必须大于该滤毒通风系统的三台过滤吸收器的额定风量之和及滤毒式通风系统总阻力。通过调节风机 B 的启动阀 Fb 等措施，使其风量小于或等于三台过滤吸收器的额定风量。

按照第 2 种认识，风机风量选小了，并且小于滤毒式通风系统的额定风量，是无论如何也调节不到过滤吸收器的额定风量的，所以第②种说法是错误的。

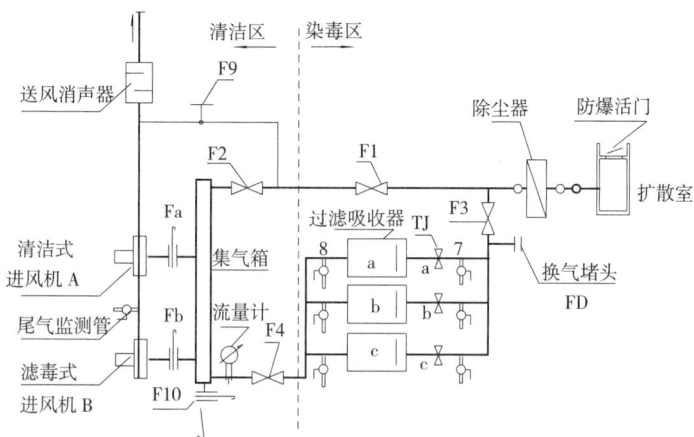

图 4-18　设有三个过滤吸收器的进风系统

63. 计算滤毒式进风量为 $2800\text{m}^3/\text{h}$，按防化规范乘以 1.2 得 $3360\text{m}^3/\text{h}$，过滤吸收器选 3 台还是 4 台 RFP-1000 型过滤吸收器？

应该按计算滤毒式进风量选 3 台 RFP-1000 型过滤吸收器。

本书第 61 问的解答中已经说明过滤吸收器的数量应按计算滤毒式进风量选择，且单台器材额定风量乘以台数应不小于计算滤毒进风量。单台 RFP-1000 型过滤吸收器的额定风量为 $1000\text{m}^3/\text{h}$，因此计算滤毒式进风量为 $2800\text{m}^3/\text{h}$ 时，应该选 3 台。

规范要求乘以 1.2 是指选择滤毒式进风机的风量，运行时要通过阀门把实际通过过滤吸收器的风量控制在 $2800\text{m}^3/\text{h}$ 以内，是不允许达到 $3360\text{m}^3/\text{h}$ 的。

64. 计算滤毒式进风量大于 $2000\text{m}^3/\text{h}$ 且小于 $2500\text{m}^3/\text{h}$ 时，过滤吸收器有选用 3 台 RFP-1000 型的，也有选用 2 台 RFP-1000 型和 1 台 RFP-500 型的，哪种选法正确？

选 3 台 RFP-1000 型过滤吸收器正确。详述如下：

（1）《2009 全国民用建筑工程设计技术措施——防空地下室》第 4.2.17 条指出：当选用两个或两个以上的过滤吸收器时，应采用相同型号的过滤吸收器并联安装，且应确保通过每个过滤吸收器的风量基本相等，不得出现因通过各个过滤吸收器的滤毒风量悬殊而发生透毒现象；

（2）RFP-1000 的阻力 $z \leqslant 850Pa$；RFP-500 的阻力 $z \leqslant 650Pa$。两者阻力和风量相差悬殊，而且管径不同，不易调节；

（3）同型号过滤吸收器外形尺寸相同、进出口直径相同，施工图设计、管件加工和安装都方便，而且 RFP-500 型和 RFP-1000 型造价相差不大，选同型号增大了战时防毒的安全系数。

不仅过滤吸收器型号要一致，过滤吸收器管路也应同程式。

65. RFP-1000 型和 RFP-500 型过滤吸收器的终阻力取多少合理？

RFP-1000 型过滤吸收器的终阻力宜取 850Pa，RFP-500 型过滤吸收器的终阻力宜取 650Pa。取值分析见后。

过滤吸收器的终阻力取值是问得较多的问题。《RFP 型人防过滤吸收器制造与验收规范》（暂行）RFJ 006—2021 第 5.2 条规定：在额定风量下的阻力，RFP1000，$z \leqslant 850Pa$，RFP500，$z \leqslant 650Pa$。这是规范对生产厂家的出厂要求，也就是过滤吸收器的初阻力要满足这些要求。

RFP-1000 型过滤吸收器在工程中应用较多，工程中看到在其面板上，标注阻力一般在 700Pa 左右，见图 4-19，但也有低至 650Pa 的。图 4-20 是一个 660Pa 的实物，据厂家说最大也有 800 Pa 的。实际过滤吸收器出厂时，初阻力几乎没有相同的。虽然可能在同一条生产线上生产，但其中有人工操作环节，再加上其他因素影响，最后造成过滤吸收器的初阻力各不相同。

虽然过滤吸收器初阻力各不相同，但过滤吸收器的终阻力必须明确地、以单一数值规定下来，因为设计人员无法预知工程最终采购过滤吸收器的初阻力，无法据此提出合理的终阻力值。而终阻力值是滤毒式进风系统阻力计算的主要组成部分，是选择滤毒式进风机的主要依据之一，该值不确定就无法选择滤毒式进风机。

本书给出前述过滤吸收器终阻力取值的考虑如下：

（1）过滤吸收器运行时间短，因此其终阻力比初阻力增加较小：

过滤吸收器过滤能力有限，一般当沙林毒剂浓度为 0.05mg/L 时，可以连续使用约 48 小时，在这么短的时间内大气尘的增量很小，所以终阻力与初阻力比较变化不大。

（2）过滤吸收器前还有粗过滤设备，因此其终阻力比初阻力增加较小：

在过滤吸收器前，防化甲级工程还设有粗滤器和纸除尘器（预滤器）；防化乙、丙级工程在过滤吸收器前也设有粗滤器，因此过滤吸收器滤烟层捕获的空气含尘量有限，短时间内阻力增加有限。

（3）实际初阻力和终阻力取值间留有适当空间：

从前文对实际出厂初阻力的介绍可知，初阻力和终阻力取值之间留有适当空间，如 RFP-1000 型过滤吸收器留有约 50~200Pa 空间。本书考虑前面两点后认为该空间

图 4-19　RFP-1000 型过滤吸收器实物 1　　　图 4-20　RFP-1000 型过滤吸收器实物 2

较为合适，没有必要把空间留得过大。比如有的省市要求终阻力为 1150Pa，还有的要求取 1700Pa，与实际相差太悬殊，应予更正。

66. 对 RFP 系列过滤吸收器，设计和审图时应注意什么？

对 RFP 系列过滤吸收器，设计和审图时应注意以下几点：

（1）过滤吸收器的滤烟层前设有等离子生物灭活装置，这个装置需要用电，因此过滤吸收器配有导线和插头。这就要求在每个过滤吸收器对应的墙体上设一个 220V 三孔插座（可与过滤吸收器尾气监测插座合用），这是审查重点；

（2）RFP 系列过滤吸收器可以卧式安装也可以立式安装；

（3）RFP-1000 型过滤吸收器的终阻力取 850Pa，RFP-500 型的终阻力取 650Pa；

（4）过滤吸收器的初阻力各不相同，同一批次有的可能相差几十帕，所以施工说明书中要强调，购货时要选阻力相同或相近的组成一组，以便于阻力平衡。

67. RFP 系列过滤吸收器出厂实际阻力各不相同，如何调节并联过滤吸收器支管间阻力平衡？

应按同型号过滤吸收器、同程式管路的原则设计，且在过滤吸收器支管上增设手动密闭阀门，调节管段阻力，使各并联管段阻力相等。具体做法详述如下：

过滤吸收器并联时应选同型号的，其原因前面问答已有解释，这里不再重复。而且并联管路应选用同程式，使管路阻力易于平衡。过滤吸收器出厂实际初阻力各不相同，这在过滤吸收器的面板上有标注，出厂阻力值个别厂家在 650Pa 左右，大多都在 700~800Pa 之间，因此过滤吸收器并联时有设置调节阻力平衡阀的必要。具体做法参见图 4-21，在过滤吸收器进口和测压差管 7 之间分别设一手动密闭阀门 TJa、TJb 和 TJc（手动密闭阀传统上认为不可以做调节用，但在通风系统和厂家的调节试验中都表明密闭阀门适合做调节阀门用，而且可以无级调节，阀板可固定在任意角度，相比一般风阀有更稳定、无抖动噪声等优点）。

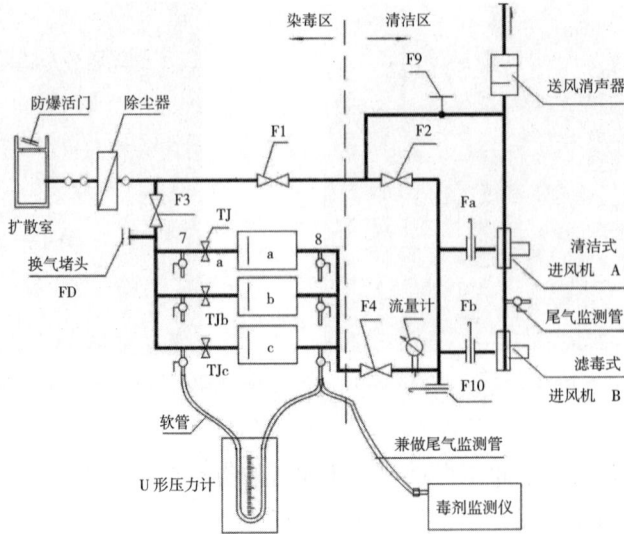

图 4-21　进风系统原理图

该密闭阀门设在过滤吸收器进口还有一个功能：当某个过滤吸收器失效时，关闭该阀可以继续使用余下未失效过滤吸收器。要注意此时须调节阀 Fb 使总过滤风量不超过剩余过滤吸收器的额定风量。

下面结合图 4-21 所示进风系统原理图介绍调节方法，调节有以下步骤：

第一步，关闭密闭阀门 F1、F2、F10 和 Fa，打开阀门 F3、F4，启动滤毒式进风机 B。

第二步，把调节阀 TJa 开到最大，关闭调节阀 TJb 和 TJc。

第三步，缓慢开启阀门 Fb，使流量计的数值逐渐达到过滤吸收器额定风量 Q_e；记下该管段的阻力 Z_a。

第四步，把调节阀 TJb 开到最大，关闭调节阀 TJa 和 TJc，调节阀门 Fb 使流量计的数值 $Q_b=Q_e$，记下该管段的阻力 Z_b。

第五步，把调节阀 TJc 开到最大，关闭调节阀 TJa 和 TJb，调节阀门 Fb 使流量计的数值 $Q_c=Q_e$；记下该管段的阻力 Z_c。比较三个过滤吸收器相同流量时，阻力 Z_a、Z_b、Z_c 读数，三个读值不相等，假设过滤吸收器 a 管段阻力最大，说明系统运行时，调节阀 TJa 要开到最大。TJb 和 TJc 两阀门需要调节。

第六步，关闭调节阀 TJa 和 TJc，慢慢关调节阀 TJb，使微压计读数 $Z_b=Z_a$，记下 TJb 的开度位置。

第七步，关闭调节阀 TJa 和 TJb，慢慢关调节阀 TJc，使微压计读数 $Z_c=Z_a$，记下 TJc 的开度位置。

第八步，因为各支管阻力相等，所以各支管管段 7~8 的阻力也相等，即达到了阻力平衡。此时，对三个阀门的开度做标记（注意阻力最大支管的阀门是全开的）。

第九步，在调节阀 TJa、TJb、TJc 各自标记开度下，慢慢开大阀 Fb，使流量计的数值渐渐达到设计计算滤毒通风量，记下 Fb 的刻度。因为各支管阻力相同，所以各支管风量也就相同。

这里说明几点：

（1）上面调节方法中，第二到五步是为了找到三个过滤吸收器及管段阻力的差异，然后再进行调节。

（2）新工程都要这样调节。因为过滤吸收器经过长途运输，车辆颠簸活性炭会下沉，阻力会发生一些变化，过滤吸收器面板上的数值与实测阻力值将有明显不同，这很正常。面板参数代表产品出厂时的阻力，不代表安装后的阻力。

（3）设计人员要把这个方法教给工程维护人员。

68. 手动密闭阀门可以作风量调节阀用吗？

手动密闭阀门可以作风量调节阀用。

手动密闭阀门本身就是蝶阀类的调节阀。下面结合手动密闭阀门的图 4-22 和图 4-23 做说明。因为手动密闭阀门设有阀板开度位置锁紧手柄，因此阀门可以全开和全关（图 4-22），也可以锁紧在全开和全关之间的任一位置（图 4-23）。说明阀板可以开在 0~90° 之间的任一位置，这就使阀门具有调节风量的功能。调节风量时，转动阀板手柄把风量调节到需要风量，锁紧手柄，而后如图 4-23 所示从阀板转动轴中心画一带箭头直线把位置标记下来。调节过滤吸收器支管风量时，各支管阻力或风量调平衡后，标出的该箭头线就是滤毒器阻力平衡后的阀门开度位置。

人防工程进、排风系统图上设置密闭阀门的作用是使工程和外界连通或隔绝，所以其使用时要求全开或全关。因为这个原因，很多资料中说手动密闭阀门不做风量调节阀用，如《防空地下室通风设备安装》07FK02 第 36 页手动密闭阀门安装图中说明，"使用时要求阀门板全启或全闭，不能做调节流量用"。还有的手动密闭

阀板开度位置
锁紧手柄

阀板手柄

图 4-22　密闭阀门锁紧在全开位置　　图 4-23　密闭阀门调节时锁紧在任意位置并做标记

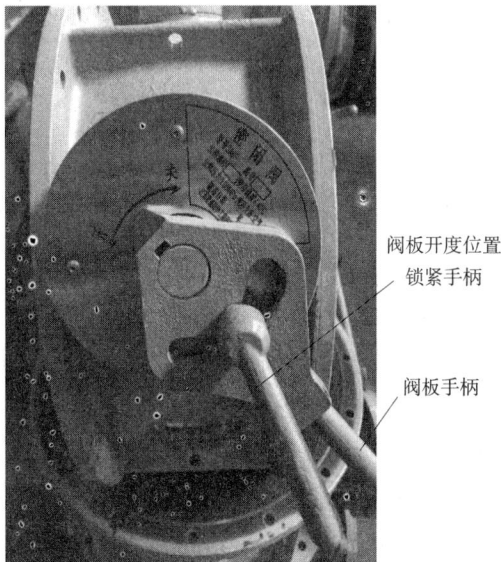

阀门说明书的注意事项中说，"阀门在使用中要求阀门板全开或全闭，不允许仅部分开启作调节流量之用，否则在介质流速较高时容易造成密封面受损和阀门板的振动"。但也有说明指出可做调节用，如有的样本注明，"使用时阀门除启闭作用外，尚有适量调节风量的功能"。

密闭阀门不是其本身不具有调节功能。事实上，它比一般的多叶型风量调节阀性能更好，且因为密闭阀门阀体密闭性好，开度位置任意，可无级调节，所以更适用于滤毒通风系统开关和调节。滤毒通风管路中风速不大于10m/s，是低风速，一般不会造成密封面受损和阀门板的振动。

综上所述可知，手动密闭阀门可做调节用，且尤其适用滤毒通风系统调节。

69. 过滤吸收器的尾气监测取样管上的阀门有什么要求？

过滤吸收器的尾气监测取样管有两个位置，一个是滤毒式风机出口管道上（自动监测取样点）；一个是利用每个过滤吸收器出口的支管上测压差管作为尾气监测取样管。

滤毒式进风机出口管道上（在线监测取样点）、过滤吸收器出口支管上测压差管作为尾气监测取样管上的阀门均为单嘴煤气阀，该阀门和毒剂检测仪通过仪器自带的塑料软管连接。但有的仪器自带塑料管材料是聚四氟乙烯，因为橡胶管会和毒剂发生化学反应。聚四氟乙烯塑料管较硬，如图4-24所示。此时，可通过聚四氟乙烯塑料管端的螺母直接与测压管端外螺纹连接，另一端与毒剂检测仪连接。

图4-24　毒剂检测仪自带聚四氟乙烯塑料管

70. 增压管的作用是什么？什么情况下要设增压管？

增压管设于清洁式进风管的两道密闭阀门之间，其作用是：当该管段处于负压时，通过增压管引入进风机出口高压气流使该管段形成一个正压气塞区，从而阻挡外界染毒空气进入工程。如图4-25所示，增压管设在清洁式进风管F1和F2两道密闭阀门之间，并与进风机出口管连通。在滤毒式通风或隔绝式通风时，该管段处于进风机吸入端的负压区，通过增压管引入进风机出口的高压气流使该管段内形成一个正压气塞区，阀门F1左侧的气压高于右侧的气压，所以F1漏风方向是指向外的，从而阻挡了外界染毒空气进入工程。密闭阀门都有轻微漏气，如果不设增压管，在滤毒式或隔绝式通风时会向室内漏毒，为了保证室内安全，必须设置增压管。

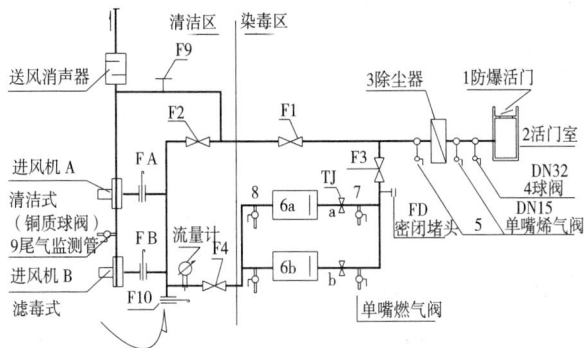

通风方式	开阀门	关阀门	进风机	
			开	关
清洁式	F1、F2 F A	F3、F4、F9 F B、F10	A	B
隔绝式	F9 F A、F10	F1~F4 F B	A	B
滤毒式	F3、F4、TJ F9、F B	F1、F2 F A、F10	B	A

图 4-25　两台进风机合用一个静压箱的进风系统原理图

要注意密闭阀门不是完全密闭，都有轻微漏气，《人民防空工程质量验收与评价标准》RFJ 01—2015 中表 3.3.8 密闭阀门的质量检验项目及质量评定等级指标要求（见本书表 4-11）中规定了其最大允许漏气量要求。因此该处必须设增压管，不是可设可不设。

71. 为什么规范中有的进风系统图示（图 4-26）没设增压管？当清洁式通风与滤毒式通风分设风机且风机前不共用管道时可以不设增压管吗？

图 4-26 没设增压管不合理，当清洁式通风与滤毒式通风分设风机且风机前不设共用静压箱时，也须设增压管，详述见后。

图 4-26 是《人民防空地下室设计规范》GB 50038—2005 的图 5.2.8（b），该图清洁式通风与滤毒式通风分设风机且风机前不共用静压箱。当外界染毒且滤毒式通风系统运行时，清洁区管道密闭阀门 3a 至 3b 管段处于正压区，外界染毒空气不能渗入，因此许多技术人员认为该图正确，不需要设增压管。但当外界染毒且隔绝式通风系统运行时，是打开插板阀 4a，并启动清洁式进风机 5a。此时密闭阀门 3a 和 3b 虽然关闭，但是 3a 和 3b 管段处于负压区，此时密闭阀门 3a 左侧的气压高于密闭阀门 3b 右侧的气压，外界染毒空气可能向右侧渗漏，因此也必须设增压管。

需注意设不设增压管的判断标准是：在滤毒式或隔绝式通风时，清洁式管路上的两个密闭阀门如处于负压区就要设增压管，如不处于负压区就不需设增压管。不

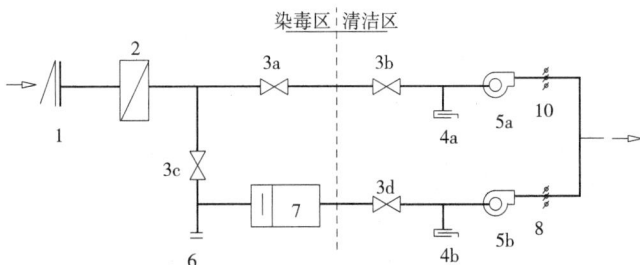

图 4-26　防空地下室分设风机进风系统原理示意图
1—消波设施；2—粗过滤器；3—密闭阀门；4—插板阀；5—通风机；6—换气堵头；7—过滤吸收器；8—风量调节阀

能只考虑滤毒式通风时的情况。

图 4-26 还有其他问题，详见其他问答。

72. 增压管上宜选用什么阀门?

宜选用铜球阀（见图 4-48），管径一般为 DN25，因为铜球阀手柄只需旋转 90°就可完成开关，开关迅速且开关位置直观，气密性也好。

不宜选用截止阀，其手轮要旋转多圈才能完成开关，开关慢且开关位置不直观。

73. 能否举一个除尘滤毒室工程实例说明其常见问题及应如何修改?

图 4-27 和图 4-28 是某核 6 级二等人员掩蔽部的除尘滤毒室设计图。

该工程图纸存在以下问题：

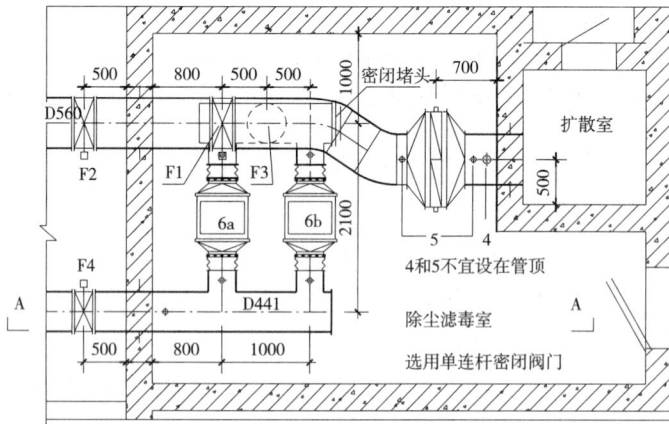

图 4-27　某工程除尘滤毒室平面图

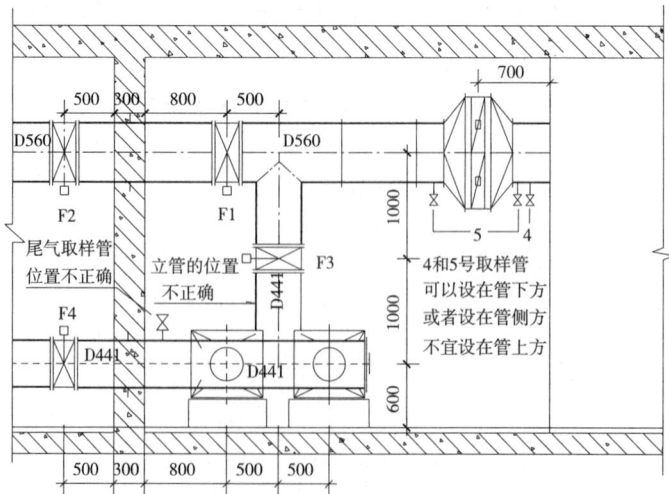

图 4-28　某工程除尘滤毒室 A-A 剖面图（修改前）

（1）平面和剖面图的尺寸标注不到位，例如除尘滤毒室应从左侧墙的内表面起到右边扩散室的墙表面止，应逐段连续标注安装尺寸，中间不宜断标，断标之后，不知道还有多大空间，会对是否有足够空间安装设备产生疑问，或者应有总长度，应如图 4-30 详细标注房间长度方向各处定位尺寸；

（2）过滤吸收器长度方向没有定位尺寸，要详细标出过滤吸收器、橡胶波纹管、短管的长度和测压差管的定位尺寸，见图 4-29；

（3）LWP 油网滤尘器中心距墙 700mm 的标注方法不规范，应分别标出油网滤尘器管式安装的长度和距墙尺寸，图中这种模糊的标注会给施工人员带来困惑，油网滤尘器要按标准图集《防空地下室通风设备安装 07FK02》LWP 型的长度尺寸和距墙 ≥ 300mm 的要求把定位尺寸标出，见图 4-30；

（4）该工程是核 6 级二等人员掩蔽部，是直通式出入口，根据表 4-4，作用在活门上的压力是 0.12MPa，计算剩余压力为 0.036MPa，设置扩散室正确，但如果是垂直进风井，该工程即为是活门室，管道引入活门室没有 L/3 的要求，管道就可以拉直，布置更简洁，见图 4-29；

（5）因为过滤吸收器的阻力各不相同，同一批次有的可能相差几十帕或更多，所以在测压差管 7 与过滤吸收器 6 之间应设过滤吸收器阻力平衡调节阀 TJ，以便调节过滤吸收器之间的阻力平衡，见图 4-29；

（6）密闭阀门 F3 所在的立管不能设在两个过滤吸收器支管之间，这样气流通过的路径长度不相等，是异程式，各支管阻力不同，应从两个过滤吸收器支管之间向右移，见图 4-29，使两股气流通过两个过滤吸收器的路径一样长，即同程，这样管路阻力才易于平衡；

（7）进风系统原理图与系统布置一定要一致，并要体现出同程的关系，见图 4-31。

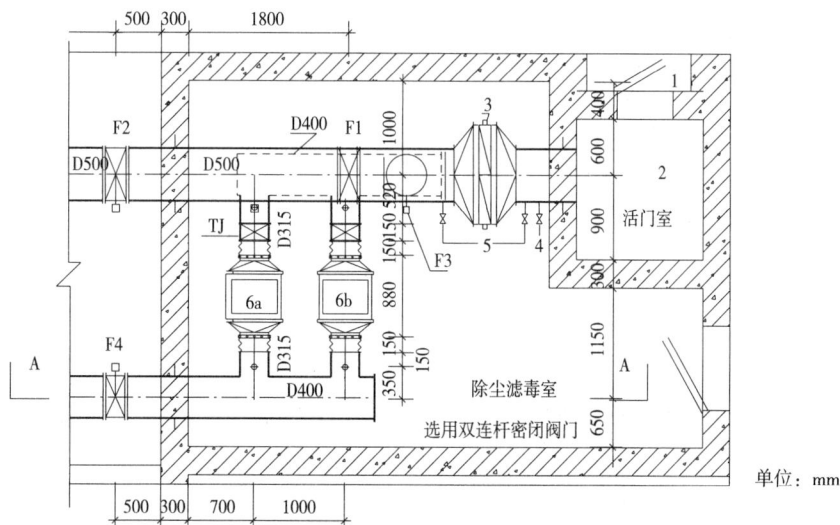

图 4-29　某工程除尘滤毒室平面图（修改后）

4—DN32 球阀；5—油网滤尘器的测压差管应设 DN15 单嘴燃气阀

如果是垂直风井即为活门室。

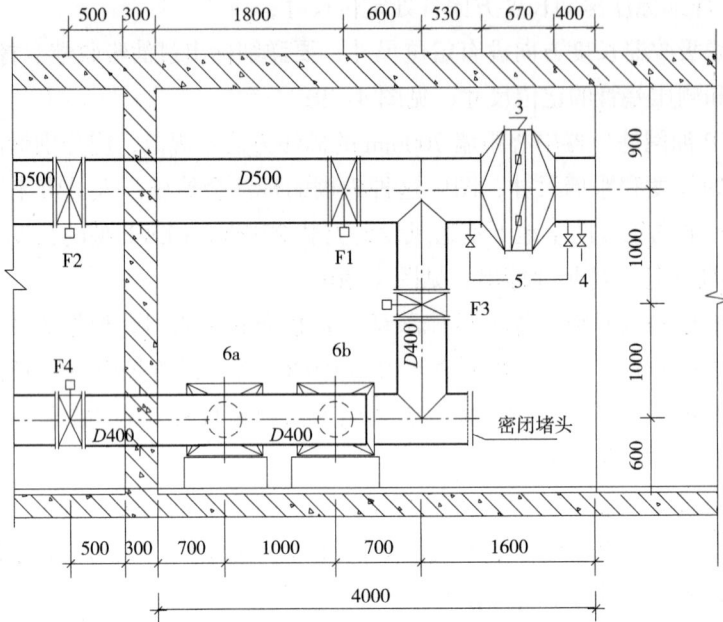

图 4-30　某工程除尘滤毒室 A–A 剖面图（修改后）

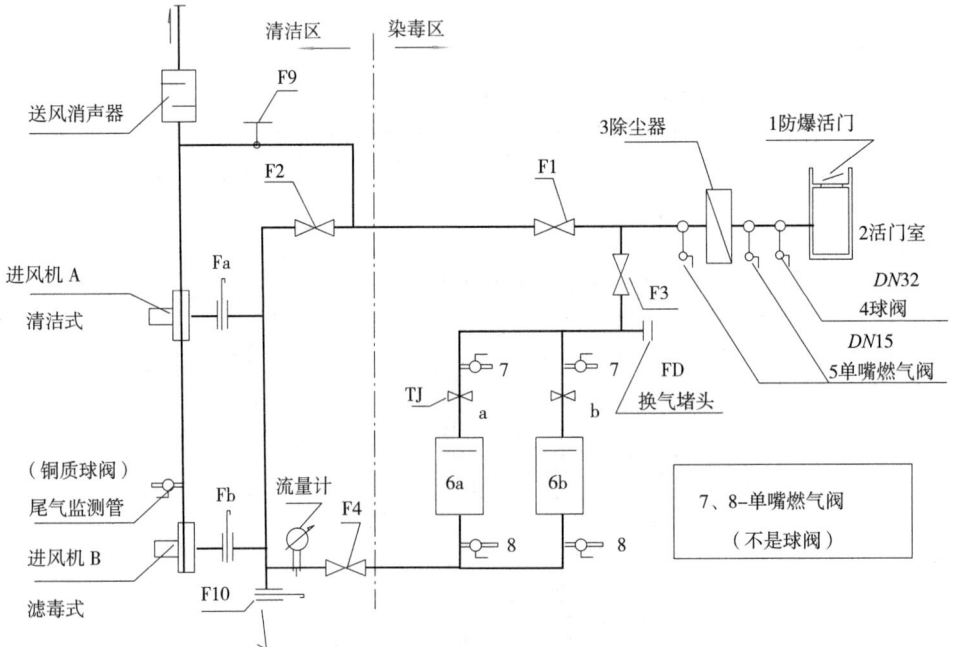

图 4-31　某工程进风系统原理图

第 4 节　密闭阀门

74. 单连杆与双连杆密闭阀门有什么区别？各自型号的含义是什么？

主要是按压阀板的连杆数量和结构不同。从设计角度，要知道两种密闭阀门型号的含义，还要注意密闭阀门法兰的内径是不同的。下面举例说明密闭阀门型号含义。

（1）单连杆密闭阀门：

D40J-0.5 为单连杆手动密闭阀门（见图 4-32）的型号；

D940J-0.5 为单连杆手电动两用密闭阀门（见图 4-33）的型号。

其中：

D——蝶阀类；

4——法兰连接；

9——电动机驱动；

0——阀门为杠杆式；

J——阀门的密封圈材料为硬橡胶；

0.5——公称压力，单位是 kgf/cm^2。

阀门的法兰直径在型号表达式中没有体现。

图 4-32　单连杆手动密闭阀门

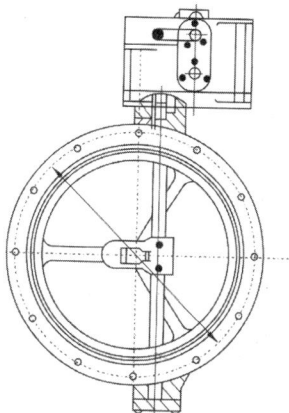

图 4-33　单连杆手电动两用密闭阀门

（2）双连杆密闭阀门：

SMF20 为双连杆手动密闭阀门（见图 4-34 和图 4-35）的型号；

DMF20 为双连杆手电动两用密闭阀门（见图 4-36）的型号。

其中：

S——手动（手字汉语拼音的第一个字母）；

D——电动（电字汉语拼音的第一个字母）；

M——密闭（密字汉语拼音的第一个字母）；

F——阀门（阀字汉语拼音的第一个字母）；

20- 表示阀门的公称直径为 20cm，即 200mm，共有 200mm、300mm、400mm、500mm、600mm、800mm 和 1000mm 七种直径（有的厂家可以提供管径 DN700 的阀门）。

图 4-34　双连杆手动密闭阀门实物图

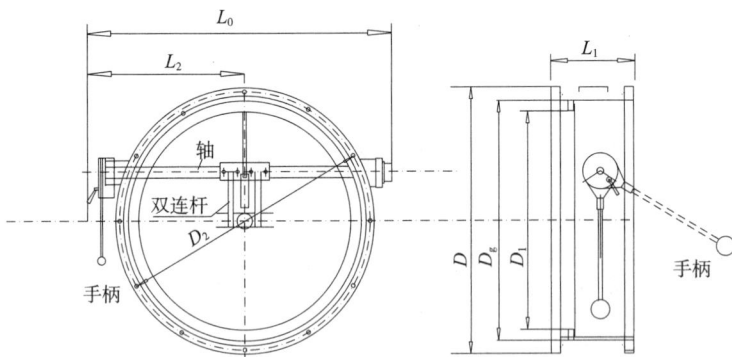

图 4-35　双连杆手动密闭阀门标注图

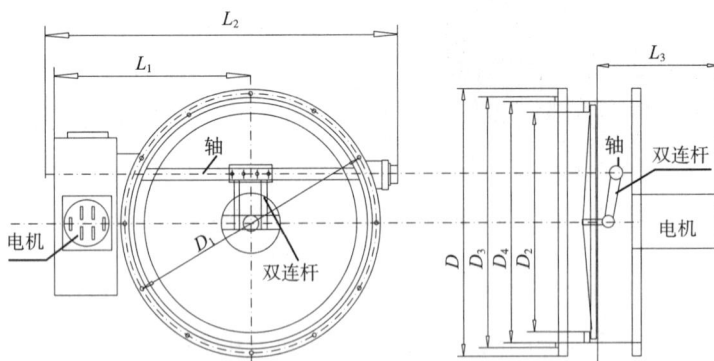

图 4-36　双连杆手电动两用密闭阀门

75. 密闭阀门与相连接的管道有什么要求？

要求管道内径与密闭阀门法兰的内径保持一致。注意相同公称直径的单连杆和双连杆密闭阀门的内径不同。

单连杆密闭阀门的内径不同厂家生产的比较一致，见表 4-9。但双连杆密闭阀门的内径不同厂家不完全一致，甚至有的差别较大，表 4-10 是《防空地下室通风设备安装》07FK02 标准图集第 37 页的数据。注意该图集第 48 页的手电动密闭阀门接管尺寸表（内径）有误，应该是第 37 页的 D_4 的值，但误写为 D_2 的值了。《人民防空工程质量验收与评价标准》RFJ 01—2015 的表 11.7.6-1、表 11.7.6-2 数值也与表 4-9、表 4-10 一致。

单连杆手动和手电动密闭阀门法兰的内径 D（mm）　　　　表 4-9

单连杆手动密闭阀门 D40J-0.5 型和单连杆手电动密闭阀门 D940J-0.5 型							
DN 公称直径	200	300	400	500	600	800	1000
法兰实际内径	215	315	441	560	666	870	1090

双连杆手动和手电动密闭阀门法兰的内径 D（mm）　　　　表 4-10

双连杆手动密闭阀门 SMF 型和电动密闭阀门 DMF 型							
DN 公称直径	200	300	400	500	600	800	1000
法兰实际内径	200	300	400	500	664	860	1100

76. 选用密闭阀门应注意什么？

选用密闭阀门应注意以下几点：

（1）根据管道风量和经济风速选取型号；

（2）确保手柄和电机的操作和运行空间；

（3）阀门上箭头方向应与所受冲击波方向一致；

（4）管道的内径应与阀门的内径一致；

（5）可以水平安装或垂直安装；

（6）手电动两用密闭阀门只可全关或全开，不便作风量调节用，手动密闭阀门可兼作风量调节用，它有调节功能，而且调节功能稳定、无噪声，详细可参考第 68 号问答；

（7）需设独立的支、吊架；

（8）要特别注意：要求电动密闭阀门的关闭时间 $\tau \leqslant 5\mathrm{s}$。报警器发出报警信号，阀门应立即关闭。如果工程的风井距悬板活门太近，阀门不及时关闭，毒剂就进入工程内部了。有厂家的阀门关闭时间 $\tau=17\sim50\mathrm{s}$，这是不合格的。

此外，还应注意本地人防办的要求。如江苏省民防局文件《省民防局关于采用新型防护设备产品的通知》（苏防〔2012〕32 号）规定："江苏省地区人防工程设计中停止采用单连杆手电动密闭阀门，改为采用双连杆手电动密闭阀门"。

77. 材料表中必须注明密闭阀门的型号吗?

必须分别注明型号和规格。

型号中包含了单连杆、双连杆等多种信息,只有在材料表中注明才能准确订货。实际审查的图纸中有很多未注明型号,只注明了规格,这是不符合规范要求的。

78. 工地现场验收时,对密闭阀门应检查什么?

工地现场验收时,首先对照图纸检查阀门位置是否正确,电动阀门是否接电,再检查是否符合下列要求:

(1)阀门标志的箭头方向必须与冲击波方向一致,每个阀门都有一个箭头(见图 4-37),它表示冲击波的作用方向,即阀门杠杆侧是受压面,要始终迎着冲击波的作用方向,检查时要注意阀门这个方向是否装反了,进风系统中密闭阀门的箭头与进风气流方向一致,排风系统中密闭阀门的箭头与排风气流方向相反;

图 4-37　密闭阀门箭头方向

(2)法兰间垫片平整,连接紧密;

(3)要检查阀门橡胶密封垫圈粘接是否牢固,粘接后的剥离强度 ≥ 30N/cm;

(4)所有连接螺栓应均匀旋紧;

(5)阀门位置要方便阀门操作,满足阀门手柄操作空间;

(6)电动密闭阀门启闭时间要符合相关要求,其关闭时间 $t \leq 5s$;

(7)阀门应有吊钩或支架固定,并不得吊在手柄及锁紧位置;

(8)电动密闭阀门的电机必须是堵转电机,阀门板才能在关闭时仍有足够力矩压实密封环(在 5s 内压实),目前厂家提供的普通电机较多,行程开关不到位,阀板在关闭时不能压实密封环,与密封环贴合不严密,漏气量超标,关闭时间长,配用的电机小,这是电动密闭阀门目前最普遍、最严重的问题,验收时要特别注意;

(9)气密性检查:应满足《人民防空工程质量验收与评价标准》RFJ 01—2015中表 3.3.8 密闭阀门的质量检验项目及质量评定等级指标要求,表 4-11 是节选的其最大允许漏气量 Q_y 要求。

密闭阀门的最大允许漏气量 Q_y（m³/h）　　　　表 4-11

在超压 $\Delta P = 50Pa$ 时						
DN 公称直径	200	300	400	500	600	800	1000
允许漏气量（m³/h）	0.025	0.040	0.055	0.070	0.085	0.115	0.145

79. 为方便密闭阀门操作且满足其手柄操作空间，具体设计时要注意什么？

应注意以下三点：

（1）密闭阀门手柄所在一侧要有足够手柄操作空间，手柄位置不能设在空间狭小的紧靠墙一侧，如图 4-38（a）。要设在空间较大距墙较远的一侧，如图 4-38（b），实际工程图纸如图 4-38（a）的情况很普遍，尤其是刚从事人防工程设计的人员所画图纸此类问题较多；

（2）密闭阀门所在管道外缘距墙不得小于 200mm，要留密闭阀门安装和维护的空间；

（3）密闭阀门距墙尺寸一定要符合标准图集《防空地下室通风设备安装》07FK02 第 38 到 41 页的要求，常用的横管吊式安装图及要求，见图 4-39 和表 4-12；

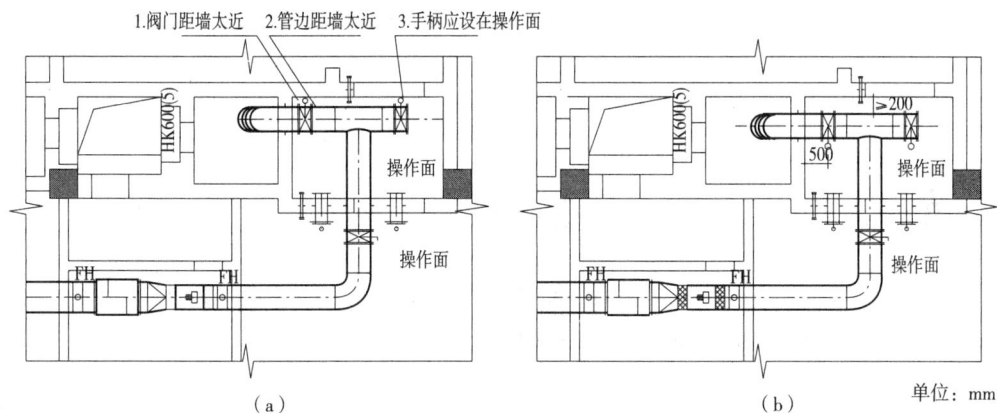

图 4-38　密闭阀门设置图示
（a）错误图示；（b）正确图示

密闭阀门距墙尺寸（mm）　　　　表 4-12

型号	公称直径（mm）	L_1		L_2		L_3		L_4	L_5		D	
		手电动	手动	手电动	手动	手电动	手动		手电动	手动	手电动	手动
D（S）MF20	$DN200$	152	118	355	300	293	335	408	350	322	200	215
D（S）MF30	$DN300$	170	145	416	350	379	385	435	350	309	300	315
D（S）MF40	$DN400$	216	175	468	385	420	496	456	350	350	400	441

续表

型号	公称直径（mm）	L_1		L_2		L_3		L_4	L_5		D	
		手电动	手动	手电动	手动	手电动	手动		手电动	手动	手电动	手动
D（S）MF50	DN500	229	225	532	451	465	574	456	350	350	500	560
D（S）MF60	DN600	275	275	582	593	523	683	620	400	350	664	666
D（S）MF80	DN800	300	290	682	693	673	733	620	400	350	860	870
D（S）MF100	DN1000	380	300	848	808	862	842	700	400	400	1100	1090

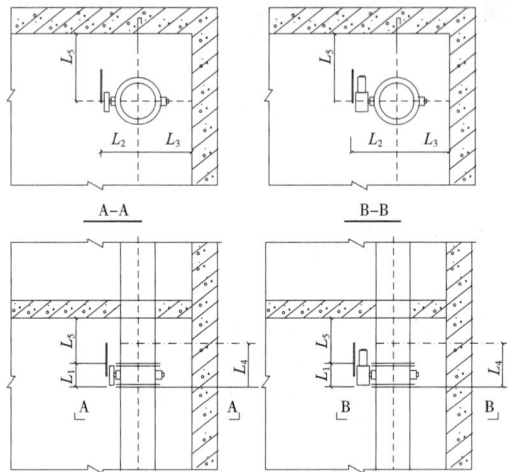

图 4-39　密闭阀门至墙的尺寸

（4）当同一风管上密闭阀门与其他设备（如流量计等）相邻时，两者之间应有足够的距离，预防阀板全开时，妨碍相邻设备的正常操作。

80. 密闭阀门的局部阻力系数是多少？

查 1977 年出版的《国防工程采暖通风和空气调节设计手册》第 340 页表 7-14 可知，密闭阀门在全开时的局部阻力系数 ζ=0.24。

据此可以做出密闭阀门的阻力特性曲线，见图 4-40。

第 5 节　自动排气活门

81. 超压自动排气活门的类型如何选择？

宜选 PS-D250 型超压自动排气活门或 FCH 型防爆超压自动排气活门。

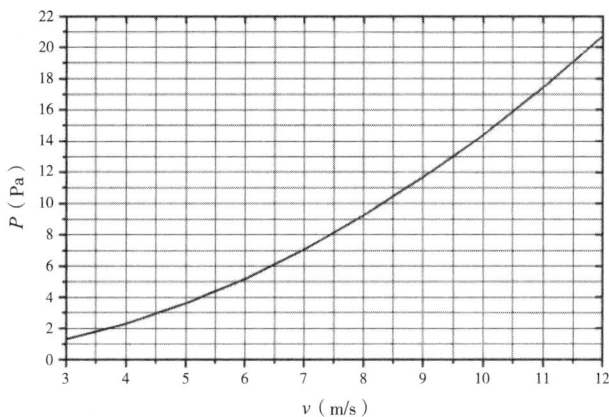

图 4-40 密闭阀门的阻力特性曲线
P—局部阻力；v—风速

超压自动排气活门有 YF 型自动排气活门、PS-D250 型自动排气活门、FCH 型防爆自动排气活门三种类型。YF 型自动排气活门的通风量较小，工程适用范围小，一般厂家不生产，所以不宜选用。

此外，还应注意本地人防办的要求，如江苏省防办要求选用 FCH 型防爆自动排气活门。

82. 设计和审图时，对自动排气活门应注意什么？

在设计与审图中，应该注意以下几点：

（1）应熟悉自动排气活门的构造和工作原理，有的工程图纸上自动排气活门画反了，工程也装反了，这种错误电站与控制室之间的防毒通道出现得最多，见图 4-41（a）；

（2）自动排气活门的安装位置与排风短管（或密闭阀门）的位置没有在垂直与水平方向错开布置，形成换气死区的现象比较常见，是设计中比较容易出现的问题，当手动密闭阀门与自动排气活门设在同一高度时，手动密闭阀门的出风管口宜向下弯（图 4-41），但要注意手动密闭阀门及管口的标高不得影响密闭门的启闭；

（3）应知道自动排气活门的尺寸。注意标准图集《防空地下室通风设备安装》07FK02 第 34 页的立面图，见图 4-42（a），其中尺寸 B 在主要外形尺寸表中的数据实际是活门总高度，如 FCH-250 型的 B=592mm，但立面图中只从重锤标到了活门中心，应标到活门上边缘，该图漏掉了一段线，标注有误，FCH-250 和 Ps-D250 型的正确尺寸应为图 4-42（b）；

（4）自动排气活门水平中心线的间距应以不小于 550mm 为宜，垂直中心线的间距应以不小于 700mm 为宜，自动排气活门的间距不可太小，否则会影响安装和维护；

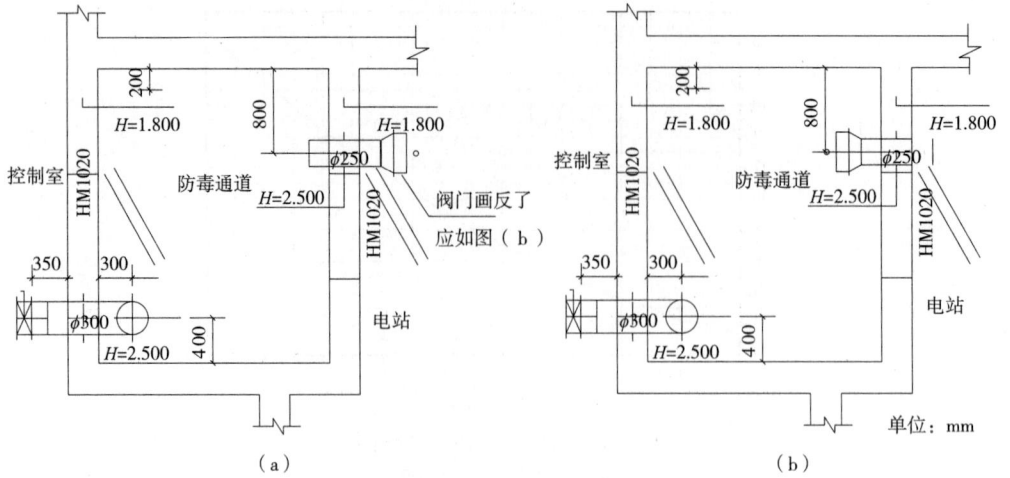

图 4-41　电站与控制室之间的防毒通道的自动排气活门
（a）自动排气活门位置错误；（b）自动排气活门位置正确

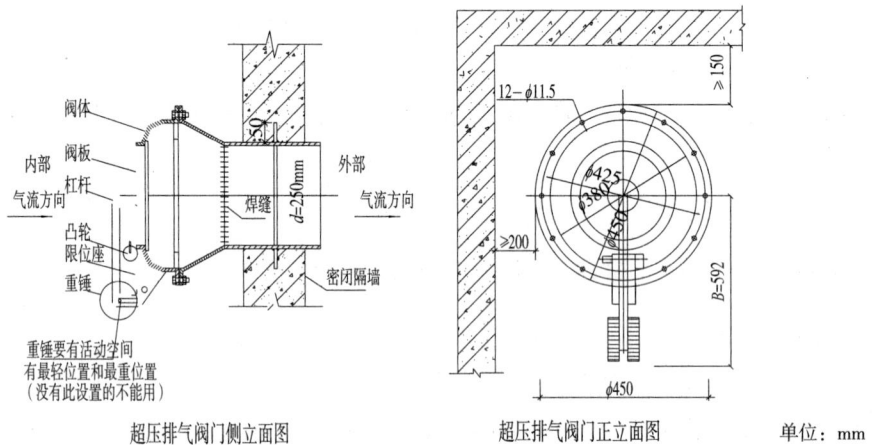

（a）

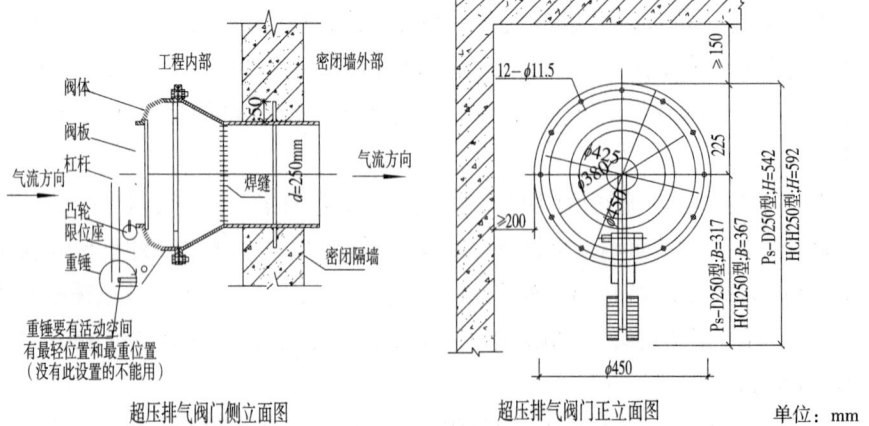

（b）

图 4-42　FCH-250 和 Ps—D250 型自动排气活门安装尺寸图
（a）标准图集阀体高度标注有误；（b）尺寸正确

（5）自动排气活门与顶板、墙体安装间距应满足标准图集《防空地下室通风设备安装》07FK02 要求；

（6）自动排气活门安装高度不能太低，小车库活门中心标高应不小于 1800mm，重锤距离地面应不小于 1400mm，过低使汽车无法紧靠墙停放，也有造成车辆或自动排气活门损坏的情况，设计和审图必须注意该点。

图 4-43 是某工程口部自动排气活门布置图，所标注尺寸可作参考。

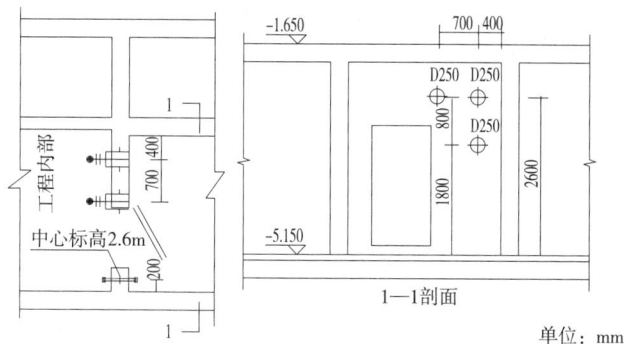

图 4-43　某工程口部自动排气活门布置图

83. 自动排气活门数量如何确定？应采用四舍五入法还是进一法？

自动排气活门数量计算方法为：

（1）确定自动排气活门的个数，有推荐风量和最大风量两种，如工程常用的防爆自动排气活门是 FCH-250 型，自动排气活门是 PS-D250 型，对这两个型号，每个自动排气活门的推荐风量一般取 800m³/h，最大风量一般取 1000m³/h，防化乙级以下工程，宜按 800m³/h 计算活门个数；

（2）应按计算滤毒式进风量，来选用自动排气活门的个数，不能用滤毒器额定风量来选用滤毒器的个数；

（3）计算结果自动排气活门个数 $n \leqslant 2$ 时，可用进一法，自动排气活门个数 $n \geqslant 3$ 时，应采用四舍五入法，因为目前工程中，自动排气活门的个数普遍偏多；

（4）自动排气活门的个数多的医疗救护工程，建议用最大风量 1000m³/h 计算自动排气活门的个数。

上述方法，没有减去漏风量，计算结果四舍五入是安全的。

84. 工程验收时经常发现滤毒式风量下自动排气活门只能略微开启，这是什么原因？

主要原因：

（1）工程气密性工作未做好，工程气密性处理是一项既细致又复杂的工作，气密性不好，自动排气活门不能全启动，这是工程中常见的现象；

（2）如果气密性确实做好了，仍然有不启动的现象，则主要是自动排气活门数量选得偏多，偏多时超压值上不来，可以关闭一个。

85. 自动排气活门能如图 4-44 设在战时排风机室吗？能否结合该图说明应如何修改？

[问题补充]：图 4-44 所示工程战时掩蔽 1200 人，计算滤毒式通风量为 2400m³/h。

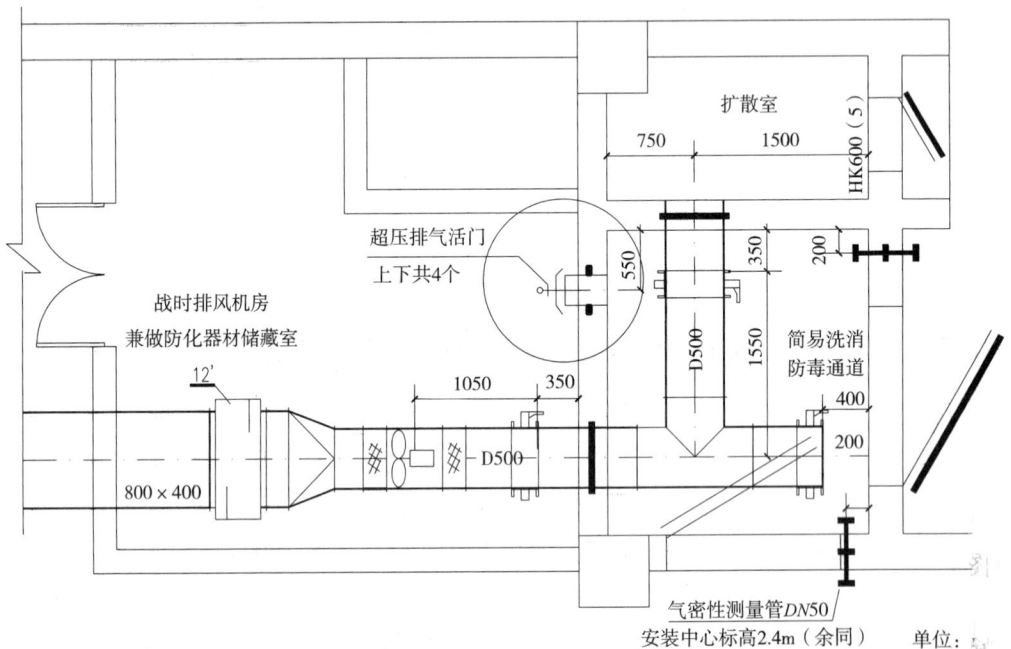

图 4-44　自动排气活门设在战时排风机室内

自动排气活门不宜设在战时排风机室内，密闭门框上方有足够的空间可用。图还存在自动排气活门数量偏多、消声器未标明尺寸等问题，详述如下：

（1）为了防止排风机所产生的噪声影响掩蔽人员工作和休息，排风管道上设消声器，运行时排风机室的门是关闭的。虽然全工事超压时，排风机并不启动，正确设计也不可违背常规，把自动排气活门设到排风机室内。因此自动排气活门不能像图 4-44 那样设在战时排风机室内。

（2）该工程战时掩蔽 1200 人，计算滤毒式进风量 2400m³/h，按每个自动排气活门的排风量 800m³/h 计算自动排气活门个数，应选 3 个 PS-D250 型自动排气活门，选 4 个没有依据（如果 2400- 漏风量，选 4 个就更不对了）。

（3）3 个自动排气活门可改设在密闭门的上方，排风系统改成图 4-45 的经典形式。而且，自动排气活门出风管口做弯头向下，这样不易气流短路。

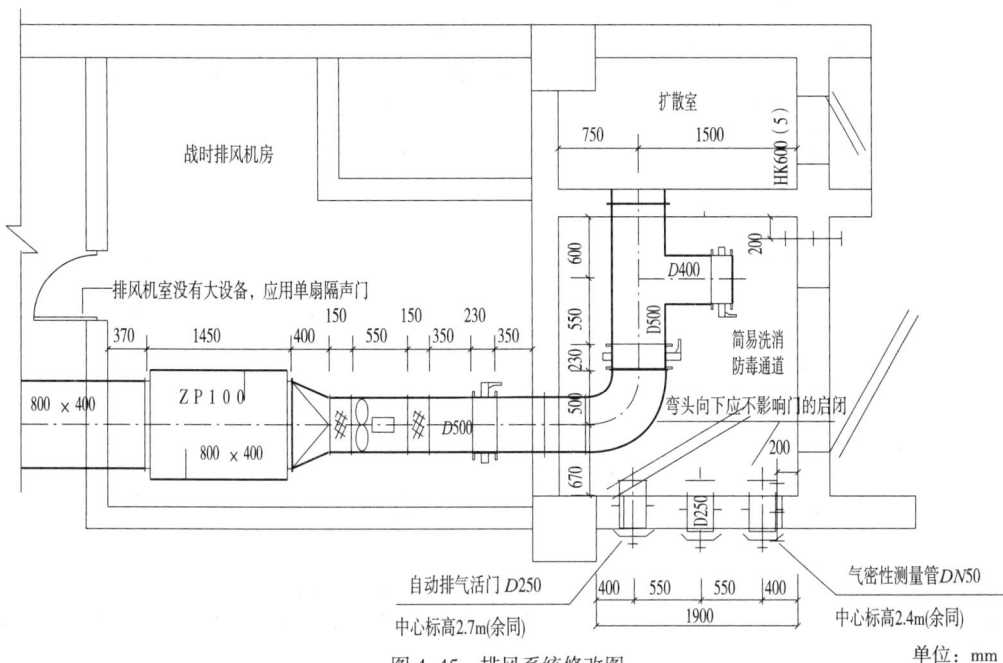

图 4-45　排风系统修改图　　　　　　　　　　　　　单位：mm

（4）图 4-44 的尺寸标注不正确，要查清排风机和消声器等设备的实际长度，如图 4-45 逐项标出设备的定位尺寸。

如查出该排风机的噪声级是 77dB，而人员掩蔽部的噪声标准是 55dB，所以该风机需要消除的噪声级是两者之差，即 22dB。查国标图集《ZP 型消声器、ZW 型消声管》（97K130-1）可知一节 ZP$_{100}$（800×400）的消声量可以满足要求，所以应选用一节消声器，其有效长度为 1000mm，再加上自带法兰及连接变径管，实际安装长度为 1450mm。图 4-44 的消声器只画了个消声器的符号，这样就叫作设计不到位，无法知道这个房间是否有足够空间安装该消声器，图 4-45 是对图 4-44 的尺寸做调整修改之后的图示。

有人说"因为防护密闭门、密闭门、密闭阀门和自动排气活门是不漏气的，所以防毒通道是清洁的"，这对吗？

不对。这些设备在一定风压下都是漏气的，因此防毒通道不是清洁的。《人民防空工程质量验收与评价标准》RFJ 01—2015 给出了各自最大允许漏气量，实际工程执行该标准，具体值如下：

（1）防护密闭门和密闭门最大允许漏气量

《人民防空工程质量验收与评价标准》RFJ 01—2015 第 2.2.1 条给出了密闭门和防护密闭门的最大允许漏气量，见表 4-13。

防护密闭门和密闭门最大允许漏气量 Q_y（m³/h）　　　　表 4-13

序号	门孔尺寸 （mm×mm）	类型	防护密闭门 Q_y（m³/h） （超压 100Pa）	密闭门 Q_y（m³/h） （超压 50Pa）
1	700X1600	单扇	0.172	0.081
2	800X1800	单扇	0.217	0.104
3	900X1600	单扇	0.227	0.108
4	900X1800	单扇	0.248	0.120
5	1000X1800	单扇	0.282	0.136
6	1000X2000	单扇	0.306	0.149
7	1100X1800	单扇	0.317	0.154
8	1300X2000	单扇	0.450	0.210
9	1500X2100	单扇	0.566	0.267

说明：超压值引自《人民防空工程防护设备试验测试与质量检测标准》（国人防〔2009〕331 号）第 4.1.4 条，此表仅列举部分常用门，说明它的漏气情况。

（2）密闭阀门的最大允许漏气量

《人民防空工程质量验收与评价标准》RFJ 01—2015 第 3.3.8 条规定了密闭阀门的最大允许漏气量，见表 4-14。

密闭阀门的最大允许漏气量　　　　表 4-14

最大允许漏气量（m³/h）	DN200	DN300	DN400	DN500	DN600	DN800	DN1000	超压值 $\Delta P=50Pa$
	0.025	0.04	0.055	0.07	0.085	0.115	0.145	

（3）FCH 型防爆超压排气活门的最大允许漏气量

《人民防空工程质量验收与评价标准》RFJ 01—2015 第 3.3.7 条规定了防爆超压排气活门的最大允许漏气量，见表 4-15。

FCH 型防爆超压排气活门的最大允许漏气量　　　　表 4-15

最大允许漏风量（m³/h）	FCH150（5）	FCH200（5）	FCH250（5）	FCH300（5）	超压值 $\Delta P=100Pa$
	0.03	0.05	0.07	0.08	

第 6 节　测压管与测压装置

87. 测压管设计和审图应注意什么问题?

测压管设计和审图应注意以下问题:

(1) 有的测压管沿墙敷设时标高过低,影响除尘滤毒室门的开启,管道中心标高应不低于 2.5m,如图 4-46 某工程的测压管和气密测量管距地高度为 2.8m;

(2) 有的测压管距墙太远,测压管悬在半空影响其他专业对空间的使用,宜沿墙敷设或贴梁敷设或预埋在侧墙、顶板内,一般距墙 100mm,以便固定;

(3) 有的测压管路径太长,室外端宜就近选择"室外空气零点压力处";

(4) 测压管一般不要横穿扩散室,非得穿过时,不要悬空,应预埋在顶板内;

(5) 有的将测压管的室外端设在战时进风井内,要注意此处不是"室外空气零点压力处",滤毒通风时,战时进风井是负压区;

(6) 测压管穿墙不是套管安装,是直接预埋在墙体内的;

(7) 有的工程施工时只预埋了测压管的穿墙管段,这给后来安装带来困难,应整体一次预埋到位,施工说明中要强调这一点。

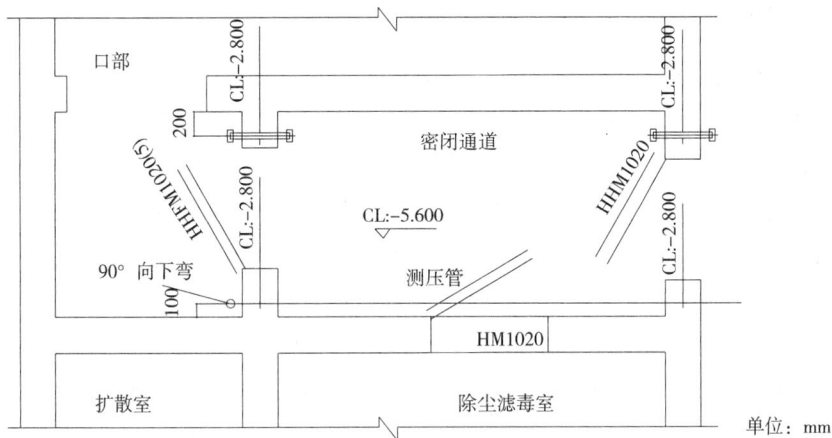

图 4-46　某工程的测压管和气密测量管

88. 有的工程将测压管的室外端设在地面建筑的外墙上(图 4-47),这对吗?

不对。一是不安全,二是此处不是稳定的"室外空气零点压力处",详述如下:

这个图来源于《人民防空地下室设计规范》GBJ 38—79 的图 44,后来修订后的新版规范 GB 50038—2005 不再用此图。不用是对的,原因有以下两点:

(1) 地下室的地面建筑在冲击波的作用下会遭到破坏,因此这个位置不安全;

(2) 地面建筑的外墙面始终处在自然风的作用下,由于自然风的方向是随机变

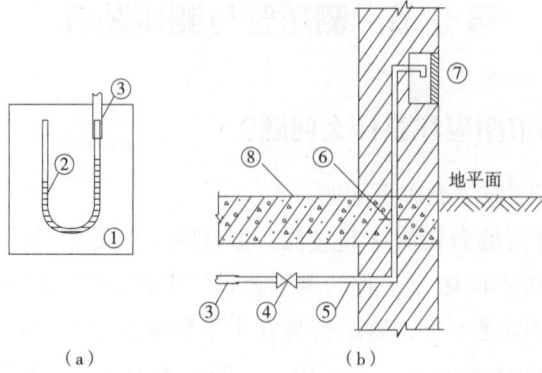

图 4-47　《人民防空地下室设计规范》GBJ 38—79 的图 44
(a) 测压板；(b) 测压管穿墙做法
①—测压板；②—U 形压差计（或倾斜压差计）；③—软管；④—阀门；⑤—ϕ15 镀锌钢管；
⑥—密闭盘；⑦—百叶窗；⑧—防空地下室顶板

化的，此处可能有时正压、有时负压，很不稳定，即它不是稳定的"室外空气零点压力处"，因此不应采用这种设置。

89. 按规范设置在测压管上的球阀（或旋塞阀）无法与橡胶软管连接，这个阀门名称对吗？

这个阀门采用球阀（或旋塞阀）（见图 4-48）不正确，应采用单嘴燃气阀，见图 4-49。单嘴燃气阀通过橡胶软管（或塑料软管）将测压管与微压计连接起来，而球阀（或旋塞阀）是不能直接与橡胶软管连接的。

在人防工程中，有三个位置要求设测压管和单嘴燃气阀，并最终通过橡胶软管和测压装置连接。分别是：

（1）滤尘器前后要设测压差管：此处微压计的作用是观察滤尘器何时达到终阻力，达到终阻力要拆下清洗，晾干后浸 20 号机油；

（2）过滤吸收器前后要设压差测量管：此处微压计的作用是观察各过滤吸收器的初阻力，主要用于调节过滤吸收器之间阻力平衡，参见图 4-50；

图 4-48　DN15 球阀

图 4-49　DN15 单嘴燃气阀

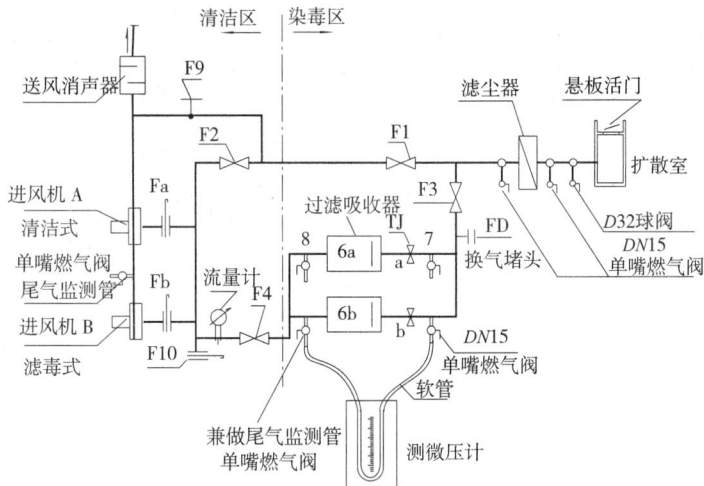

图 4-50　测压差管阀门设置

（3）工程进风口部所设置的测压管，其室内管端要设 DN15 单嘴燃气阀，通过橡胶软管与测压装置连接，见图 4-54。

目前工程中，大部分设的都是球阀，设计或测试时应改为单嘴燃气阀。

90. 测压管端选用什么样的微压计合适？

分以下三种情况：

（1）测量工程超压值用微压计

这是人防工程进风口部设置的测压管所连接的微压计（图 4-51 中序号 1），对于防化乙级以下工程，宜选用 U 形管微压计（图 4-52）或倾斜式微压计（图 4-53），性能可靠，设置和使用方便，这里要注意一点，虽然战时工程超压值一般在 0~200Pa 之间，但是工程竣工做气密检测时，常常要超到 200~300Pa 甚至更高，以便发现漏风点，所以宜选量程较高的仪器；

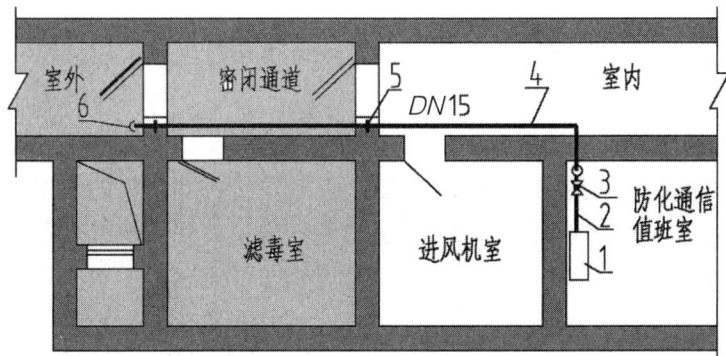

图 4-51　测压装置平面布置图

1—微压计；2—软管；3—单嘴燃气阀；4—DN15 热镀锌管；5—密闭肋；6—90° 弯头

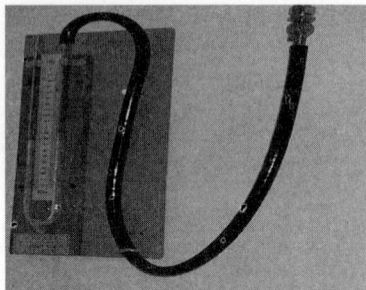

图 4-52　U 形管微压计　　　图 4-53　普通倾斜式微压计　　　图 4-54　电子微压计与倾斜
式微压计并联

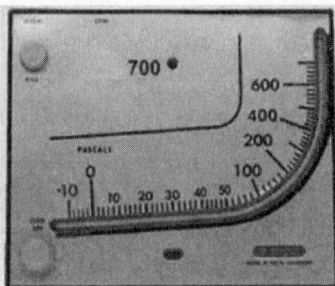

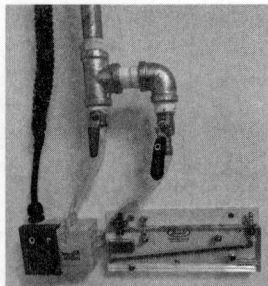

　　对于防化甲级工程，因为工程有自控功能，应选能接入自控系统的电子微压计或微压差传感器，见图 4-54。同时为了安全可靠和观察方便，仍应同时设倾斜式微压计。

　　（2）滤尘器两端测压差管连接的微压计

　　这里可选倾斜式微压计或 U 形管微压计，它的测压范围在 200Pa 以内。

　　（3）过滤吸收器两端测压差管连接的微压计

　　这里宜选 U 形管微压计，它的测压范围较大，在 900Pa 以内。

91. 地下室为负一、负二两层，均为二等人员掩蔽部，如何设置测压管？

　　分以下两种情况：

　　（1）地下室上下两层为一个防护单元时，只设一个测压系统；

　　（2）地下室上下两层为两个防护单元时，每个防护单元应各自独立设置自己的测压系统，不可上下两个单元合用一个测压系统。

92. 规范中要求测压管采用 DN15 热镀锌钢管，实际预埋的管径为 DN20，有没有大问题？

　　从执行规范角度讲管径为 DN20 显然与规范不相符，但从理论和使用角度看没有问题。

　　《人民防空地下室设计规范》GB 50038—2005 第 5.2.17 条规定：测压管应采用 DN15 热镀锌钢管。实际预埋管径为 DN20，从理论上讲测压管的作用是通过管内空气介质传递室外空气压力到室内测压装置，测压稳定时管内空气是不流动的，所以管径大一点没有影响。DN20 管径也是合适的管径。但要注意，该管径不宜过小，早期工程因为长时间缺乏维护，管内腐蚀，有的发现被蛛网状物堵塞。所以 DN20 管径也是合适的管径，但是测压管的直径也不宜过大。

第 7 节　流量计及其设置

93. 常用气体流量计有哪几种?

常用气体流量计有多种:孔板流量计、均速管流量计、阿牛巴流量计、涡街流量计和便携式流量计等,下面分别做简介。

(1)孔板流量计

充满管道的流体,当它们流经管道内的流量孔板时,流线将在孔板的节流处形成局部收缩,从而使流速加快,静压力降低,于是在孔板前后产生了压力降(压差),介质流动的流速愈大,在流量孔板前后产生的压差也愈大,所以可以通过测量压差来计算流体流量的大小。这种测量方法是以流体流动连续性方程(质量守恒定律)和伯努利方程(能量守恒定律)的原理为基础研制的。标准化程度高,线性好,它可作为标准器,为其他流量计检测和标定。孔板流量计有可靠的实验数据和完善的国家标准,参见图 4-55 和图 4-56。

图 4-55　孔板流量计实物图片

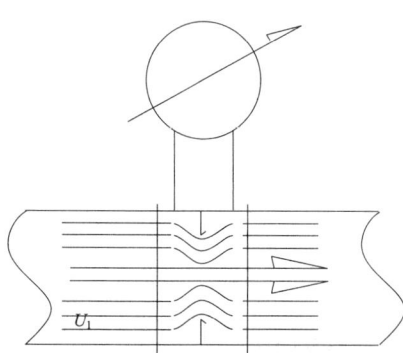

孔板流量计,规格 D300;D315;D400

H—孔板阻力(Pa);L—流过孔板的风量(m³/h)

(a)

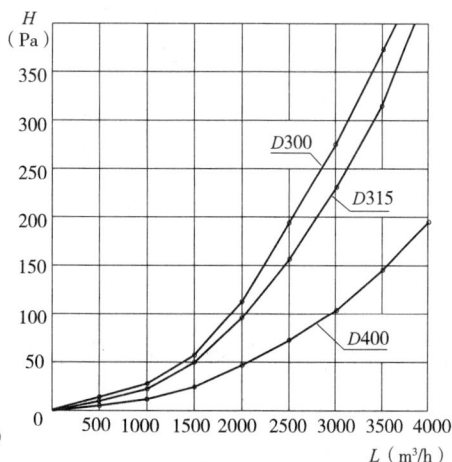

(b)

图 4-56　孔板流量计

(a)孔板流量计;(b)阻力 H—风量 L 关系曲线

（2）均速管流量计

均速管流量计是通过全压与静压之差获得动压并换算出流量的一种装置，是一种差压流量计。目前有多种，现以一个简易的原理图予以说明，见图4-57。还有一种阿牛巴流量计，是这种均速管流量计的简化，把十字架式改为单管插入式，此处不另介绍。

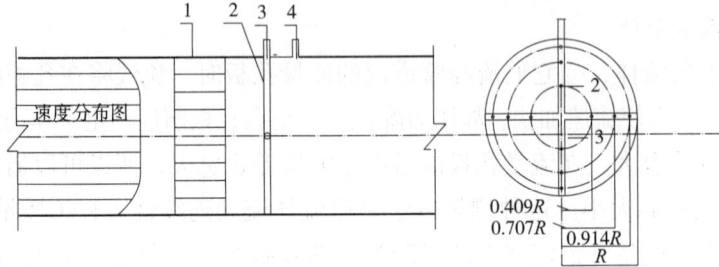

图4-57　均速管流量计原理图
1—整流栅；2—全压孔；3—全压均值管；4—静压引出管

（3）涡街流量计

涡街流量计是根据卡门涡街理论研制而成的。它是在管道的气流中，设置一根三角柱形旋涡发生体，气流流过时，在发生体两侧交替地产生两列有规则的漩涡，这两列漩涡叫卡门涡街。图4-58是一根三角柱直接插入管道式，使用简便。

在这些流量计中，孔板流量计、均速管流量计、阿牛巴流量计和涡街流量计适用于高等级工程。便携式测试仪适用于防化乙级以下人防工程。

（4）便携式测试仪

主要包括热敏式风速仪、皮托管加微压计两种，详见下一问答。

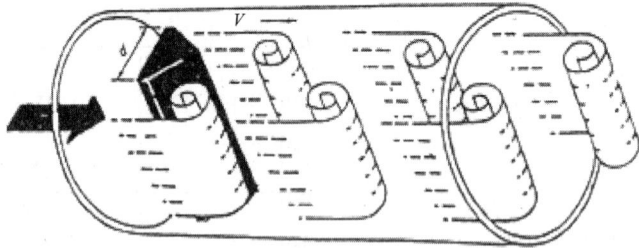

图4-58　卡门涡街原理图

94. 防化乙级以下人防工程采用哪种流量计合适呢？

防化乙级以下工程多采用便携式测试仪，主要包括热敏式风速仪和皮托管加微压计两种。防化甲级工程也可以采用这种方法。

（1）热敏式风速仪

热敏式风速仪的测试原理为：气流冲击热敏探头时带走热元件上的热量，仪器借助一个调节器调节电流使探头保持恒温，此时电流变化与气流速度成正比，据此关系可得气流速度，见图 4-59。

（2）皮托管加微压计

皮托管加手持式数字显示微压计通过测量气流全压和静压从而确定动压，而后由动压确定气流速度，见图 4-60。

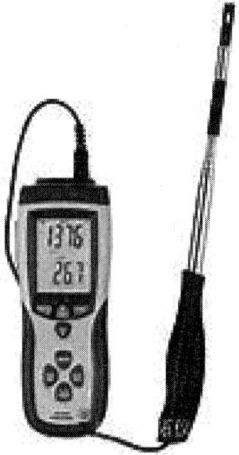

图 4-59　热敏式风速仪

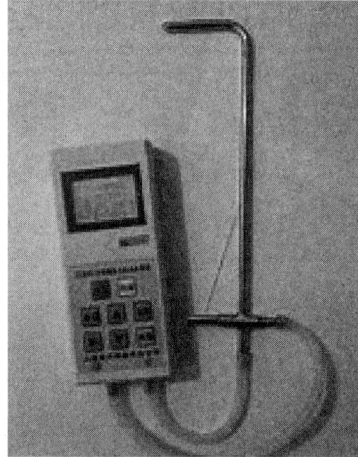

图 4-60　皮托管加微压计

95. 使用便携式流量计测试风量时，在管道截面上如何布置测点？

使用便携式流量计时，其风管断面的测点布置方式根据风道形状一般分为两种，见图 4-61。

（1）圆形管道测点布置方式

其原理是将风管断面划分成若干个等面积的同心圆环来测量。同心圆的环数按表 4-16 划分，测点与风管圆心的距离见表 4-17，图 4-61（a）所示是环数为 3 的情况。测点越多越精确，但是工作量大，人防工程风管断面尺寸较小，一般 3~4 环应用较多。

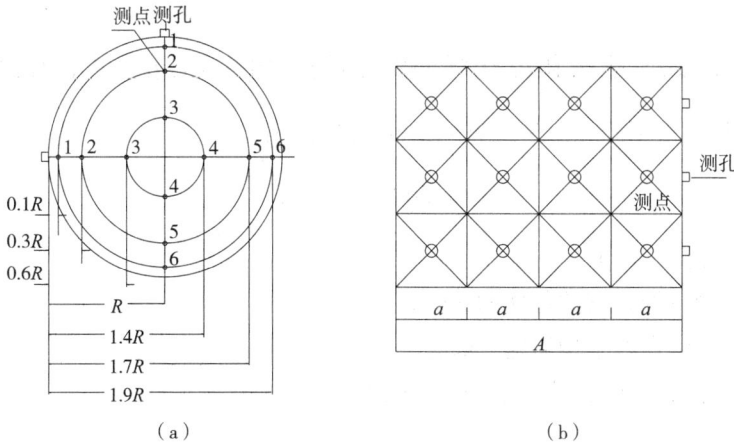

（a）　　　　　　　　　　　　　　（b）

图 4-61　测点布置图

（a）圆形管道；（b）矩形管道

圆形风管的环数划分 表 4-16

管道直径 D（mm）	≤ 320	350~500	550~800	≥ 850
划分环数 N	3	4	5	6

圆环与测点位置 表 4-17

测点序号	同心圆环数			
	3	4	5	6
1	0.1R	0.1R	0.05R	0.05R
2	0.3R	0.2R	0.2R	0.15R
3	0.6R	0.4R	0.3R	0.25R
4	1.4R	0.7R	0.5R	0.35R
5	1.7R	1.3R	0.7R	0.5R
6	1.9R	1.6R	1.3R	0.7R
7		1.8R	1.5R	1.3R
8		1.9R	1.7R	1.5R
9			1.8R	1.65R
10			1.95R	1.75R
11				1.85R
12				1.95R

（2）矩形管道测点布置方式

可将风管断面划分成若干个等面积的小矩形，测点设在每个小矩形的中心，每个小矩形的各边长度为 200mm 左右为宜，见图 4-61（b）。

因为两种布置方式都是按等面积划分的，所以所有测点的风速值取平均值就是该管道断面的平均风速，再由平均风速和管道截面积就可求出风量。

96. 常用热敏式风速仪和皮托管加微压计两种测量方法，如何计算流量？

两种测量方法不同，但是计算风量的公式相同：

$$L=3600 \times F \times U_\mathrm{p}$$

式中　L——流量，$\mathrm{m^3/h}$；

　　　F——测点处管道的截面积，$\mathrm{m^2}$；

　　　U_p——各测点的平均风速，$\mathrm{m/s}$。

两种测量方式不同，计算平均风速的方法不同：

（1）热敏风速仪

各测点风速相加后除以测点数：

$$U_p = (U_1 + U_2 + \cdots\cdots + U_n)/n$$

式中　U_n——第 n 个测点的风速，m/s。

（2）皮托管加微压计

$$U_n = \sqrt{\frac{2P_n}{\rho}}$$

式中　P_n——第 n 个测点的动压值，Pa；

　　　ρ——管道中空气的密度，kg/m³。

$$U_p = \sqrt{\frac{2}{\rho}\left(\frac{\sqrt{P_1} + \sqrt{P_2} + \cdots\cdots + \sqrt{P_n}}{n}\right)}$$

97. 为方便使用，可以直接将便携式流量计的传感器固定在风道中吗？

不可以。

传感器固定后，就只能测试一个测点的数值，不能代表整个断面的平均风速，不符合图 4-61 测点布置图的要求。有的工程确实是这样做的，这不合理。

98. 如图 4-62 中流量计的位置，前后都是局部阻力，这样设置对吗？

就图 4-62 而言：

（1）从理论上讲，流量计应设在滤毒通风管道上，是对的；

（2）在系统原理图上，习惯将流量计画在密闭阀门 F4 之后，也是对的；

（3）这是理论和习惯的表达方式，是正确的。但是实际工程测量时，流量计的使用要求测量位置必须在气流的平稳段，各种流量计都有这个要求，测点前的局部阻力管件必须和流量计之间有 4D~5D（D 为管径）的距离，测点后的局部阻力管件必须有 1.5D~2D 的距离，这就要求设计时合理安排管件，使其达到这些要求，参见图 4-63。

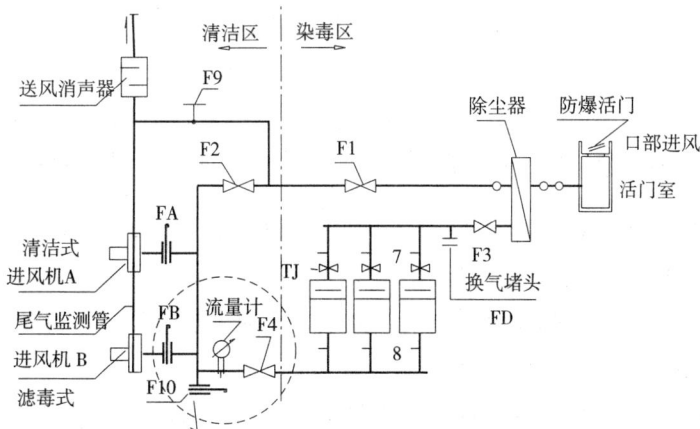

图 4-62　进风系统图中流量计的位置

99.如图 4-63 中流量计 4 有的工程设在密闭阀门 F4 之前，也有的设在之后，哪个更合理？审图时如何处理？

就图 4-63 而言：

（1）从流量测量角度讲，流量计设在密闭阀门前或后都可以，只要能保证图 4-63 所示与前后局部阻力管件之间的规定的距离即可。

（2）对用法兰连接的流量计可能有漏风点，如孔板流量计或均速管流量计，其连接法兰是漏风点，密闭阀门 F4 设在流量计之前 [见图 4-63（a）和（b）] 比之后 [见图 4-63（c）] 更安全。

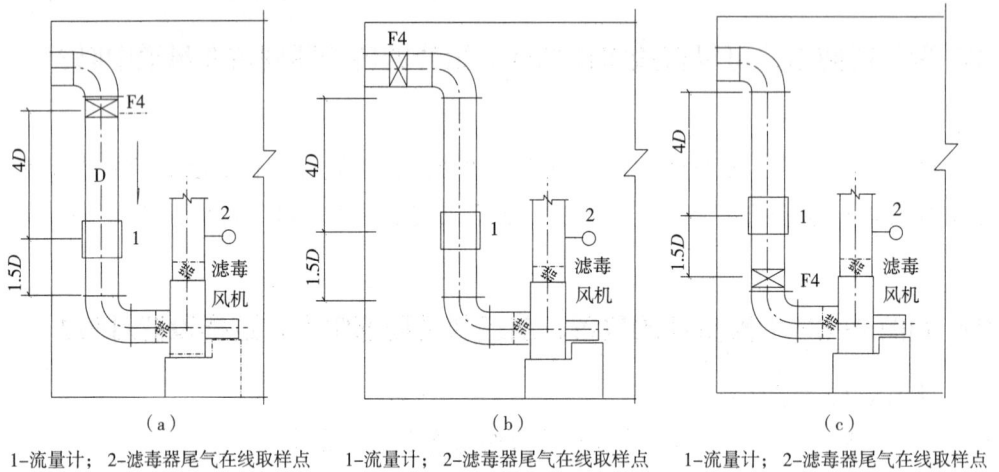

1-流量计；2-滤毒器尾气在线取样点 　1-流量计；2-滤毒器尾气在线取样点 　1-流量计；2-滤毒器尾气在线取样点

图 4-63　流量计的位置

（3）目前实际工程图，见图 4-62，流量计在图中已有设计，但是平时不安装，这就要求进风机室平剖面图设计时，要按图 4-63 的要求注明流量计的安装位置。

（4）防化乙级及以下工程应按便携式流量计来设计，各省市人防测试公司有一定的测试经验。

100.图 4-64 中流量测点位置与密闭阀门 F4 的位置调换（图 4-65），较容易满足流量计前后直管段距离的要求时，这样调整是否可行？

（1）图 4-64 方案流量计测点前后直管段距离局部阻力管件，虽然都不太满足要求，但是与图 4-65 相比，条件已经不错了。

（2）图 4-65 方案的流量计前方满足要求，可是其后方仍然不符合 1.5D 的要求，所以此种情况还是图 4-64 较为合理。

（3）图 4-65 方案的流量计前后都满足要求时，在流量测试之后，有具体措施保证孔口不漏毒，也是可行的。

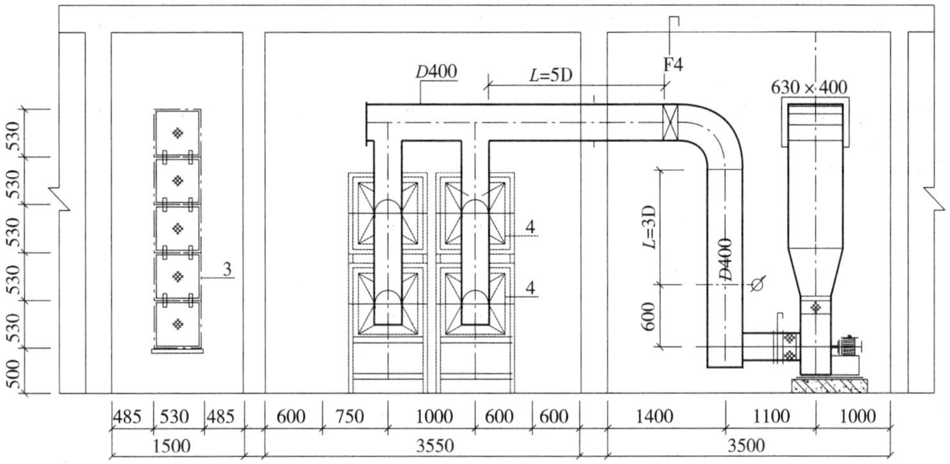

图 4-64 流量计设在密闭阀后

单位：mm

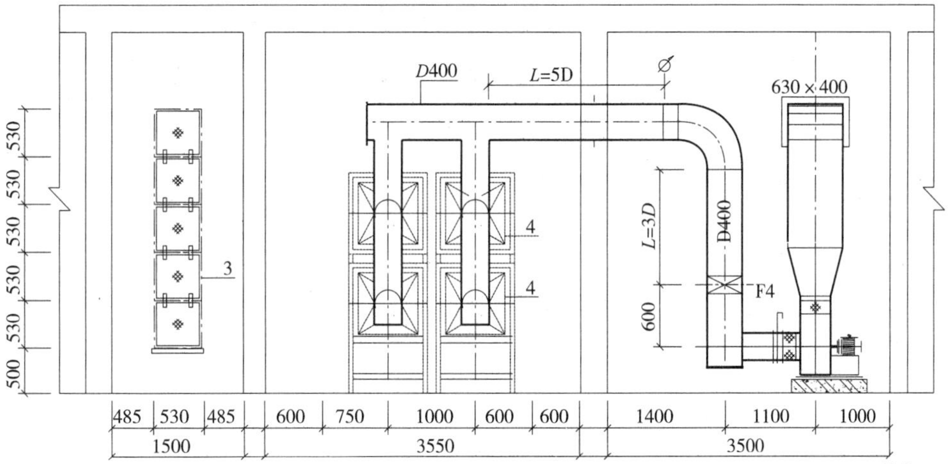

图 4-65 流量计调整到密闭阀前

单位：mm

第 8 节 测压差管

101. 除尘器为室式安装时，前后的测压差管设置应注意什么？能否举例说明？

除尘器为室式安装时，前后的测压差管设置应注意尺寸标注等事项。图 4-66 是某实际工程的局部图，下面结合该例说明。

（1）测压差管在平面图上应有定位尺寸。

图 4-66 这点做得较好，而且其他水平定位尺寸也较为完善。

（2）测压差管的高度定位尺寸要适宜。

图 4-66 没有注明管中心的标高，原图也没有 1-1 剖面图，实际图中的材料表里也没查到管中心距地面尺寸，这是不能漏标的。图 4-67 是审图后补充的 1-1 剖面，

标注了测压差管和单嘴燃气阀的标高。阀门和微压计的安装高度以便于操作和观察为宜。

（3）测压差管的铜球阀已经改为单嘴燃气阀，以方便与测压软管连接，图中或材料表里应有说明。

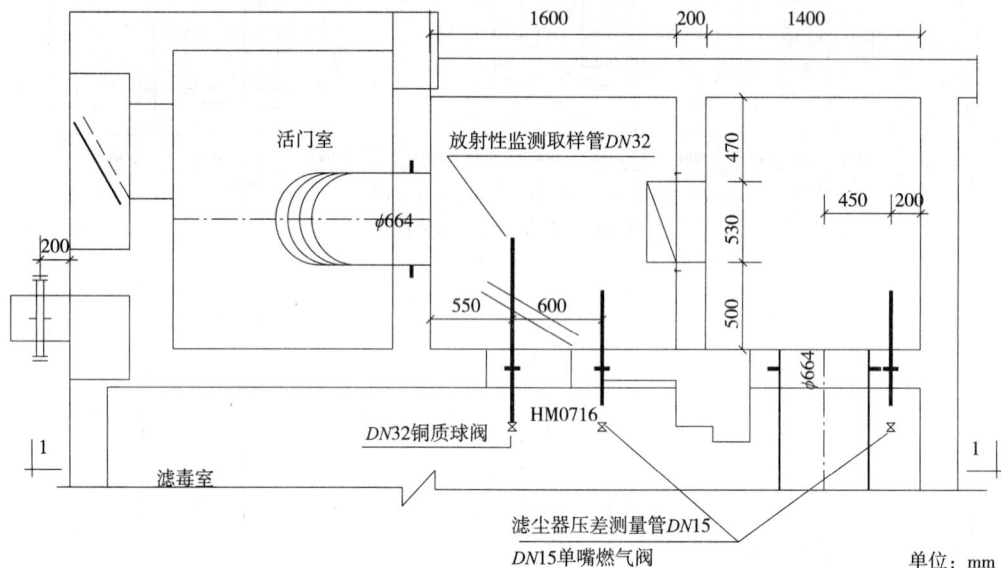

图 4-66　除尘器室式安装实例

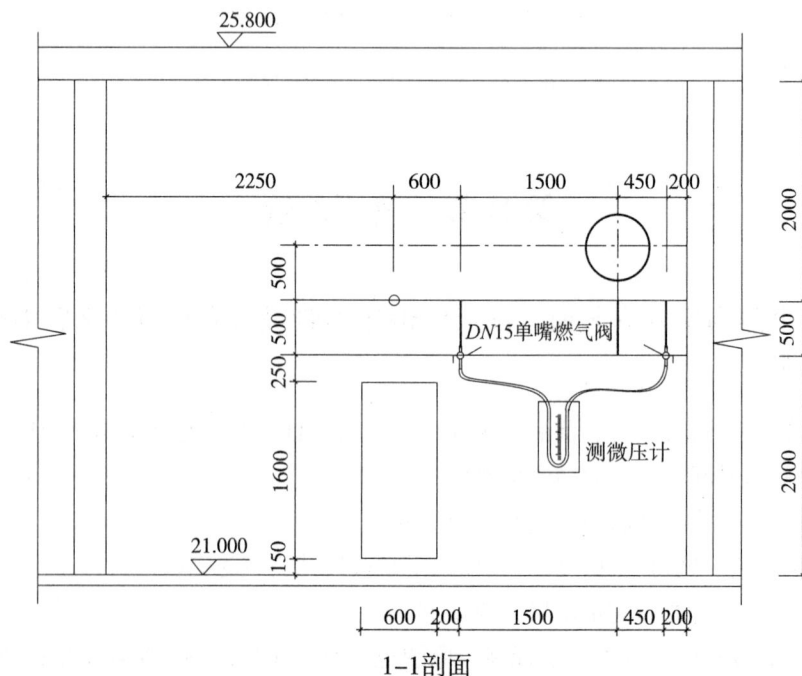

1-1剖面

单位：mm

图 4-67　除尘器室式安装实例（图 4-66 的 1-1 剖面图）

102.除尘器管式安装时,其前后测压差管设置应注意什么? 能否举例说明?

除尘器管式安装时,其前后的测压差管设置应注意位置、定位尺寸和阀门设置等事项。图4-68(a)是某实际工程的局部图,下面结合该图说明。

(1)测压差管等原图没有定位尺寸,除尘器尺寸标注不正确:

①目前有相当数量工程测压差管、放射性取样管没有定位尺寸;

②除尘器虽然标注了尺寸,但是只标注了中心尺寸,这种标注方法不正确。《防空地下室通风设计(2007年合订本)》中07FK02的第6页有LWP-D型的详细尺寸,其长度是670mm,应按该尺寸标注;

③图4-68(b)是修改后的图纸,定位尺寸应从左墙面向右,依次标注:放射性取样管、测压差管、除尘器、测压差管、风管中心、右墙面,要逐一标明。尺寸标注详实,设计、审图和施工人员对于设备的定位才心中有数、一目了然。

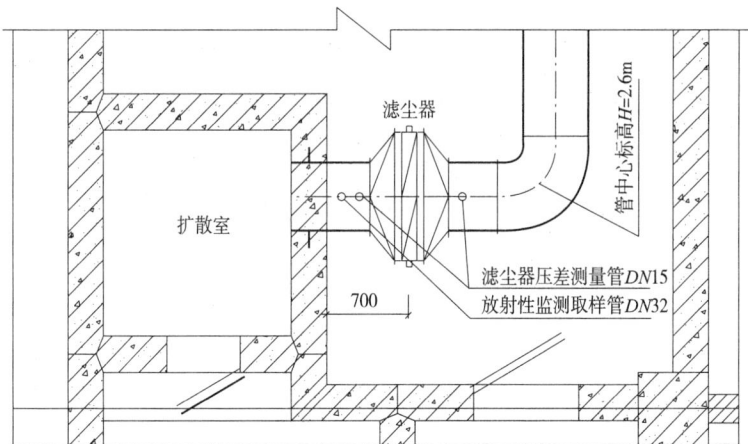

(a)

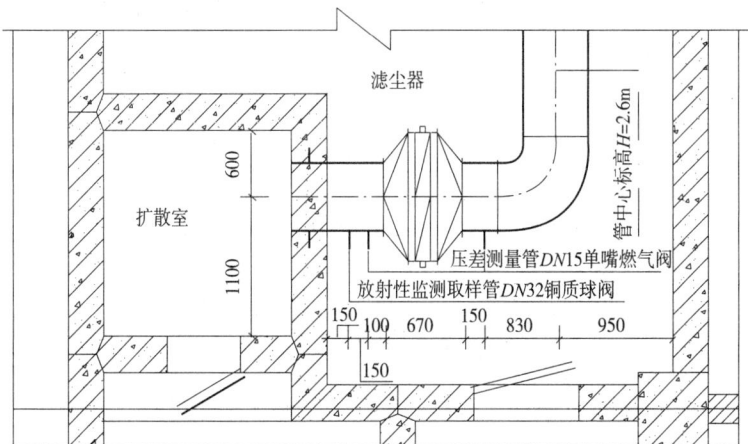

(b)   单位:mm

图4-68 除尘器管式安装
(a)原设计;(b)修改后

（2）测压差管不能设在风管上缘（图4-15），宜设在侧面或下面：

放射性取样管和测压差管设在风管上缘，软管连接后易折弯，堵塞软管，而且位置高，操作不方便。宜设在风管的侧面，见图4-68（b）。

（3）压差测量管端头的铜球阀应改为单嘴燃气阀，以方便与测压软管连接，图中或材料表里应有说明。

103. 过滤吸收器进出口的测压差管设置注意什么？能否举例说明？

过滤吸收器进出口测压差管的功能比除尘器的测压差管要复杂一些，下面结合图4-69实例进行说明。

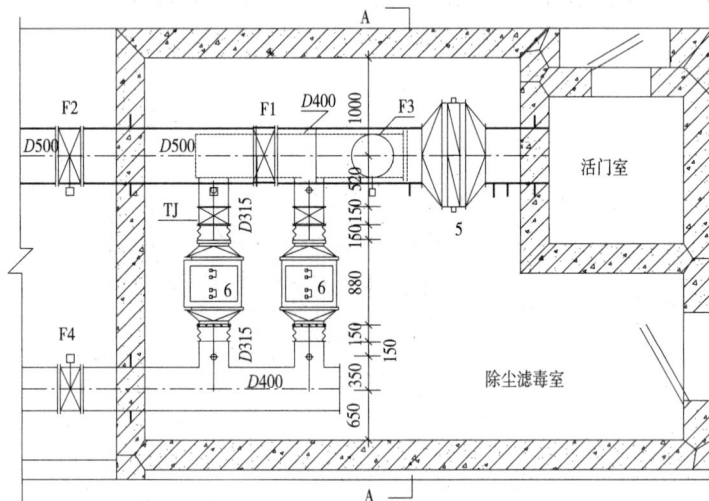

除尘滤毒室平面图

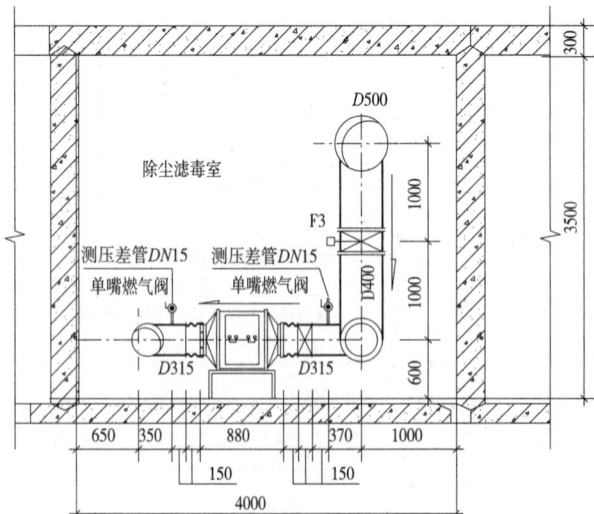

A—A

单位：mm

图4-69　过滤吸收器测压差管

（1）因为过滤吸收器的位置较低，进出口测压差管可以设在管道的上方或侧面；

（2）应标注测压差管的定位尺寸；

（3）过滤吸收器入口的测压差管 7 必须设在阻力平衡阀 TJ 的前面，管端设置单嘴燃气阀；

（4）过滤吸收器出口的测压差管 8 管端应设单嘴燃气阀：

①测过滤吸收器的压差时，管端要连接橡胶软管，因此管端应设单嘴燃气阀；

②作为过滤吸收器的尾气监测取样管时，管端要连接塑料软管，因此管端同样应设单嘴燃气阀。

第 9 节　气密测量管

104. 气密测量管有什么作用？

《人民防空工程防化设计规范》RFJ 013—2010 4.2.6 条的条文解释已作明确回答："气密测量管是进行工程口部气密性能检查时需要的套管"。且 4.2.6 条规定："各类人防工程口部各防毒通道防护密闭隔墙、密闭隔墙上均应设置气密测量管，其内径为 50mm。"有时也用于门的检测，因此更全面地讲，气密测量管是进行工程口部气密性和防护密闭门气密性及密闭门气密性能检查时需要的过墙短管。

105. 能否举例说明气密测量管设在什么位置更适宜？

现有规范或图集涉及其位置垂直高度的说明有两处：

一是《人民防空工程防化设计规范》RFJ 013—2010 4.2.6 条规定：各类人防工程口部各防毒通道防护密闭隔墙、密闭隔墙上均应设置气密测量管，……，距地不低于 1.2m。

二是国标图集《防空地下室通风设备安装》07FK02 第 60 页"防毒通道、密闭通道气密测量管详图及布置示意图"，其说明中指出：气密测量管管中心距地高度宜为 1.5m。

下面以图 4-70 所示实际工程为例说明。该工程按要求在防护密闭隔墙和密闭隔墙上分别设置了气密测量管 1 和气密测量管 2。

（1）气密测量管 1 的位置

当这道门框墙宽度 B=250~300mm 时，按国标图集《人民防空工程防护设备选用图集》RFJ 01—2008 设置，管中心距地高度为 1500mm，如图 4-71 中气密测量管 1 下位布置所示。这样气密测量管低于门扇上缘，而门扇四边比门洞大 100mm，留给气密测量管布置的宽度只有 150~200mm，会影响防护密闭门的关闭。此时，应将气密测量管设在门上部，一般在 2.4m 以上，如图 4-71 中气密测量管 1 上位布置所示。设计和审图时要特别注意这点。

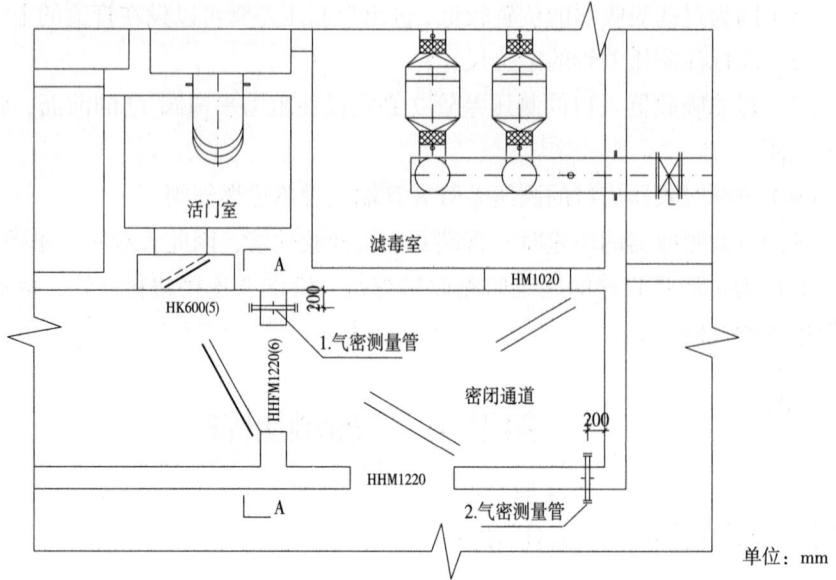

图 4-70　某工程口部平面图

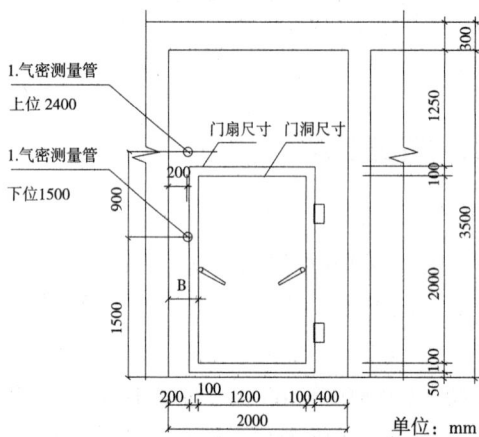

图 4-71　A-A 剖面气密测量管的布置（门框宽度小）

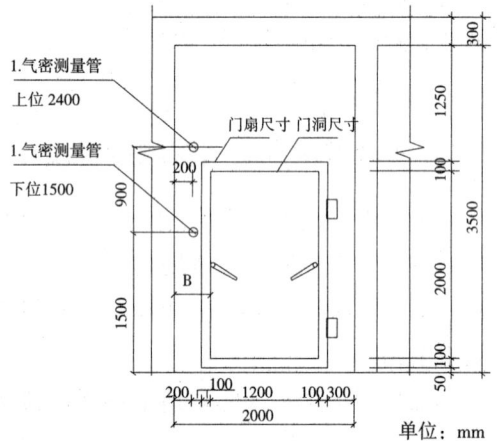

图 4-72　A-A 剖面气密测量管的布置（门框宽度大）

若门框宽度 $B \geqslant 400$mm 时，留给气密测量管布置的宽度较大，此时气密测量管 1 的位置可以设在 1200~1800mm 的位置，门扇可以关上，见图 4-72，气密测量管也可以设在门的铰叶一侧，同样不能影响门的启闭。

（2）气密测量管 2 的位置

图 4-70 中，因为气密测量管 2 的位置距门洞较远，不会影响门的启闭，所以气密测量管的中心标高满足规范要求即可。

106. 防化规范大样图中气密测量管两端露出墙面 50mm，而审查图纸中有的两端露出墙面 100mm，与规范不一致可以吗？

《人民防空工程防化设计规范》RFJ 013—2010 第 4.2.6 条的气密测量管穿墙大样图中有明确标注：气密测量管两端露出墙面 50mm。但墙面用约 20mm 或更厚水泥砂浆抹平后，气密测量管两端露出过短，使管帽可能难以拧上，所以目前许多设计院的大样图是按露出墙面 100mm 设计的，见图 4-73。两端露出稍长不影响气密测量管的使用，而且从实际工程问题出发，完善了原规范，所以应该允许且支持。

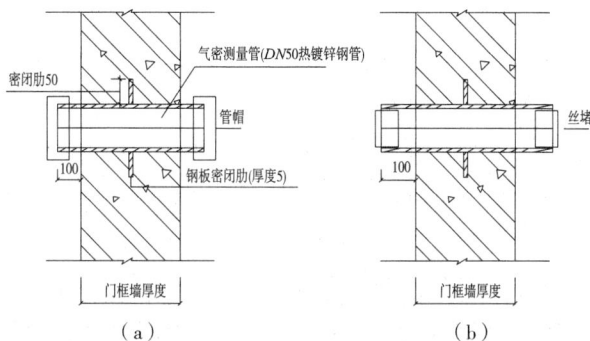

图 4-73　气密测量管两端露出墙面距离

107. 气密测量管和电气预埋管可否合用？

不宜合用。

《人民防空地下室设计规范》GB 50038—2005 第 5.2.19 规定：该管（注：指气密测量管）可与防护密闭门门框墙，密闭门门框墙上的电气预埋备用管合用。因为有该规定，所以有设计人员认为可以而且应该合用，但气密测量管和电气预埋管在样式以及使用方式上存在区别，一般不宜合用，原因详述如下：

《人民防空工程防化设计规范》RFJ 013—2010 4.2.6 条的条文解释说："气密测量管是进行工程口部气密性能检查时需要的套管。气密性能检查时，气密测量管内将穿多根测量管，为方便穿管操作，气密测量管内径为 50mm。'口部各防毒通道'指工程主要出入口与次要出入口的防毒通道。"竣工验收前，工程进行气密性测试时，在气密测量管内设一根进气管和一根测压管，一般进气管内径为 5~10mm，测压管内径为 5~10mm，见图 4-74。检测公司通过特制的管帽接管器（见图 4-75）或丝堵接管器进行测试。这种管帽接管器密封效果好，而且操作简便、可以重复使用。图 4-76 为测试现场照片。

下面分析电气预埋管与气密测量管合用存在的问题并提出建议。

（1）《人民防空地下室设计规范》GB 50038—2005 第 7.4.5 条规定"各人员出入口和连通口的防护密闭门门框墙、密闭门门框墙上均应预埋 4~6 根备用管，管径为 50~80mm，管壁厚度不小于 2.5mm 的热镀锌钢管，并应符合防护密闭要求。"这 4~6

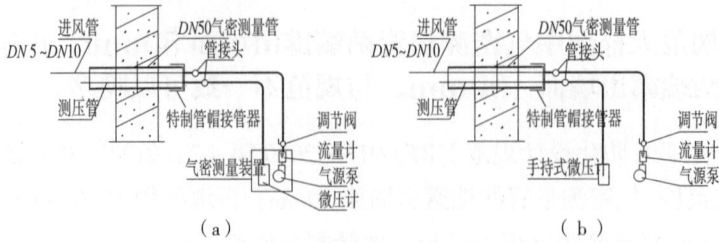

图 4-74　口部气密测量方法

（a）特制管帽接管器气密测量原理图；（b）特制管帽接管器气密测量原理图

图 4-75　管帽接管器实物照片

图 4-76　气密性测试现场

根备用管的管径为 50~80mm，没有安装管帽所需的管端外螺纹或丝堵所需的管端内螺纹，没有与接管器连接的条件，而且位置较高不便操作，因此不宜作为气密测量管使用，但可作为备用气密检测管。

（2）《人民防空工程防化设计规范》RFJ 013—2010 第 4.2.6 条规定："各类人防工程口部各防毒通道防护密闭隔墙、密闭隔墙上均应设置气密测量管"。它属于防化专业的要求，具有自己独特的功能和防护方式及设置位置，因此从设计和审图的角度应执行防化规范。

（3）目前，有些图纸不单独设气密测量管，这将给实际测试带来不便，审图应令其更正。

108. 只设一道防护密闭门的门框墙上要设气密测量管吗？如何测量一道防护密闭门的气密性呢？

这是两个问题，下面分别作答：

（1）只设一道防护密闭门的门框墙上，不设气密测量管。

（2）只有一道防护密闭门时一般采用门框贴膜测量法，见图 4-77。即在门框上用双面胶带贴一层 20 丝厚度的塑料薄膜，使门、门框和薄膜形成一个封闭空间，在

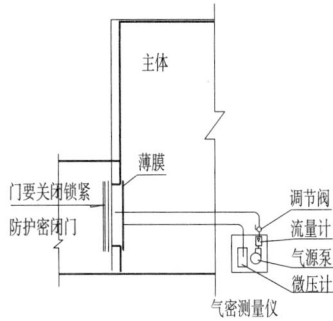

图 4-77　贴膜测量法

薄膜上开口设置一个进气管连接器和一个测压管连接器，然后插入进气管和测压管，而后用气密测量仪测试。

109. 既然有贴膜测量法，为什么还要设气密测量管？

两者使用条件和测试范围不同。两种方法，缺一不可。

贴膜测量法适于电站密闭观察窗、单道防护密闭门或密闭门的气密测量，贴膜测量法应注意以下几点：一是薄膜不宜太厚，以 20 丝为宜便于和门框或窗框用双面胶带粘贴，太厚粘贴部位易漏气；二是测试前，门框和窗框表面清理，要达到平滑。门和通道，用气密测量管不便时用贴膜法。

气密测量管适用于防毒通道、密闭通道、防护密闭门或密闭门等的气密测量。管帽结合严密，检查过程简单，精度较高，所以气密测量管是有防毒通道或密闭通道的工程必须设的检测装置。

第5章
进排风系统设计

第1节   进风系统设计与审图

110. 常用人防设计规范的进风系统图不一致，应按哪个设计？

目前常用人防设计规范中对乙、丙级防化工程主要有这几个进风系统图：

《人民防空地下室设计规范》GB 50038—2005 的图 5.2.8；

《人民防空工程防化设计规范》RFJ 013—2010 的图 5.2.2-2、图 5.2.2-4a、图 5.2.2-4b；

这些系统图都存在不同程度的问题。下面逐一说明：

（1）《人民防空地下室设计规范》GB 50038—2005 的图 5.2.8；

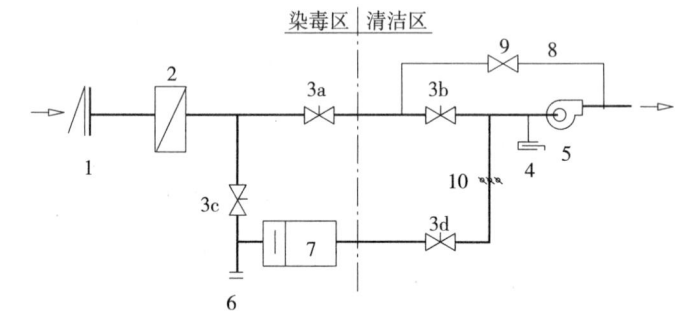

（a）清洁通风与滤毒通风合用通风机的进风系统

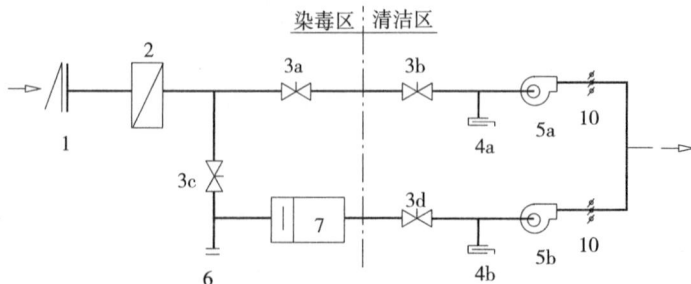

（b）清洁通风与滤毒通风分别设置通风机的进风系统

图 5-1   GB 50038—2005 的图 5.2.8

①应补充滤尘器 2 两侧测压差管、前面的放射性取样管和过滤吸收器两端的测压差管；

②风机是离心式风机，吸入口前应设插板启动阀；

③图 5-1（b）清洁式进风管路应设增压管，当进行隔绝式通风时，密闭阀门 3a 和 3b 处在进风机吸入管上，是负压区，不设增压管会漏毒；

④宜画出两个以上过滤吸收器，以准确表示同程关系和换气堵头的正确位置。

（2）《人民防空工程防化设计规范》RFJ 013—2010 图 5.2.2-4b；

①应补充过滤吸收器两端的测压差管，见图 5-2（b）；

②增压管应设在清洁式进风机和滤毒式进风机出口共用的管道 A 处 [图 5-2(b)]，这样滤毒式通风 6b 风机运行时和隔绝式通风 6a 风机运行时，增压管都起作用，只与滤毒风机出口相通，隔绝式通风时增压管就不起作用了；

③两台进风机都是离心式风机，应在风机吸入口分别设置插板启动阀 Fa 和 Fb，见图 5-2(b) 的 B 处，它兼有止回阀的功能，一台风机启动另一台前端的启动阀关闭即可；

④尾气取样管 14 应去掉 [对应图 5-2（b）的 C 处]，14 处取样分不清是哪个过滤吸收器尾气先超标，应采用过滤吸收器出口的测压差管作为尾气取样管；

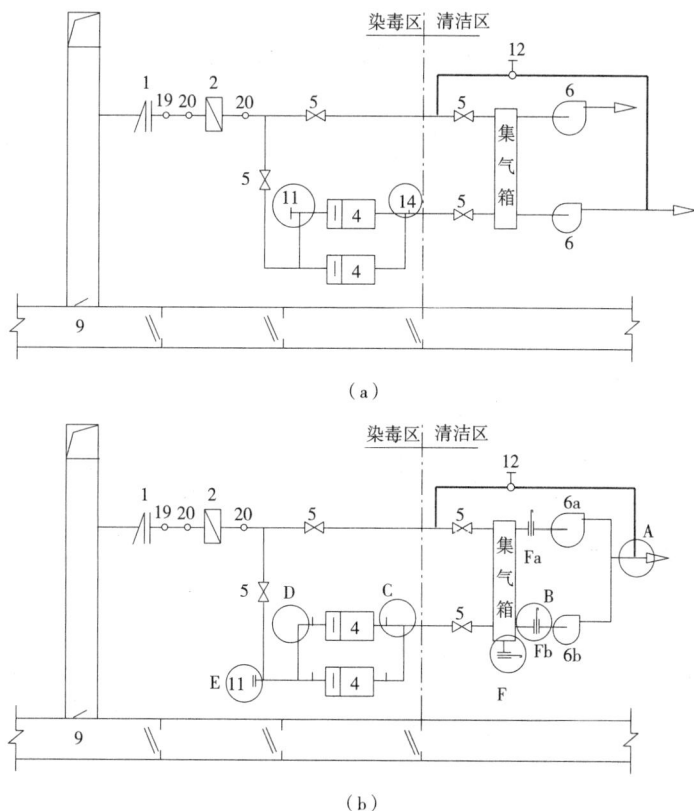

（a）

（b）

图 5-2　RFJ 013—2010 图 5.2.2-4b
（a）图 5.2.2-4b 乙、丙级防护进风系统（三）原图；（b）图 5.2.2-4b 乙、丙级防护进风系统（三）修改图
1—消波设备；2—除尘口；4—过滤吸收口；5—密闭阀门；6a—清洁式进风机；6b—滤毒式进风机；
9—管理门（普通密闭门）；12—增压管的球阀（不应设截止阀）；19—放射性取样管；20—除尘口阻力测量管；
Fa—清洁进风机的启动插板阀；Fb—滤毒式进风机的启动插板阀；A、B、C、D、E—文中有说明

⑤滤毒室的换气堵头 11 不宜设在 D 处，会产生阻力不平衡，因为不同程，应设在如图 5-2（b）的 E 处，这样管路同程；

⑥没有设回风插板阀，可按图 5-2（b）在 F 处集气箱上设回风插板阀，它是隔绝式通风的回风口。

（3）本书对这些规范中的进风系统图存在问题进行综合分析后，提出了比较实用和相对完备的新系统图，见图 5-3 和图 5-4 供参考。

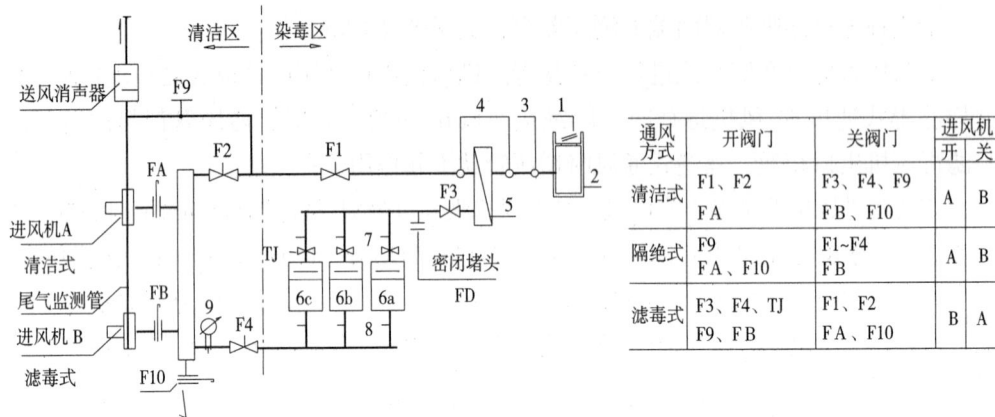

图 5-3　乙、丙级防化合用集气箱的进风系统原理图

1—防爆波活门；2—扩散室（或活门室）；3—放射性取样管；4—除尘器的测压差管；5—除尘器；
6—过滤吸收器；7、8—过滤吸收器的测压差管；9—流量计；F1~F4—密闭阀门；F9—球阀；
F10—回风插板阀；TJ—调节阀

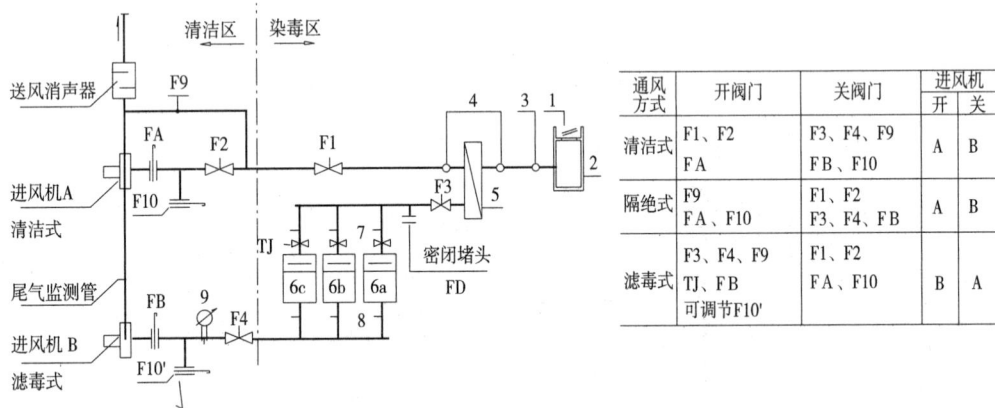

图 5-4　乙、丙级防化分设风机的进风系统原理图

1—防爆波活门；2—扩散室（或活门室）；3—放射性取样管；4—除尘器的测压差管；5—除尘器；
6—过滤吸收器；7、8—过滤吸收器的测压差管；9—流量计；F1~F4—密闭阀门；F9—球阀；
F10—回风插板阀；TJ—调节阀

111. 执行防化设计规范第 5.2.9 条的滤尘、滤毒设备设置规定时应注意什么？

应从以下两个方面来回答：

（1）《人民防空工程防化设计规范》RFJ 013—2010 第 5.2.9 条为：滤尘、滤毒设备的设置应符合下列合理规定：

① 油网滤尘器、滤尘器和过滤吸收器应设在进风机的吸入段；

② 两个以上滤尘器或过滤吸收器并联设置时，宜保证通过每台器材的流量均衡，气流分布均匀，在滤尘器或过滤吸收器进出口应采用软管连接，并设阻力测量管；在每一滤尘器进风口宜设手动密闭阀门，过滤吸收器进、出口宜设手动密闭阀门，见图 5.2.9-1（图 5-5）。

此外，图 5.2.9-1 中在滤毒式进风机出口管道上，设了监测取样管，滤毒式通风管道上设了流量计。

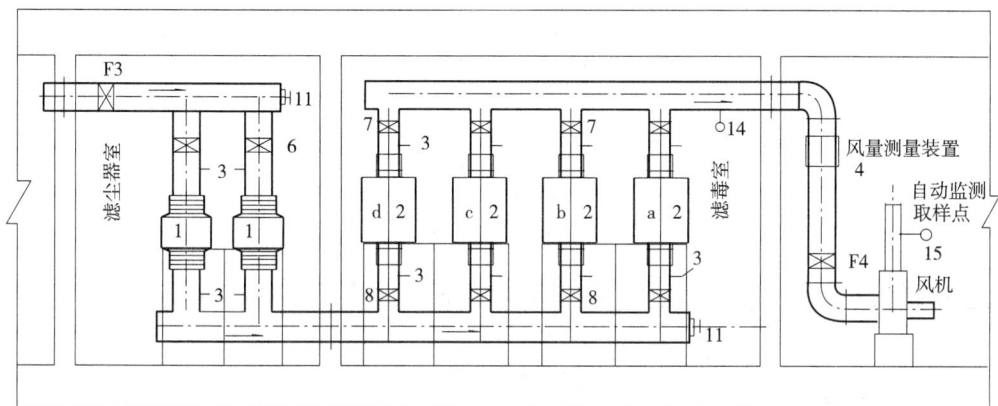

图 5-5　《人民防空工程防化设计规范》RFJ 013—2010 图 5.2.9-1
1—滤尘器（预滤器）；2—滤毒器；3—测压差管；4—风量测量装置；6~8 和 F3 及 F4—密闭阀门；
11—换气堵头；14—滤毒器尾气取样管；15—滤毒风机出口管上在线取样管

（2）本图做如下改进，可更合理：

图 5-5 是另一类工程的进风系统图。滤尘器 1 实际是预滤器，密闭阀门 F3 前方还有粗滤器，过滤吸收器实际是下进上出的 FLD08 型滤毒器。本图可改进之处有以下几点：

①预滤器入口前的密闭阀门 6 可以去掉，因为它的前方已经设有密闭阀门 F3，预滤器的初阻力彼此差值较小，不需要阀门调节，它可以自调平衡，没有失效问题。

②预滤室的换气堵头 11，宜设在密闭阀门 F3 与三通之间，这样才同程。

③滤毒室的换气堵头 11，必须改在滤毒器前方的总管上，否则滤毒间换气时，气流阻力严重不平衡，靠近风机室的滤毒器 2a 管段阻力小、流量大，滤毒器 2a 可能过早失效。

④取样管 14 应去掉，利用每台滤毒器出口的测压差管 9 分别取样，才能判明哪台滤毒器先失效。

⑤滤毒器前方的密闭阀门应设在测压差管 8 与橡胶波纹管之间，滤毒器出口的密闭阀门应去掉，即使在线取样管 15 发出报警信号，也是在某一时间段允许浓度下的报警信号，所以滤毒器即使失效，其出口的空气基本也是清洁的，加个阀门既增加造价又增加了占地面积，也增加了滤毒器阻力平衡的调节难度。

⑥进风机室，风量测量装置位置 4 宜与阀门 F4 互换位置，因为流量计法兰可能漏毒。

以上修改详见图 5-6。

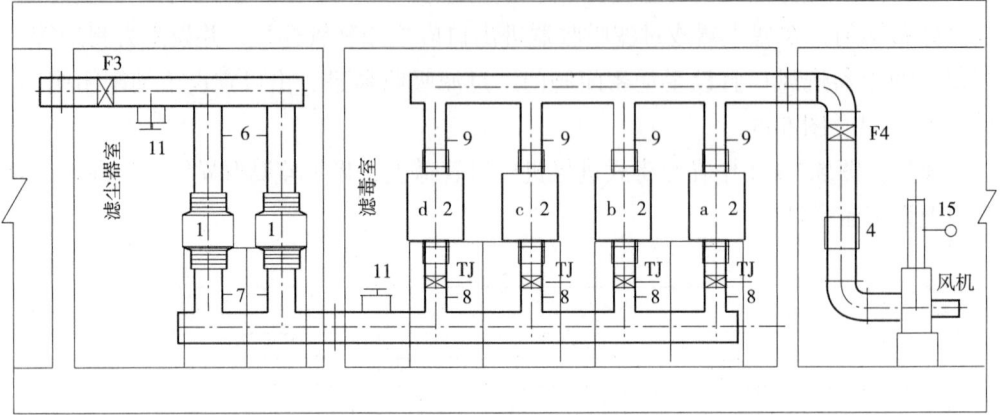

图 5-6　防化甲级滤毒器前增设调节 TJ 阀的进风系统局部图
6、7—预滤器测压差管；8、9—滤毒器测压差管；TJ—滤毒器阻力平衡调节阀

112. 能否举例说明除尘滤毒室和进风机室设计应注意哪些问题？

现以一个实际工程为例来说明在设计中应注意的问题。

该工程原设计见表 5-1、图 5-7~图 5-10，进风系统布置基本合理，设备设置比较得当，尺寸标注比较详细，基本符合现行规范要求，但也存在部分问题。而且随着对工程实践认识的提高，发现现行规范中的图示和有关条文已经落后于工程实际的需要，因此该图应做相应修改和完善。

设备材料表　　　　　　　　　　　　表 5-1

编号	设备名称	设备型号	编号	设备名称	设备型号
1	测压管	DN15 阀门引至距地 1.5m 处	7	插板阀	
2	放射性监测取样管	DN32 阀门引至距地 1.5m 处	8	气密性测量管	DN50，H=2.7m
3	尾气监测管	DN15 阀门引至距地 1.5m 处	9	自动超压排气阀	FCH-250
4	自动监测点	DN25	10	阻力测量管	DN15 全铜球阀
5	过滤吸收器	RFP-1000	11	风速风量测量装置	LG-FDS，位于立管距地 1.5m 处
6	油网除尘器	LWP-X	12	换气堵头	D316

具体问题的修改建议：

（1）材料表表 5-1 不规范，材料不全。

应有一个序号与设计图中编号相同的设备材料表，要准确详细列出各设备的规格、性能参数、单位、数量和特殊要求等，参见表 5-2。

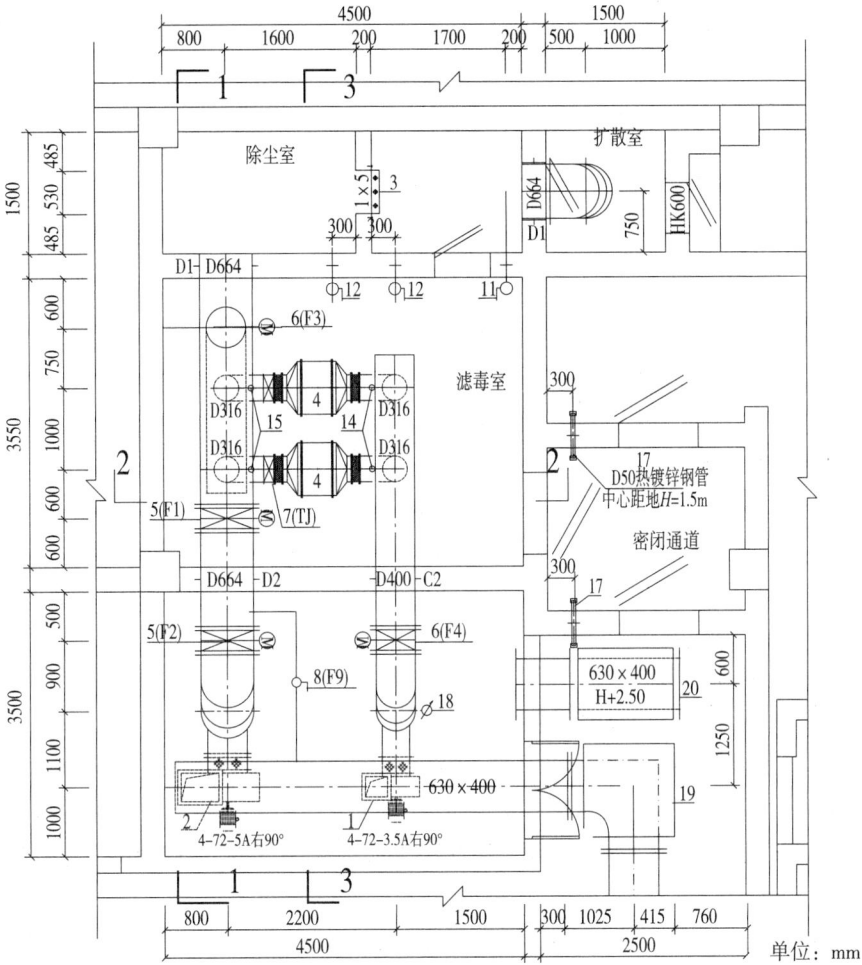

图 5-7　某工程进风系统平面图

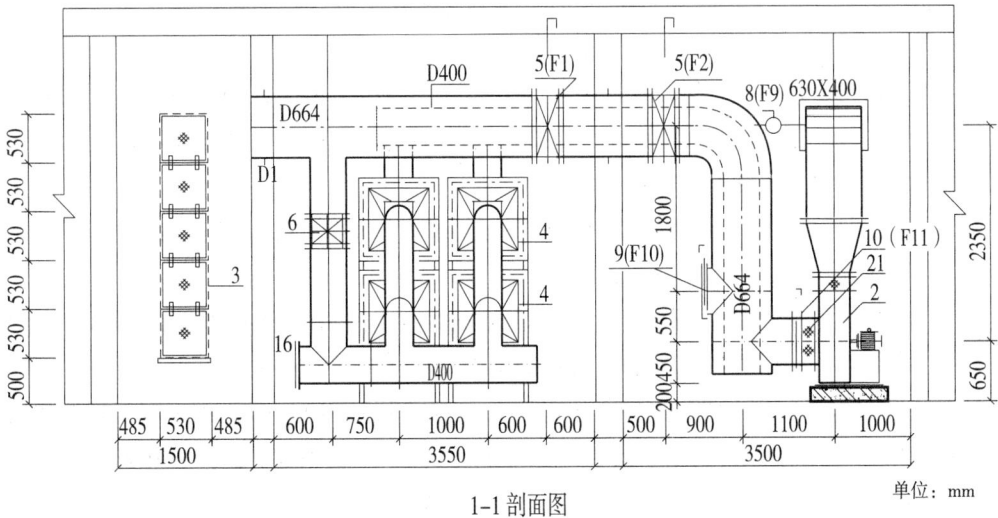

1-1 剖面图

图 5-8　某工程图 5-7 的 1-1 剖面图

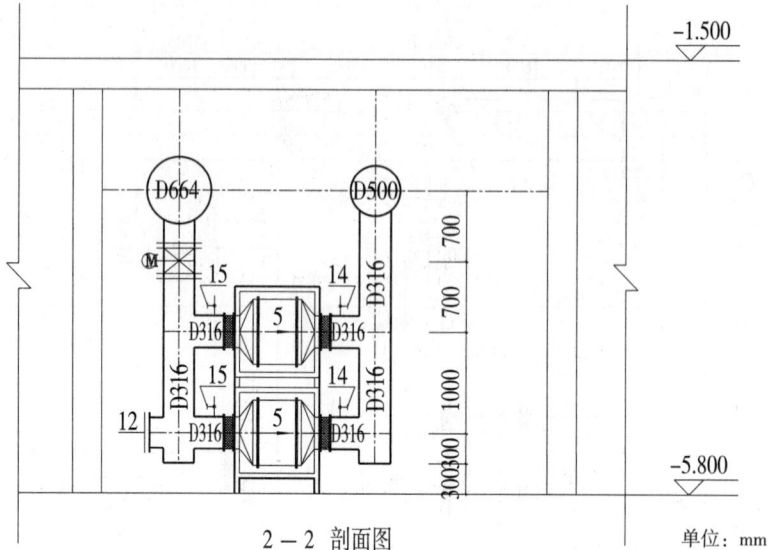

2－2 剖面图

单位：mm

图 5-9　某工程图 5-7 的 2-2 剖面图

（2）除尘器的测压差管末端不应设 DN15 的球阀，应设 DN15 单嘴燃气阀，才能直接与软管相接，测压管问题与此相同。

（3）在门洞外侧有足够空间时，气密测量管 17 应设置在距地 1.2~1.8m 高度处，距墙 300mm，以便操作，只有门框墙狭窄时，才设在门上方，一般在 2.4m 以上，该图门洞外侧有足够空间，所以不应该设在高处（如材料表表 5-1 中标注为 2.7m），应设在门侧面。

（4）材料表中要注明两台进风机的出口角度和叶轮的旋转方向以便订货，这两台进风机均为右转式 90°。

（5）由图 5-9 和图 5-10 可以看出，滤毒式通风管路，上下两个过滤吸收器是不同程的，应改变滤毒式通风管路的设置，使过滤吸收器管路为同程，保证其沿程阻力相等，参见图 5-11~ 图 5-14。

（6）图 10 中尾气取样监测管及其阀门 3 应去掉，这是个无用的管件，因为它无法判别四个过滤吸收器中哪个先超标，各个滤毒器的尾气取样监测，可以通过图 5-14 中各个滤毒器出口测压差管 14 完成。

（7）在过滤吸收器前增设调节阀 TJ，通过调节 TJ 使四台过滤吸收器的阻力相等，就可以保证通过过滤吸收器的流量也相等。

（8）图中应增设 3-3 剖面图，以便显示过滤吸收器出口管道的走向和阀门、流量计、滤毒式进风机、风机前后管件的设置情况，参见图 5-13。

（9）应增设一根 DN25 的增压管，管上设 DN25 的铜质球阀，防止隔绝式通风时从阀门 F1 和 F2 漏毒，不能只在系统原理图上有，平剖面图上也不能漏画，因为它需要定位，参见图 5-11 和图 5-12。

（10）离心式进风机吸入口前应设插板阀 Fa 和 Fb，以便空载启动和风量调节，

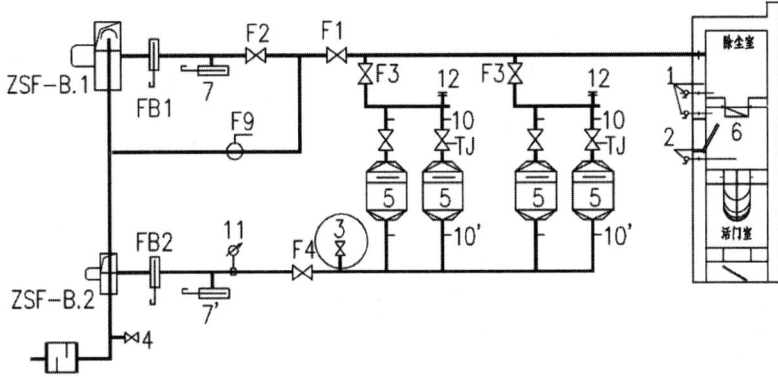

图 5-10　某工程实例进风系统原理图

1—除尘口阻力测量嘴；2—空气放射性监测取样管；3 和 4—滤毒口尾气监测取样管；5—过滤吸口；
6—除尘口；7—回风插板阀；10—过滤吸收口阻力测量管；10'—兼做过滤吸收口的尾气监测取样管；11—流量计；
12—密闭堵头；F1~F4—密闭阀门；9—增压管的球阀；FB₁、FB₂—进风机的启动插板阀；
Tj—过滤吸收口的阻力平衡调节阀

也不能只在系统原理图上有，平剖面图上也不能漏画。

（11）系统原理图应与平剖面图一致，参见图 5-14，因为防化值班室中，挂在墙上的操作说明是用系统原理图，是要指导维护人员操作的这个问题应引起设计和审图人员的足够重视。

设备材料表　　　　　　　　　　　　表 5-2

序号	设备名称	型号	规格及参数	单位	数量	备注
1	离心风机 A	4-79No5A	$L=7700\text{m}^3/\text{h}$；$H=502\text{Pa}$；$N=2.2\text{kW}$；$n=1450\text{rpm}$	合	1	右转 90° 清洁通风风机
2	离心风机 B	4-72No3.5A	$L=4100\text{m}^3/\text{h}$；$H=1343\text{Pa}$；$N=2.2\text{kW}$；$n=2900\text{rpm}$	合	1	右转 90° 滤毒通风风机
3	油网滤尘器	LWP-D	$L=1600\text{m}^3/\text{h}$　立式加固安装 1×5	块	5	选用不锈钢丝网除尘器
4	过滤吸收器	RFP-1000	$L=1000\text{m}^3/\text{h}$	个	4	
5	密闭阀 F1、F2	DMF60	$DN600$	个	2	双连杆手动电动密闭阀
6	密闭阀 F3、F4	DMF40	$DN400$	个	2	双连杆手动电动密闭阀
7	密闭阀 TJ	SMF30	$DN300$	个	4	双连杆手动密闭阀
8	增压管 F9	$DN25$	含 $DN25$ 的铜质球阀	个	1	不采用截止阀或闸阀
9	插板阀 F10		$D500$	个	1	
	插板阀 F10'		$D300$	个	1	
10	插板阀 FA		$D500$	个	1	
	插板阀 FB		$D350$	个	1	
11	放射性监测取样管		$DN32$　中心距地 $H=2.5\text{m}$	根	1	管末端设铜质球阀
12	除尘器压差测量管		$DN15$　中心距地 $H=2.0\text{m}$	根	2	管末端设单嘴燃气阀

续表

序号	设备名称	型号	规格及参数	单位	数量	备注
13	在线尾气取样管		DN15　滤毒风机出口管道上尾气取样管	根	4	管末端设单嘴燃气阀
14	滤毒器尾气取样管		DN15	根	4	管末端设单嘴燃气阀
15	滤毒器前测压差管		DN15	个	4	管末端设单嘴燃气阀
16	换气堵头		$\phi400$	个	1	
17	气密测量管		DN50　中心距地 $H=1.5$m	个	2	
18	风量测量装置		智能便携式	套	1	
19	消声弯头		ZWB100（630mm×400mm）	个	1	
20	片式消声器		ZP100（630mm×400mm）	节	1	
21	软接头		三防布			

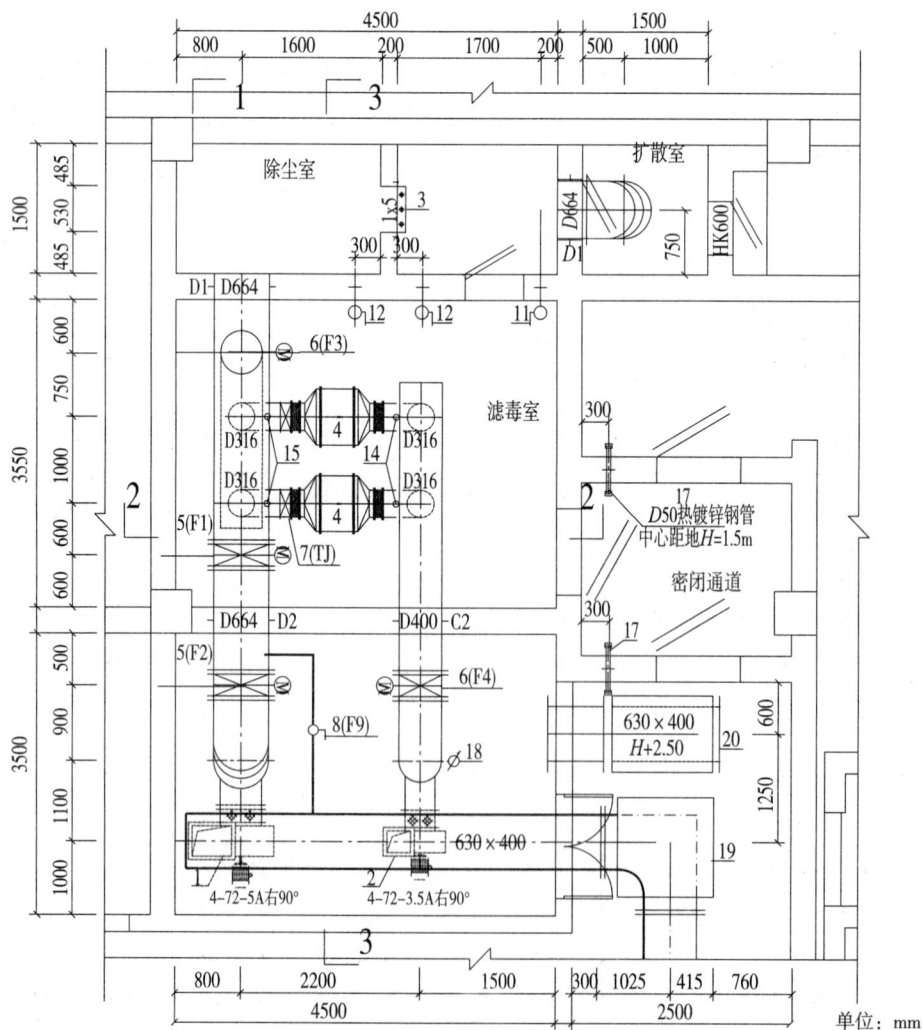

图 5-11　修改后的平面图

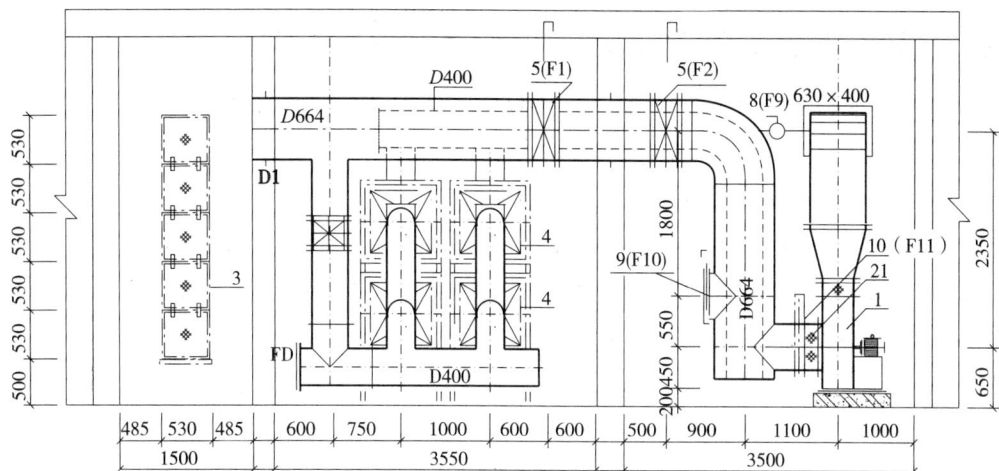

图 5-12　修改后的 1-1 剖面图

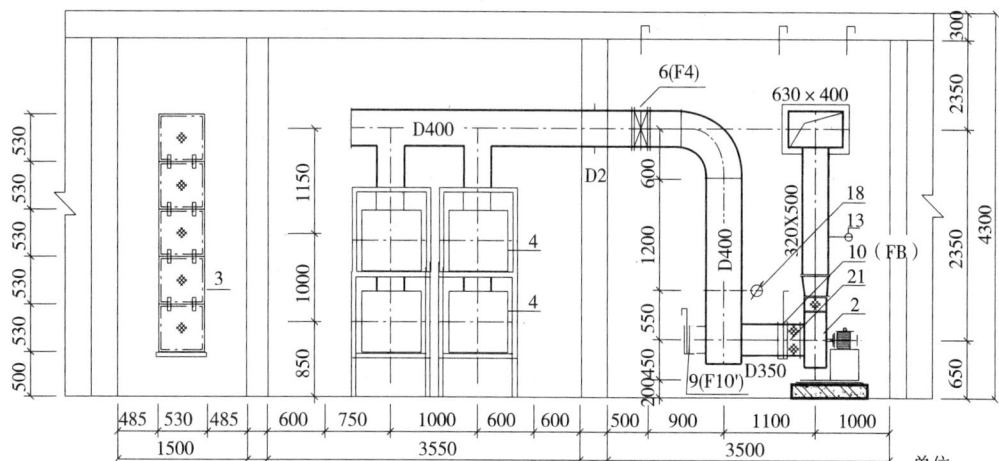

图 5-13　修改后新增的 3-3 剖面图

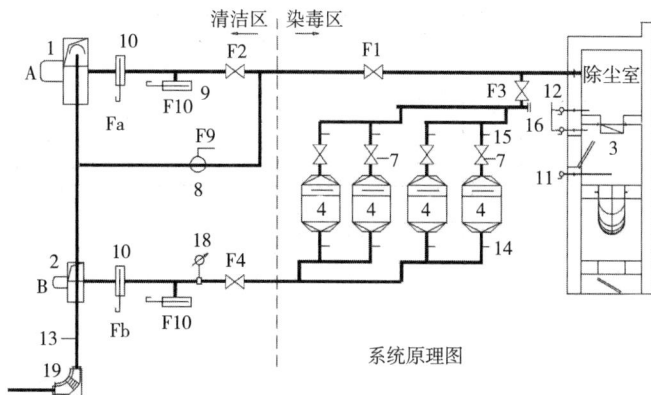

图 5-14　本工程的进风系统原理图

113. 目前工程很多设三台过滤吸收器，如何保持同程呢？

设有三台过滤吸收器的工程，目前基本有三台并联和两台并联之后再与另一台并联两种形式。下面分别介绍这两种形式的设计要求。

（1）三台并联且三台同程

这种情况的系统原理图，见图5-15。三台水平平行设置，这容易保持同程，按此设计的某实际工程平剖面图，见图5-16~图5-18，滤毒室的平面尺寸为4000mm×4000mm，占地面积较大。

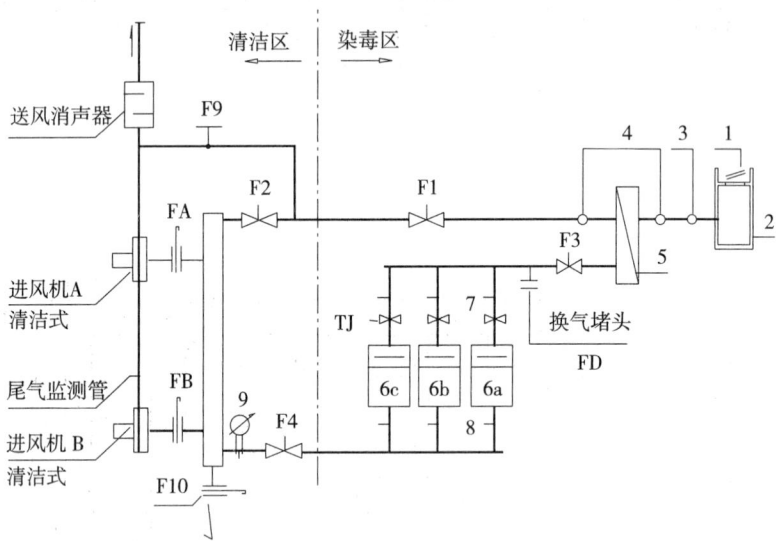

图5-15　三台过滤吸收器且三台同程布置的系统原理图

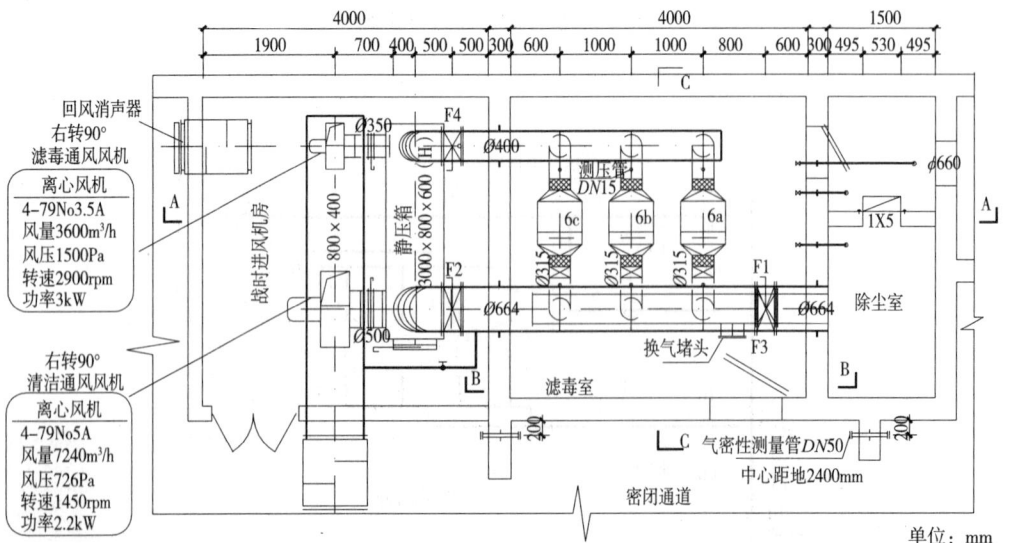

单位：mm

图5-16　三台并联且三台同程布置（平面图）

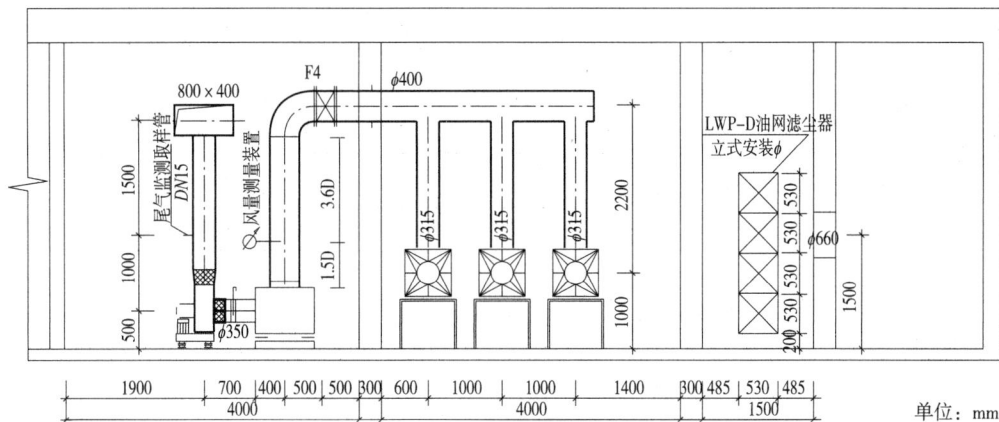

图 5-17　三台并联且三台同程布置（A–A 剖面图）

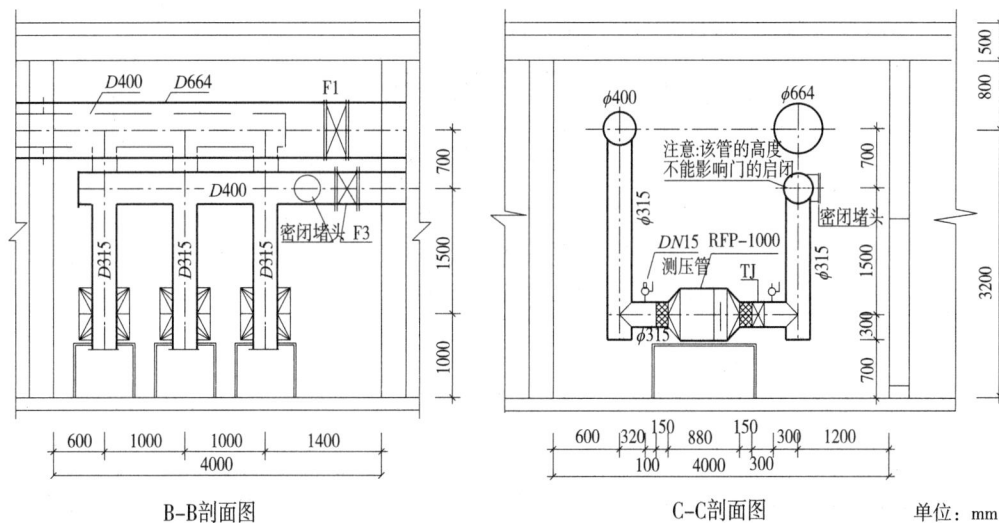

B–B剖面图　　　　　　　　　　C–C剖面图　　　　　　　单位：mm

图 5-18　三台并联且三台同程布置（B–B 和 C–C 剖面图）

（2）过滤吸收器也可以立式平行布置，滤毒室的平面尺寸 4000mm×2500mm，占地面积较小，参见图 5-19。

（3）两台并联后再与另外一台并联

这种布置的进风系统原理图，见图 5-20，过滤吸收器 6b 和 6c 并联且同程布置，而后该并联管路再与过滤吸收器 6a 并联且同程布置。对应某实际工程图，见图 5-21。这样设计后滤毒室的平面尺寸为 4000mm×3500mm，占地面积略有减小，实际工程很多是按此方式设计的。该设计须注意三个过滤吸收器并联的关系：①确保是 6b 和 6c 两个先同程，而后再与 6a 同程。②同程中 6b 和 6c 两个管路的总阻力，应与 6a 管路阻力相等。例如，本工程 6b 和 6c 两个 RFP-1000 型过滤吸收器并联的立管管路与 6a 管路计算阻力平衡后，其立管的管径为 DN450，见图 5-21 的 2-2 剖面。

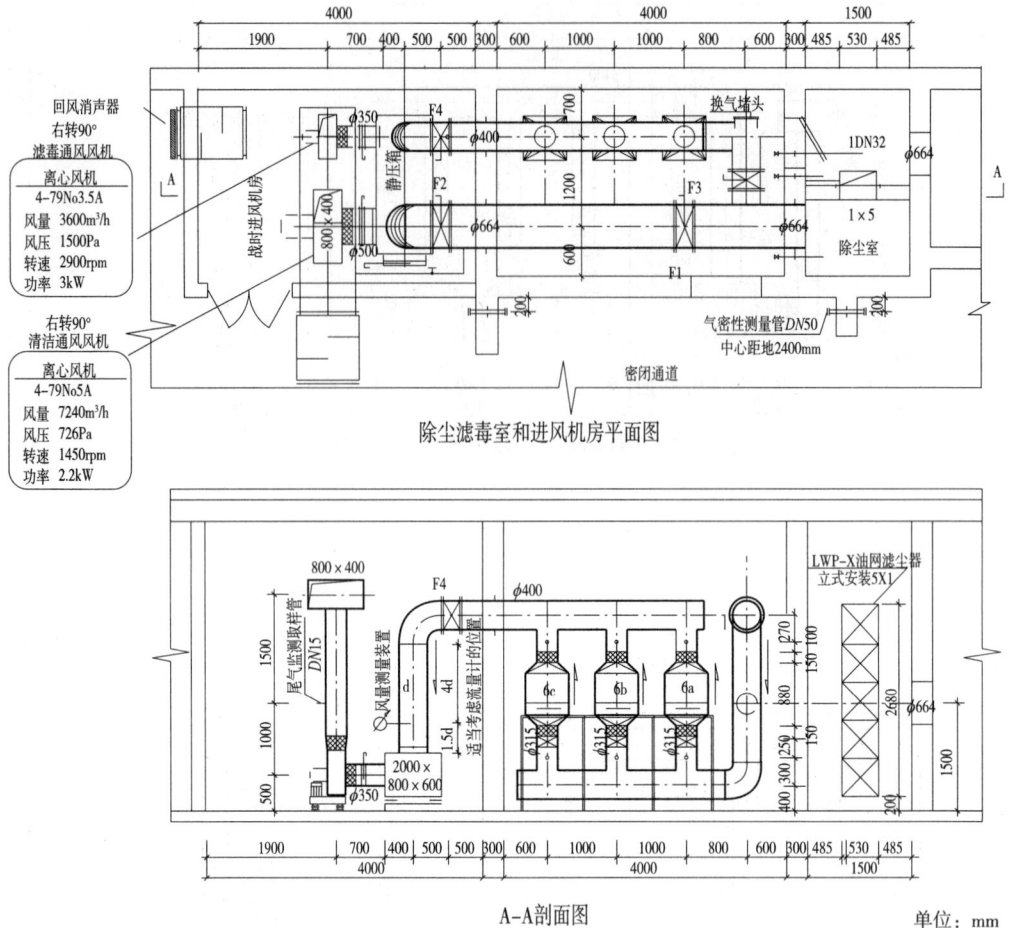

图 5-19　过滤吸收器立式并联安装

目前工程中，问题较多的是：密闭阀门 F3 所在立管的位置不正确，换气堵头 FD 的位置不正确，6b 和 6c 两个过滤吸收器两端立管的管径没计算等。

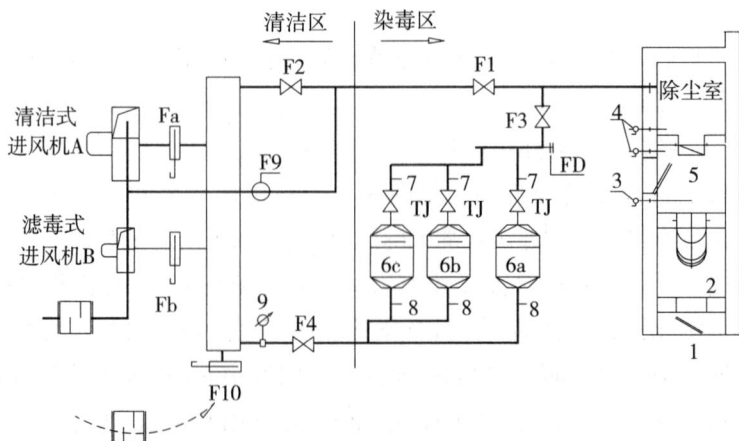

图 5-20　两台并联后再与另外一台并联的进风系统原理图

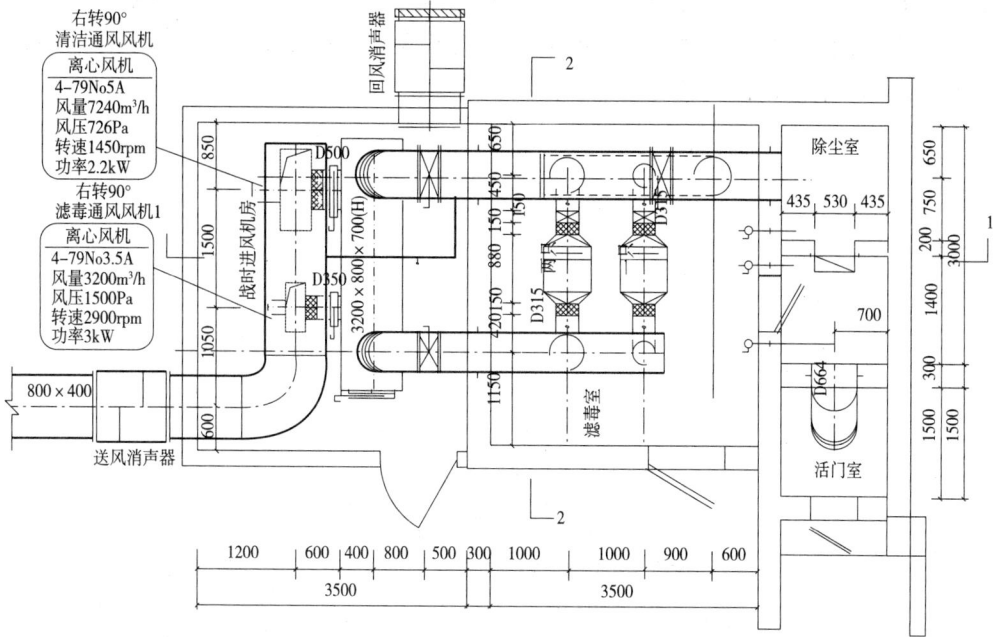

进风系统平面图

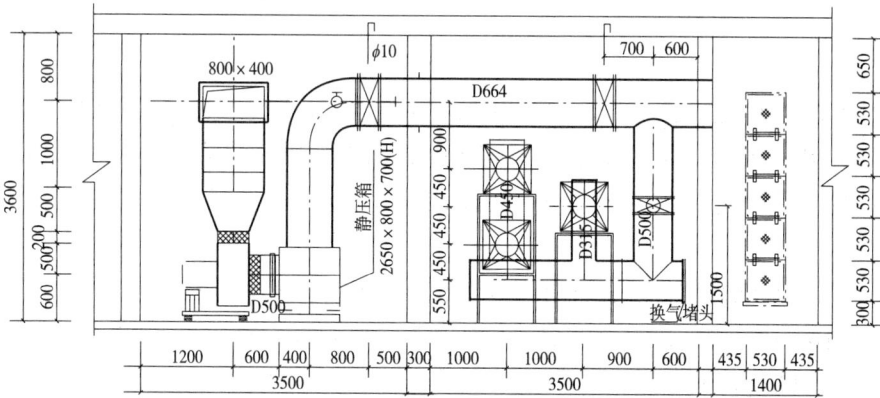

1-1剖面图

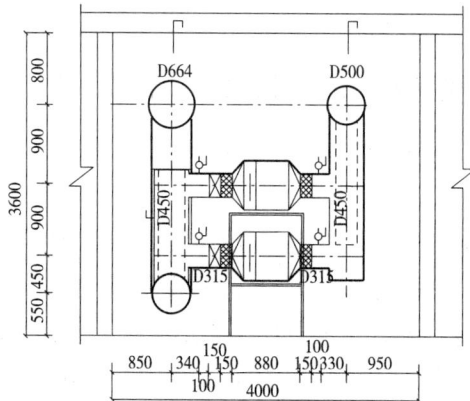

2-2剖面图

单位：mm

图 5-21　两台并联后再与另外一台并联（平剖面图）

114. 如果图5-19中过滤吸收器改为上进下出，则滤毒式通风管路可以减少两个弯头，系统更简化，此时流量计能设在滤毒风机出口管道上吗（图5-22）？

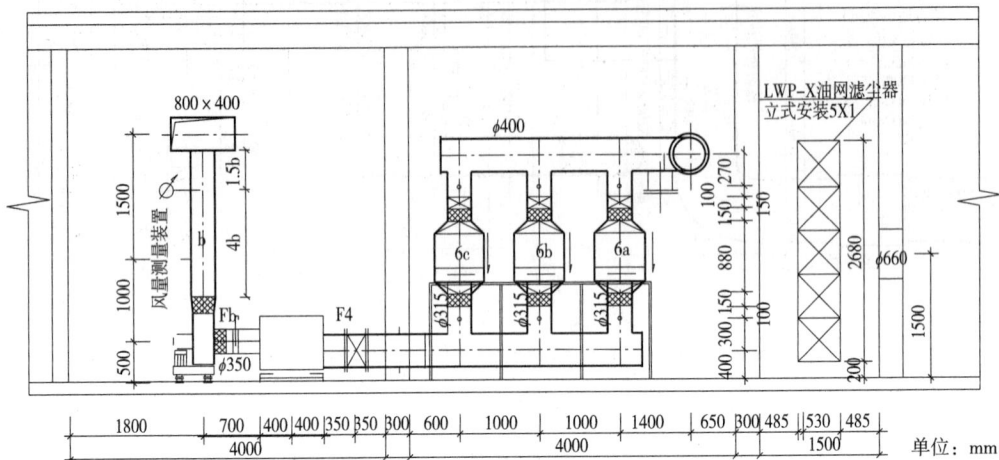

图 5-22 流量计设在滤毒通风机出口管上

（1）图5-19是考虑流量计位置的合理性，把过滤吸收器设成下进上出的。

（2）图5-22把流量计设置在滤毒进风机出口的等截面管段，从理论到实践都是可行的，它避免了因口部空间受限导致的流量计前后短距离内都是局部阻力的困境。

（3）流量计的位置应设法保证：流量计前的局部阻力管件必须和流量计之间有4D~5D（D-管经）的距离，流量计后的局部阻力管件必须有1.5D~2D的距离，否则风量测试结果不准确。

（4）这种形式，滤毒式风量可以用插板阀Fb和密闭阀门F4来调节。

115. 能否举例说明进风机入口前的集气箱如何设计较为合理？

集气箱的形式对系统的合理性有很大影响，现以几个实际工程（图5-23）为例加以分析说明。

（1）图5-23（a）、（b）集气箱高大，占地面积大，不便于密闭阀门和滤毒通风管路上流量计的安装是不合理形式；

（2）图5-23（c）将集气箱改成集气室，占地面积更大，而且集气室的墙体和门不严密、染毒后难清洗、系统操作不方便，不可采用这种形式，这是很不合理的形式；

（3）图5-23（d）优点是集气箱占用空间小，流量计的位置合理，但缺点是密闭阀门设在水平管段上，占地面积稍大；

（4）图 5-23（e）设计合理，占地面积小，流量计的位置也较合理。设计时此处
要注意流量计与阀门和集气箱之间的合理距离。

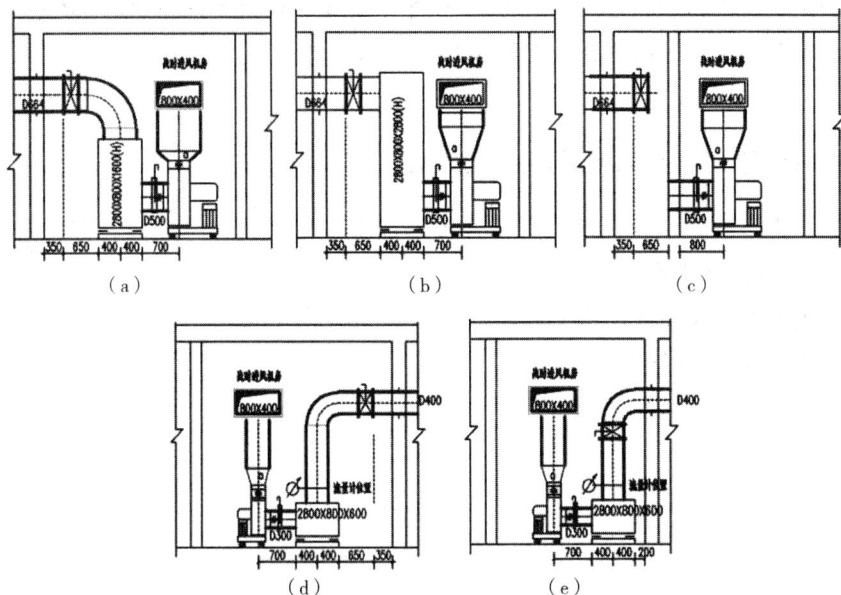

（a）　　　　　　　　　　（b）　　　　　　　　　　（c）

（d）　　　　　　　　　　（e）

图 5-23　集气箱的设计

116. 插板阀设置在进风机房里，隔绝通风用开门或者门下装百叶的方法实现循环通风是否可行？

不可行。

进风机室的墙是密闭隔声墙，门是隔声门。隔绝式通风时，气流是通过回风消声器进入风机室的（图 5-19 和图 5-21），这些隔声措施就是防止进风机噪声外传。开门或者门下装百叶就失去了进风机房隔声功能，因此不可行。

117. 人防工程染毒区风管宜采用 2mm 还是 3mm 钢板焊接？

从防腐和便于焊接的角度，应采用 3~5mm 钢板。有的地区人防办要求管径 $D >$ 600mm 的管道采用 5mm 的钢板加工。2mm 的钢板偏薄，尤其是防化乙级以下工程，没有空调地下潮湿容易锈蚀。所以应采用 3~5mm 钢板。

118. 人防工程染毒区风管上除了密闭阀门以外，还允许安装其他阀门如防火阀吗？

人防工程染毒区风管上除了密闭阀门以外，不允许安装其他类型阀门。理由如下：

人防密闭阀门与其他类型阀门在抗冲击波性能和气密性上有很大差别。密闭阀门抗冲击波压力可以达到 0.05MPa，并具有较高的密闭性能，能较好地阻止毒剂侵入，其他类型阀门不具有这么高的抗力和密闭性能。

有的工程在人防染毒区风管上设置防火阀，这段管道上没有设防火阀的理由和必要性，也不允许设，设计和审图要特别注意这一点。

119. 对风机进出口变径管有什么要求？

目前在审查图纸中，注意变径管角度的较少。角度大，局部阻力就会增加，一般应按图 5-24 的要求设计：

（1）风机出口变径管：角度 $\theta \leqslant 15°$；

（2）风机入口变径管：角度 $\theta \leqslant 7°$。

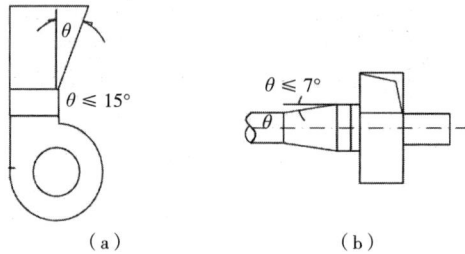

图 5-24　对风机进出口变径管的要求
（a）风机出口变径管；（b）风机入口变径管

120. 离心式风机出口管道弯头的方向有要求吗？

《实用供热空调设计手册》等手册都对此有明确要求，见图 5-25。

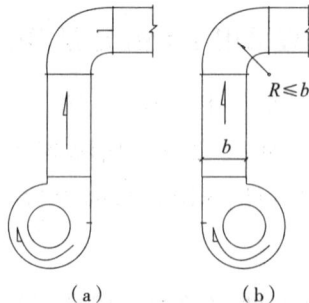

图 5-25　风机出口管的弯头方向
（a）不可；（b）可

注：图中两个弯头计算局部阻力是相等的，由于风机出口气流旋转方向不同，弯头处旋涡所消耗的能量是不同的。所以国内外的通风设计手册中都明确说明图 5-4（a）不可，我们的图纸中不能出现这种常识性的错误。

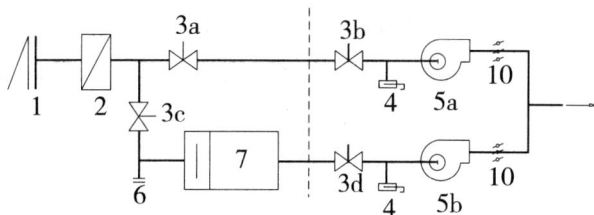

图 5-26　《防空地下室设计规范》GB 50038—2005 图 5.2.8（b）

121.《防空地下室设计规范》GB 50038—2005 图 5.2.8（b）进风系统原理图中进风机的出口设调节阀 10 对吗？

《防空地下室设计规范》GB 50038—2005 图 5.2.8（b）（见图 5-26）进风系统原理图中，进风机符号表示是离心式风机，从理论上讲，阀门 10 设置在离心式风机的出口不正确，叶轮与阀门 10 之间有继续进风加压的空间，$Q \neq 0$，所以阀门应设在风机吸入口，设密闭插板启动阀，较大风机设光圈启动阀原因详述见后。

当转速不变时，离心式风机的轴功率 N 随流量 Q 的增加而增加，对轴流风机，轴功率 N 随流量 Q 的增加而减小，所以离心风机在 $Q=0$ 时 N 最小，故应关阀启动。轴流风机 $Q=0$ 时 N 最大，应开阀启动。

离心式风机电机的耗功率，在风量为零时最小。所以离心式风机吸入口处应设启动阀。风机启动之前，先关闭启动阀，风机空载起动，可以保护电机不过载，见图 5-27（a）的 $Q=f（N）$ 曲线。

轴流式风机不能设启动阀。因为启动风量为零时，电机的耗功率最大，启动电流也大，对电机很不利，见图 5-27（b）的 $Q=f（N）$ 曲线，应开阀启动。

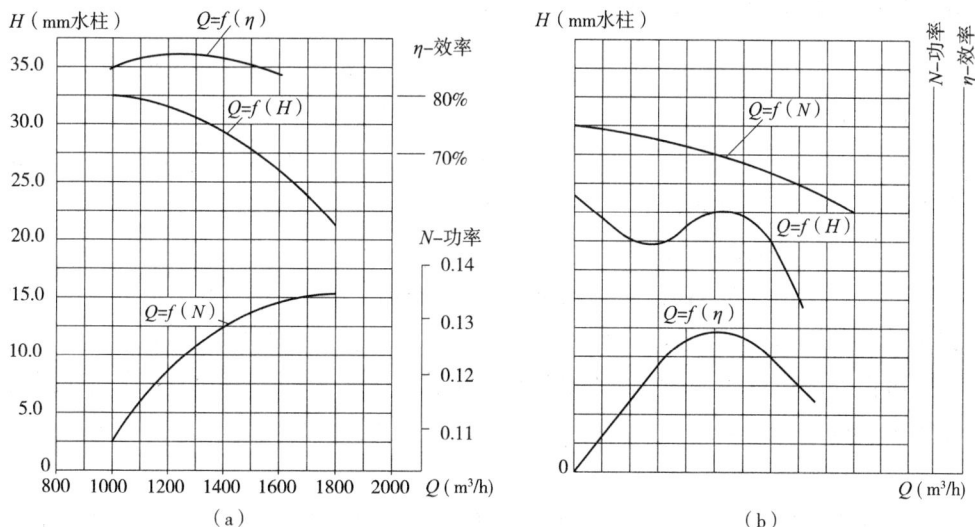

图 5-27　风机的特性曲线
（a）4-72-11No3.2A 风机特性曲线；（b）轴流风机特性曲线

此外，作为规范的图示应该经得起推敲，技术要素要完整，应该有增压管、测压差管、放射性取样管和过滤吸收器前后管路同程等技术要素的表示，最好画两个以上过滤吸收器，这样可以显示管路同程等要素，参见图 5-3 和图 5-4 等系统原理图。

122. 离心式通风机启动阀大部分设在风机的吸入口，也有按地下室设计规范图 5.2.8（b）设在风机出口的，有区别吗？

有区别。

对于离心式风机，启动阀设在风机吸入口是风量 $Q=0$ 空载启动，启动时仅仅是叶轮由静止到旋转力距和轴摩擦所消耗的轴功率，不产生有效功率，风机的全压 $H=0$，即有效功率 $N_y=0$，见式（5-1），所以阀门设在离心风机吸入口耗功最小。启动阀设在风机出口，则有风量为阀门前的空间送风加压，启动的瞬间轴功率会立即上升，式（5-1）中 Q 和 H 都不为 0，所以不是空载启动。启动阀设在风机吸入口是正确的。由式（5-1）可知，不设阀风机启动风量 Q 大和风机全压 H 大，所以启动功率 N 和启动电流远大于关阀空载启动功率和电流。因此离心式风机的启动阀应该设在风机的吸入口，不宜设在出口。

$$N_y= \frac{QH}{3600} \tag{5-1}$$

式中 N_y——风机配用电机的有效功率，W；

　　　　Q——风机风量，m^3/h；

　　　　H——风机的全压，Pa。

123. 人防工程进风机选用什么风机合适？

进风机宜选用离心式风机，不宜选用轴流式风机，选择离心式风机系统运行更稳定，详述见后。

风机运行时，其工作点在管路阻力特性曲线与风机的风量 $Q=f(H)$ 特性曲线的交点上，见图 5-28，下面分别分析两种风机的运行工况。

（1）离心式风机：人防工程进风系统随着运行时间的增加，由于油网滤尘器等收集灰尘量的增加，系统阻力也不断增加，其管路阻力特性曲线也越来越陡。在图 5-28（a）上，管路阻力特性曲线与风量 $Q=f(H)$ 特性曲线在起始运行时是工作（交）点 A，随着运行时间延长，阻力增加慢慢向 B 点和 C 点移动。这个过程管路阻力是逐渐增加，送风量逐渐减少的，但是它是稳步变化的，滤尘器清洗或更新后，工作点又回到 A 点。

（2）轴流式风机：轴流式风机作为进风机时，随着管路阻力增加，工作点由 A 点移动到 B 点以上时，系统的工作点就在 B 和 B′点之间跳动，见图 5-28（b）。阻力变化到 C 点时，工作点将在 C、C′、C″之间跳动，系统运行不稳定。这种情况在隧道施工通风中经常出现。

因此，人防工程进风机不宜选用轴流风机，宜选用离心式风机。

过去已经选用轴流风机的工程，系统运行出现不稳定情况时，可开大阀门或清洗滤尘器，减小管路阻力，系统的工作点也就恢复到平稳状态。但从设计选用角度，还是以选离心式风机为宜。

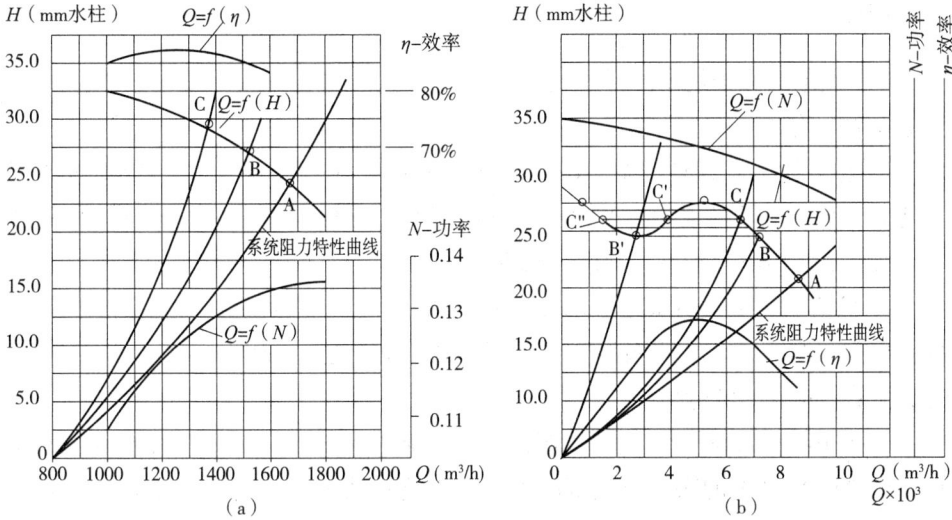

图 5-28　离心式和轴流式风机的特性曲线
（a）4-72-11No3.2A 风机特性曲线；（b）轴流式风机特性曲线

124. 离心式风机为什么要注明左右转式和出口角度？

这是设备材料表中必须标注的一项，主要是明确订货的需要。如果未标明就可能导致订货错误，就可能导致安装成图 5-25（a）的错误样式。

叶轮的旋转方向和机壳的出风角度参见图 5-29。站在电机方向，面向叶轮，叶

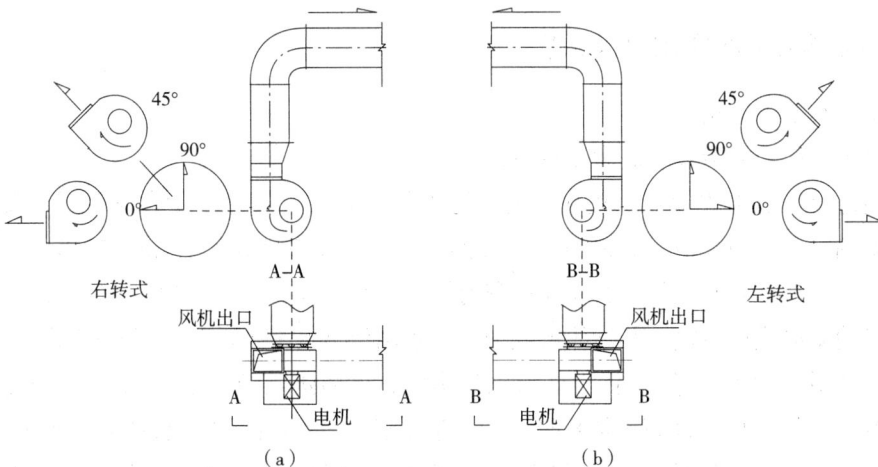

图 5-29　离心式风机的左右转式和出口角度
（a）该风机为右转式 90°；（b）该风机为左转式 90°

轮顺时针旋转，机壳出口在轴的左侧，风管向右方拐弯送风的，就是右转式，见 A–A 面。反之叶轮逆时针旋转，机壳出口在轴的右侧，风管拐向左方送风的，为左转式，见 B–B 面。

125. 有的人员掩蔽工程进排风系统没设消声器，理由是规范未明确，这对吗？

不对。规范有明确规定，详述见后。

规范中相关规定有：

（1）《防空地下室设计规范》GB 50038—2005 第 3.9.5 条规定："柴油发电机房、通风机室、水泵间及其他产生噪声和振动的房间，应根据其噪声强度和周围房间的使用要求，采取相应的隔声、吸声、减震等措施。"

（2）《防空地下室设计规范》GB 50038—2005 第 5.1.5 条规定："防空地下室的采暖通风与空气调节设计，宜根据防空地下室的不同功能，分别对设备、设备房间及管道系统采取相应的减噪措施。"

"环境噪声标准的制定，是以对睡眠、交谈和思考的干扰程度为依据的，从睡眠上看，30~35dB（A）的噪声对睡眠基本上无影响；从思考和安静程度上看，噪声超过 55dB（A），使人感到吵闹；45dB（A）以下才感到安静"。相关规范的规定也与此解释基本吻合，即至少要保证达到 55dB（A）的标准。

进排风机的噪声一般都远超 55 dB（A），不设消声器是达不到上述规范要求噪声级的，因此必须设消声器。

还须注意一点，在通风空调设计中不应采用消声静压箱代替消声器，因为它没有明确的性能参数，不知道能达到什么样的消声标准；还存在无加工图纸、质量无法保证、消声棉脱落后混入空气中对人的危害较大等问题。

126. 换气堵头的作用是什么？

主要有两个作用：

（1）更换过滤吸收器后为滤毒室换气

当过滤吸收器失效后，更换新的过滤吸收器时，可能有一部分染毒空气散发在滤毒室内，要进行换气，这时就要通过换气堵头为滤毒室换气。如图 5–30，更换过滤吸收器后，打开密闭门 m2、m3 和密闭堵头 FD，关闭密闭阀门 F3、打开密闭阀门 F4，启动滤毒式进风机。其气体流程为：工程内清洁区的清洁空气经过密闭门 m2 到达密闭通道，而后经过密闭门 m3 进入滤毒室，然后进入换气堵头 FD，再经过过滤吸收器、密闭阀门 F4、滤毒式风机送入工程清洁区，而后又从密闭门 m2 流到密闭通道，如此循环换气。换气结束后，关闭所有之前启动或打开的风机、密闭门、密闭阀门和换气堵头。

（2）为密闭通道换气

还结合图 5-30 说明，当该出入口最后一道密闭门 m2 内侧 1m 处的毒剂检测仪发出声光报警信号时，其他出入口并没有发现毒剂超标，此时重复滤毒间的换气程序，使密闭通道得到换气之后，工程重新转入正常运行。

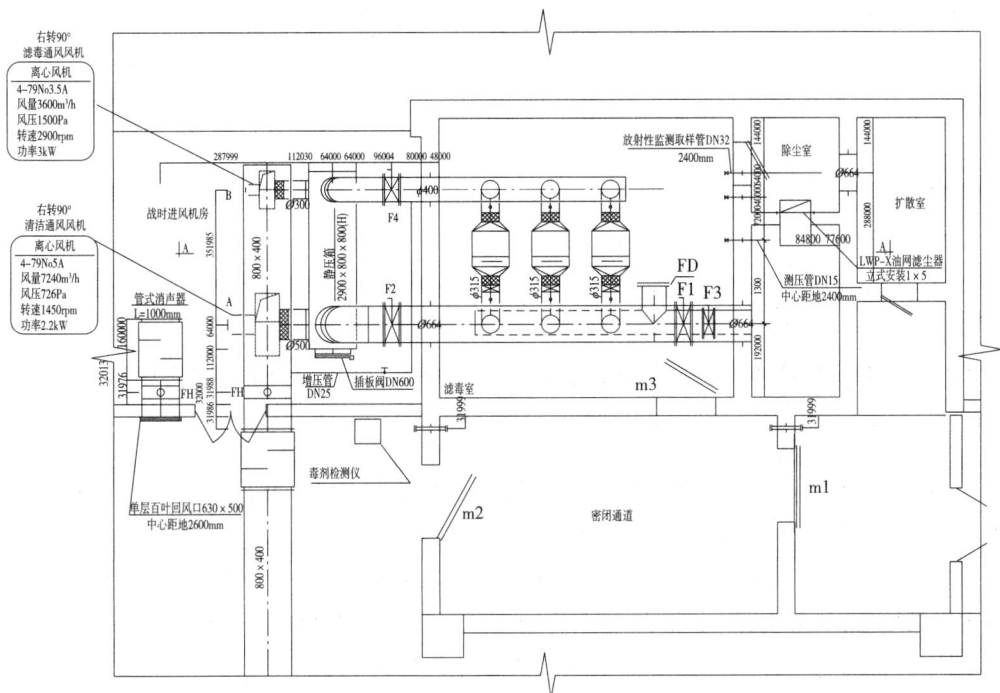

图 5-30　换气堵头的作用

127. 换气堵头宜设在什么位置？

该问题结合进风系统图更方便说明。如图 5-31 所示，换气堵头应设在密闭阀门 F3 之后，过滤吸收器之前的总管上，宜使并联管路阻力平衡的位置：

下面结合图 5-31 的进风系统图说明。很多工程的换气堵头位置如图 5-31（a）所示。当滤毒间换气时，气流从这个位置的换气堵头进入。气流通过三个过滤吸收器的路径长度不相等，即不同程，所以三个过滤吸收器及前后管路阻力不相等，三个滤毒器的流量也就不相等，通过过滤吸收器 a 的管路气流阻力最小，因此其流量最大。这可能使 a 通过的风量大于过滤吸收器额定风量，造成 a 尾气先超标。换气堵头的优化位置如图 5-31（b）所示。换气堵头在这个位置使通过三个过滤吸收器的气流是同程的，三个滤毒器的流量容易平衡。换气堵头管内流速取 6~10m/s 为宜。

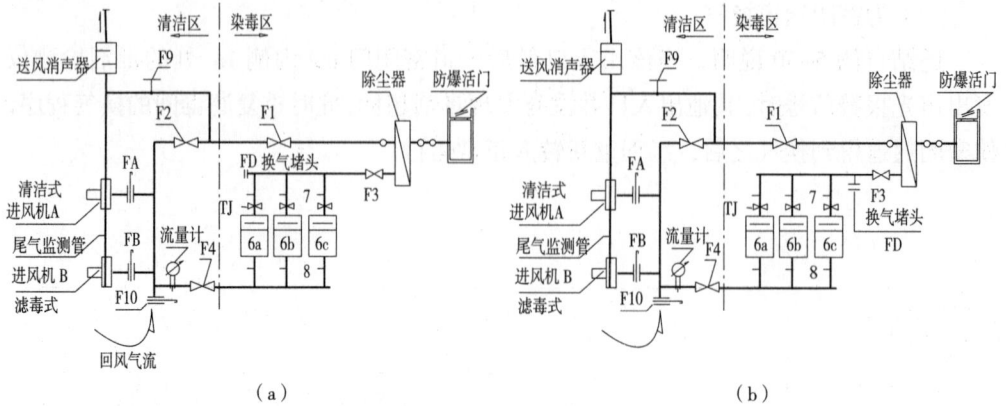

图 5-31　换气堵头的设计位置
（a）常规位置；（b）优化位置

F1~F4—密闭阀门；F9—增压管上的球阀；F10—回风插板阀；FA—清洁式进风机的启动插板阀；
FB—滤毒式进风机的启动插板阀；TJ—过滤吸收器的阻力平衡调节阀；7、8—过滤吸收器的测压差管。

128. 人防工程什么情况下设电动、人力两用风机，什么情况下只设电动风机？

战时电源无保障的防空地下室应设电动、人力两用风机。战时设有内电源的工程只设电动风机。详述如下：

关于电动、人力两用风机，《人民防空地下室设计规范》GB 50038—2005 第 5.5.4 条规定"战时电源无保障的防空地下室应采用电动、人力两用通风机"。

凡战时电源有保障的防空地下室，应一律只设电动风机。因为电动、人力两用风机占地面积大，性能差、噪声大，尤其人防小厂的产品质量和参数难以保证。

凡是设有柴油机发电站的工程，应一律选用电动风机。

129. 对于电源无保障的物资库是否需要设电动、人力两用风机？

应大致分为两种情况：

（1）人防的重要物资库，如：食品储备库、药品储备库、被服储备库、粮库、油库等战备物资库都设有内电源，电源有保障，因此只设电动风机即可；

（2）目前各地没有明确物资库性质的工程，应按一般战备抢险和安全保障性工程来对待。这类工程战时内部无人或只有少量管理人员，只设隔绝式防护和清洁式通风。当工程内断电时，工程直接转入隔绝式防护即可，由于工程内人数少，空间大，所以可掩蔽较长时间。因此这类物资库工程即使电源无保障也没有必要设电动、人力两用风机。

130. 平时和战时风管需要采用抗震支吊架吗？

（1）平时风管应根据工程所在地区地震烈度，按以下规范进行抗震设计：

①《建筑机电工程抗震设计规范》GB 50981—2014 第 1.0.4 条"抗震设防烈度为 6 度及 6 度以上地区的建筑机电工程必须进行抗震设计",而且是强条;

②《建筑机电工程抗震设计规范》GB 50981—2014 第 5.1.4 条"防排烟风道、事故通风风道及相关设备应采用抗震支吊架",也是强条。

（2）对于战时风管应按以下两种情况处理:

①染毒区管道:因为隔墙间距小,管道预埋在稳固的钢筋混凝土墙体内,不另设抗震支架;

②对于平时安装到位且吊装的战时排风机及管道应满足本问答第（1）点抗震设计要求。

131. 对一、二等人员掩蔽工程,每个抗爆单元是否必须设置送风口?

目前主要有两种做法:

（1）一种认为抗爆单元在通风上是独立的掩蔽单元,《人民防空地下室设计规范》GB 50038—2005 表 3.2.6 中规定:队员掩蔽部抗爆单元建筑面积小于等于 $500m^2$,目前按 $500m^2$ 划分的较多,一个抗爆单元一般掩蔽 400~500 人,所需新风量 2000~2500m^3/h,每个抗爆单元至少应有一个送风口,这从理论上讲比较合理。

（2）另一种认为抗爆单元在通风上并不独立,因为抗爆隔墙的高度是不到顶的,一般大于等于 1.8m。通风设计的气流组织可以通过多个抗爆单元,如一侧送风,另一侧排风或两侧送、中间排风等,因此没有必要每个抗爆单元都设置送风口。目前实际工程这种设计居多。

从通风运行角度看,两种考虑和做法都可行。但需注意第二种做法要避免通风死角。

第 2 节　排风系统设计与审图

132. 为什么排风系统可以选用轴流式风机?

因为排风系统不设除尘器等设备,系统阻力随运行时间延长没有明显变化,它的工作点比较稳定。但是要注意:如图 5-28（b）所示工作点 A 应选在性能曲线图中 B 点以下的稳定运行段,在风机样本的性能表中,宜选风量较大区域工况点,尽量避开不稳定工作区。

133. 工程进风选用电动、人力两用风机,应采用何种方式排风? 排风机是否需要选用电动、人力两用风机?

工程进风选用电动、人力两用风机,排风系统仍然要采用电动排风机。详述见后。

（1）首先明确什么工程进风设电动、人力两用风机。《人民防空地下室设计规范》GB 50038—2005 第 5.5.4 条规定："战时电源无保障的防空地下室应采用电动、人力两用通风机"。战时无内电源且要求必须开进风机的工程，只能是具有滤毒通风系统的工程。按此要求只有人员掩蔽工程在战时电源无保障的情况下才设电动、人力两用风机。

（2）其次明确《人民防空地下室设计规范》GB 50038—2005 第 7.2.13 条第 4 点中："2）无法引接区域电源的防空地下室，战时一级、二级负荷应在室内设置蓄电池组电源；3）蓄电池组的连续供电时间不应小于隔绝防护时间。"

（3）根据《人民防空地下室设计规范》GB 50038—2005 第 7.2.4 条规定："三种通风方式装置系统，是一级负荷；风机是二级负荷"战时可以保证 3 个小时供电。

（4）这种工程即使中断供电，隔绝式通风时，不开排风机。滤毒式通风时，是全工事超压排风，也不开排风机。这两种工况不需要开排风机，所以排风机不用电动、人力两用风机。

（5）电动、人力两用风机的人力驱动功能，体力消耗很大，而且这种风机性能差，尤其人防小厂的产品质量和参数难以保证，还有占地面积大、造价高等缺点。综上所述，排风系统不宜选用电动、人力两用风机。

134. 常用人防工程规范的排风系统图中，排风管道的密闭阀门位置不一致，哪种设置更合理？

目前规范中，排风系统有如下几种图示：

（1）《人民防空地下室设计规范》GB 50038—2005 的图 5.2.9，见图 5-32。

（2）《人民防空工程防化设计规范》RFJ 013—2010 图 5.2.3-1，见图 5-33。

目前几本规范的上述图示主要差异在密闭阀门 3b 的位置不同。

图 5-33 中 3b 的位置是一种经典布置形式。防化丙级工程采用简易洗消间时，同图 5-34，在全工程超压时，工程内部压力升高，顶开自动排气活门 23，超压的气流经过简易洗消间进入防毒通道由密闭阀门 3b、消波设备及排风井排到室外。

图 5-32 宜改为图 5-34 的理由如下：

（1）从防护的角度，在超压排风的路径上，由自动排气活门 23、密闭阀门 3b 所形成的密闭措施，与清洁式排风管路的密闭阀门 3a、3c 的密闭措施相同，都是两道密闭措施中间设一密闭空间。如果按图 5-32（a）和（b）那样设置，则自动排气活门 2、密闭阀门 3b、密闭阀门 3c 所形成的密闭措施与清洁式排风管路的密闭阀门 3a、3c 的密闭措施不相等，前者是三道密闭措施中间设两个密闭空间，而后者是两道密闭措施中间设一个密闭空间。口部各通向外界的管路密闭措施和防护能力应等同。

（2）图 5-32 中，密闭阀门 3b，应与另外两规范保持一致，这样便于三防控制箱的统一加工和控制操作模式的统一。

因此，建议新编的人防地下室设计规范时做相应修改。

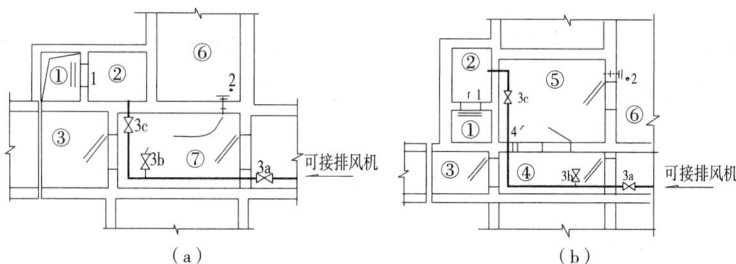

①排风竖井；②扩散室或扩散箱；③染毒通道；④防毒通道；⑤简易洗消间；⑥室内；⑦设有简易洗消设施的防毒通道；1- 防爆波活门；2- 自动排气活门；3- 密闭阀门；4- 通风短管

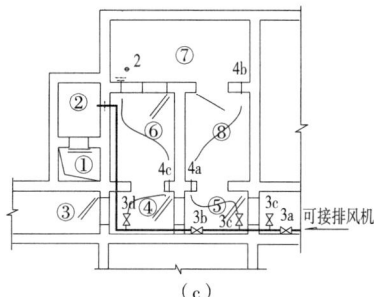

①排风竖井；②扩散室或扩散箱；③染毒通道；④第一防毒通道；⑤第二防毒通道；⑥脱衣间；⑦淋浴间；⑧检查穿衣间；1-防爆波活门；2- 自动排气活门；3-密闭阀门；4- 通风短管

图 5-32 排风系统平面示意

（a）简易洗消设施置于防毒通道内的排风系统；（b）设简易洗消间的排风系统；（c）设洗消间的排风系统

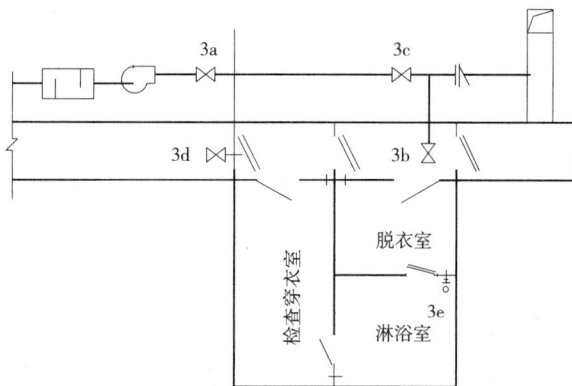

图 5-33 全工程超压排风系统

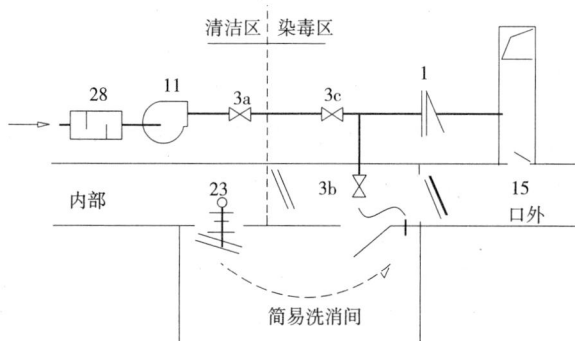

图 5-34 密闭阀门 3b 的合理位置

135.《人民防空地下室设计规范》GB 50038—2005 图 5.2.9（a）和（b）中，"可接排风机"的说法对吗？

不对。

"可接排风机"包含可以接排风机，也可以不接排风机。它源自《人民防空地下室设计规范》GB 50038—1994，2003-06-03 发布图 5.2.2，见图 5-35。

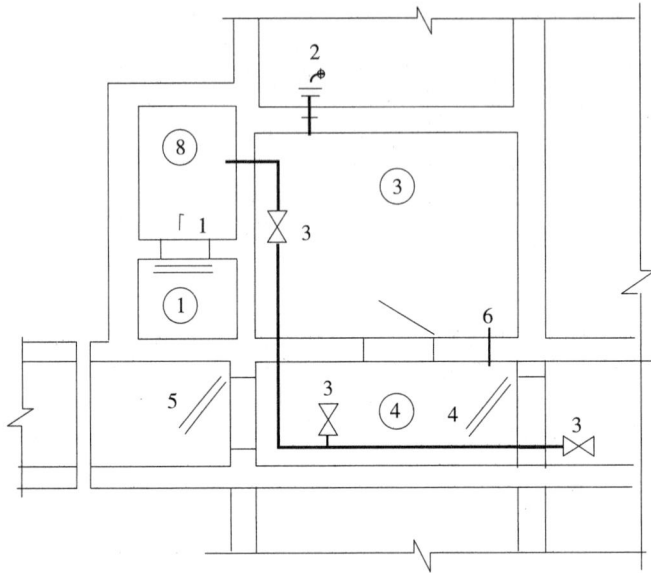

图 5-35　GB 50038—1994 图 5.2.2 排风系统
（b）设简易洗消间和自动排气活门的排风系统
①排风竖井；②简易洗消间；④防毒通道；⑧扩散室或扩散箱；
1—防爆波活门；2—自动排气活门；3—密闭阀门；4—密闭门；5—防护密闭门；6—通风短管

这本规范出版后收到了很多意见，其中就有排风系统必须加排风机的意见，因此在 2005 年版的 GB 50038—2005 图 5.2.9 中做了修改，加了"可接排风机"。但这个"可"字模糊了加排风机的意义和必要性，应该去掉"可"字。

下面举例说明，图 5-36 为某二等人员掩蔽部，就是按规范 GB 50038—1994 设计的，不设排风机，只靠全工程超压排风。在清洁式通风时，依靠超压不可能使排风气流通过干厕，再从厕所出来由阀门 5 和 6 排到室外。

只有设置排风机，通过排风管道和厕所中的排风口，才能形成合理的排风系统，如图 5-37 所示。从厕所不断排风，使厕所内形成负压，四周的空气才能不断进入厕所，而后由排风机通过排风系统将臭气排到室外。不设排风机和完善的排风系统，将如图 5-36 所示厕所的臭气在工程内扩散，恶化空气环境，会严重影响人员在工程内的掩蔽时间。因此人员隐蔽工程必须设排风机及其完善的排风系统，不能模糊地说"可设排风机"。

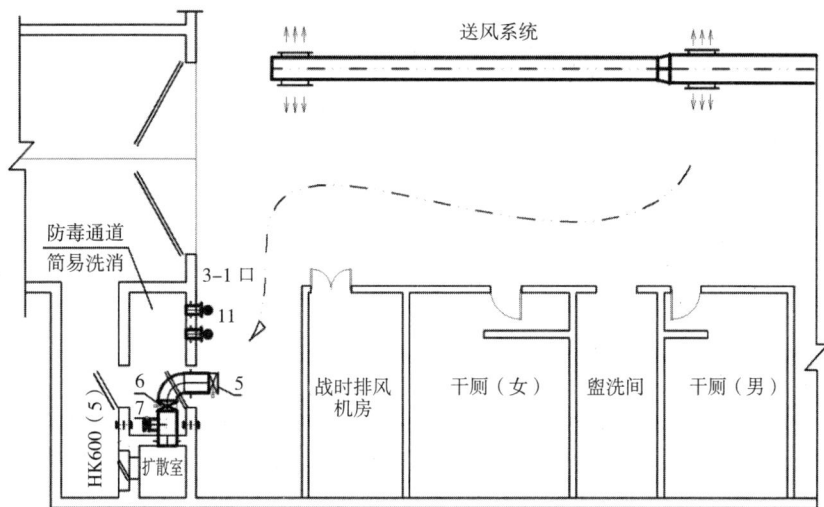

图 5-36　排风系统的错误设置

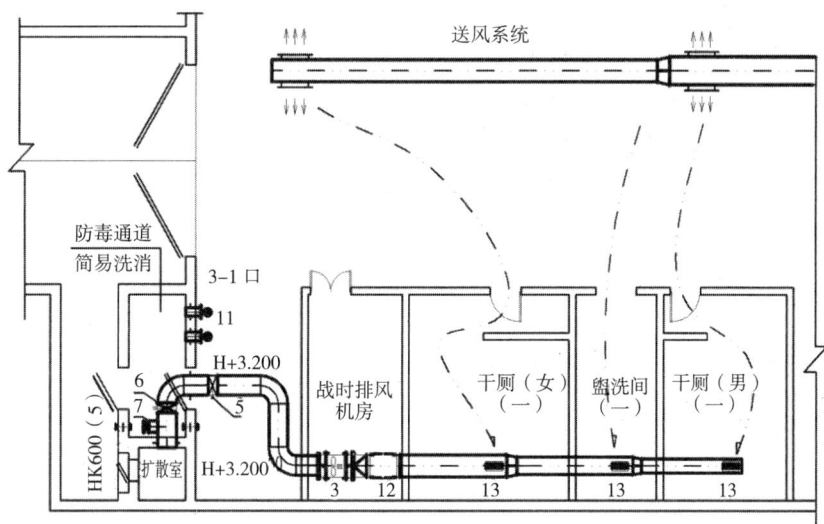

图 5-37　排风系统的正确设置

注：3—排风机；5~7—密闭阀门；11—自动排气活门；12—排风消声器；13—排风口

136. 简易洗消间（图 5-38）符合防化要求吗？

有几个方面不符合防化要求。

简易洗消间是专门对二等人员掩蔽部而设的，在其中只对人体局部洗消，对于确实来自染毒区的受染人员，没有脱衣、淋浴和更衣的洗消程序，存在以下问题：

（1）人员的服饰会带入毒剂

实验证明人员由染毒区进入工程时，不但有染毒空气被人员和装具带入，还有服装吸附毒剂的带入，人员由染毒区经过三个防毒通道进入工程后，在服装表面上（的确良单军衣）的空气中达到 10^{-4} mg/L 数量级的毒剂浓度，距衣服表面 1m 处的空

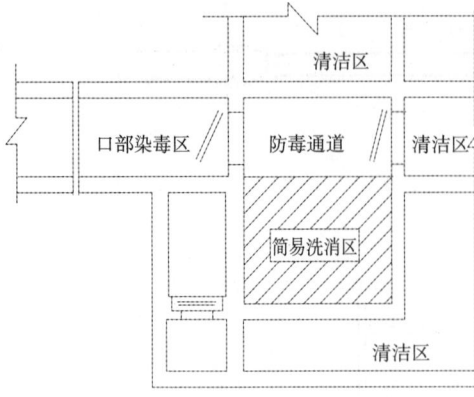

图3.3.24-1防毒通道兼简易洗消间　　　　图3.3.24-2单独设置的简易洗消间

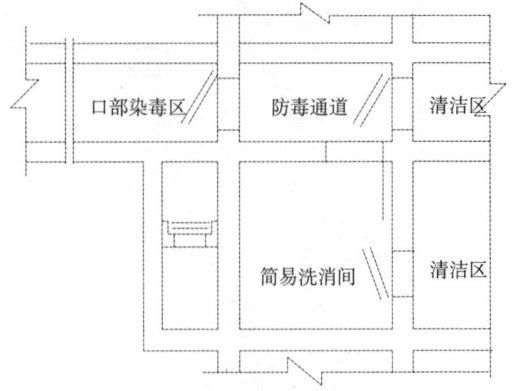

图 5-38　《人民防空地下室设计规范》GB 50038—2005 简易洗消间图

气中达到 10^{-5}mg/L 数量级的毒剂浓度，当工程进入人员较多时，服装带入毒剂可以很快在工程内造成危险浓度，在空气中，沙林蒸汽浓度在 5×10^{-4}mg/L 条件下，2min 就可使人缩瞳，可见服装带入毒剂危害是严重的，在进入清洁区之前，不更换染毒的衣、帽、鞋、袜，清洁区将成为染毒区，会给掩蔽人员的生命带来严重危害，因此简易洗消间不设更衣室，不对人员全面洗消是不合理的；

（2）防毒通道兼简易洗消间和简易洗消间是染毒区，人员在染毒区摘掉防毒面具，存在中毒风险；

（3）人员直接从染毒区带毒进入清洁区，存在将毒剂带入清洁区的风险。

二等人员掩蔽部战时人员出入情况很复杂，主要体现在掩蔽人员多、人员居住分散难以组织、老幼行动迟缓、室外空气早已污染仍然会有人要求进入，这些人也是抢险、战斗和指挥人员最牵挂的亲人，所以二等人员掩蔽部不考虑全面洗消，既不合理、也不公平，因此建议在新规范中，人员隐蔽工程战时人员主要出入口应取消简易洗消间，改为包括脱衣、淋浴和更衣的全面洗消。

137. 人防工程战时人员主要出入口如何对从染毒区来的带毒人员进行洗消呢？

应该设置能淋浴和更衣的洗消间，见图 5-39。具体洗消程序详见本丛书的《人民防空工程防化设计百问百答》。

要对以下两点有清晰认识：

（1）从染毒区来的带毒人员必须有脱衣、淋浴和更衣三个环节，不能将染毒衣物直接带入清洁区。

（2）"脱衣间是脱去染毒衣服并将其装入塑料袋的地方，会造成房间内污染，因此是污染区。淋浴室人员刚进入时带进一些（轻微）毒氛，随着洗消和排风换气的进行，逐渐变为清洁，基本算作清洁区，……，检查穿衣室是清洁区，是不许污染的"。

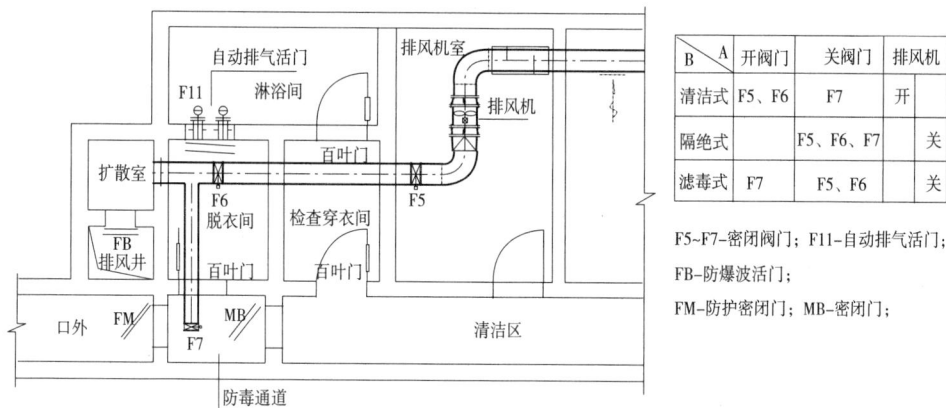

图 5-39　战时人员主要出入口及洗消间

138. 实际工程有按《人民防空地下室设计规范》GB 50038—2005 图 5.2.9（c）排风系统图（图 5-40）做的吗？

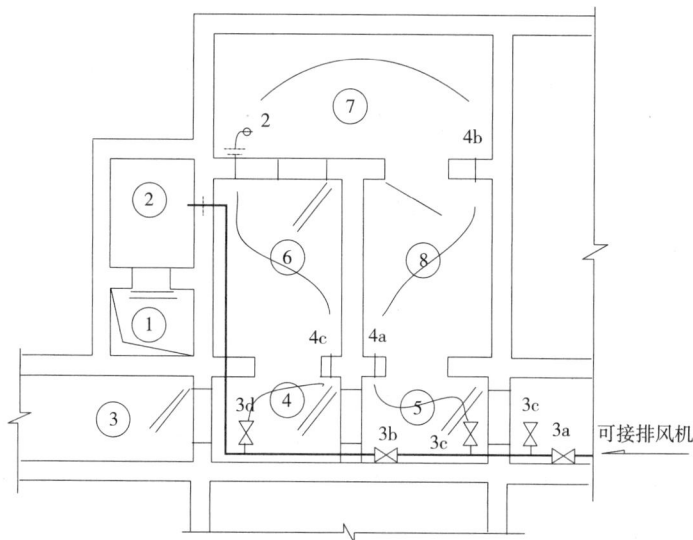

图 5-40　《人民防空地下室设计规范》GB 50038—2005 图 5.2.9（c）

《人民防空地下室设计规范》GB 50038—2005 图 5.2.9（c）与实际工程图有较大差距，实际工程几乎没有按该图做的。下面把该图和实际乙级防化工程常用排风系统图（图 5-41）做比较。

（1）《人民防空地下室设计规范》GB 50038—2005 图 5.2.9（c）中图示有"可接排风机"，这个提法不妥，前面已有说明；

（2）密闭阀门 3c 应简化成一个，并设在最后一道密闭门框墙上，如图 5-41 所示；

（3）密闭阀门 3b 和 3d 应如图 5-41 所示这样设置才合理顺畅；

（4）从图示完整角度，设有排风机就必须有排风消声及隔声措施，如图 5-41 所示。

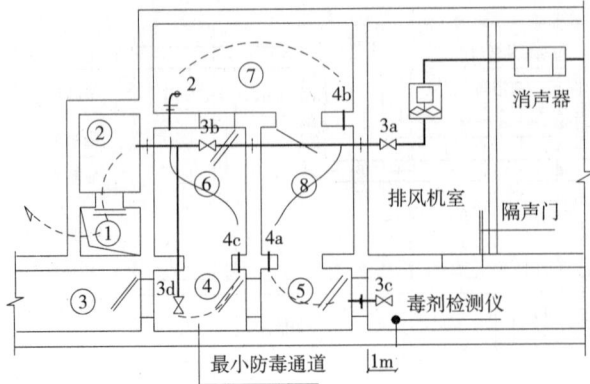

图 5-41　实际工程常用排风系统图

139. 从防化角度看把淋浴室和检查穿衣室设在染毒区是否合理？

不合理。前面已经说明，淋浴室和穿衣室是清洁区，见图 5-39，建议新版规范做修改。

《人民防空工程防化设计规范》RFJ 013—2010 第 8.0.3 条规定："空气染毒监测分通道透入监测和过滤吸收器尾气监测两种。前者监测地点设在工程口部的最后一道密闭门内 1m 处。"，参见图 5-41，监测仪发出报警信号，说明最后一道密闭门外防毒通道⑤已经严重染毒，穿衣室和淋浴室已经严重染毒，穿衣室和淋浴室设在染毒区。其不合理性分析如下：

（1）淋浴时，人员已经脱掉衣服、鞋袜、防毒面具，人员是在清洁的环境下淋浴。虽然人员淋浴时可能会有少许沾染的毒氛进入淋浴间的水或空气中，但因为此时排风和排水都是连续运行的，因此把淋浴间划入清洁区更合理。

（2）如果按现行规范把穿衣室设在染毒区，储存衣物也都将被污染，这样人员只得穿着新污染的衣服进清洁区，不仅违背 1984 年的防化规范，而且严重威胁清洁区所有人员的安全。因此，现行《人民防空地下室设计规范》GB 50038—2005 图 5.2.9（c）和图 5-41 不符合防化要求，宜按图 5-42 设计，建议新版规范做相应修改。图中排风机有选离心式也有选轴流式，两者均可，各有优缺点。

此外说明一点，图 5-42（b）适宜医疗救护工程或核生化监测中心的洗消间设置，其与一般防化乙级工程的洗消间设置基本相同，只是多了一个染毒装具存放室，并在该室设有排风的密闭阀门。

（3）脱衣间的入口应设在最后一防毒通道，这样人员从染毒区进入工程经过两个防毒通道，染毒空气经过两次扩散和混凝土墙面吸收，可以较快降到安全浓度，进入脱衣间。它符合最小防毒通道是最后一防毒通道的说法。确实防化部门早有说明，"洗消间入口设置在最后一个防毒通道内，洗消间应当允许人员脱去个人防护器材进行全部洗消，洗消后经检查合格的人员从洗消间直接进入内室。"

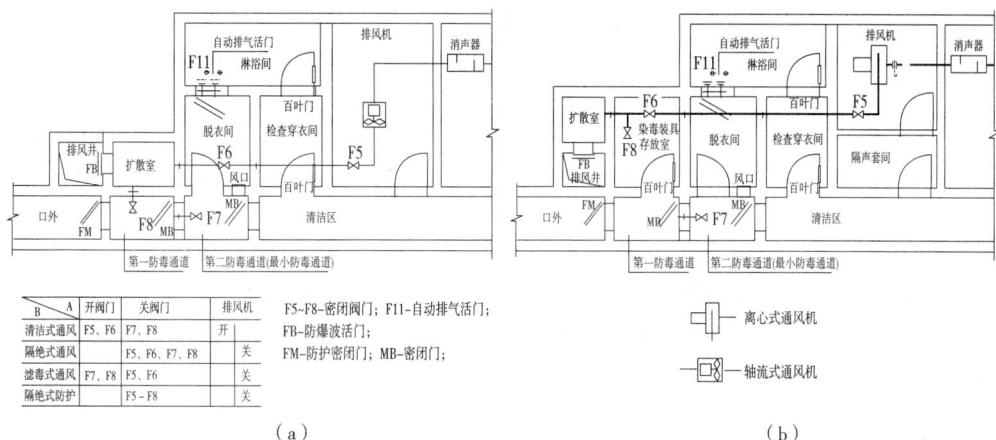

B / A	开阀门	关阀门	排风机
清洁式通风	F5、F6	F7、F8	开
隔绝式通风		F5、F6、F7、F8	关
滤毒式通风	F7、F8	F5、F6	关
隔绝式防护		F5-F8	关

F5-F8—密闭阀门；F11—自动排气活门；
FB—防爆波活门；
FM—防护密闭门；MB—密闭门；

图 5-42　一般防化乙级工程的洗消间设置

140. 是否可以不设排风机室？

通风与电气专业工艺都要求必须设排风机室。理由主要有三点：

（1）排风机是噪声源，常用排风机的噪声均在 75dB 以上，与人员掩蔽休息场所的噪声标准 55dB 的要求相差较大，排风机启动后，人员语言交流困难，并影响掩蔽人员工作和休息，所以必须设排风机室。排风机室应设隔声门，排风管道上应设消声器，见《人民防空地下室设计规范》GB 50038—2005 3.9.5 和 5.1.5 条。具体条文规定如下：

3.9.5 柴油发电机房、通风机室、水泵间及其他产生噪声和振动的房间，应根据其噪声强度和周围房间的使用要求，采取相应的隔声、吸声、减震等措施。

5.1.5 防空地下室的采暖通风与空气调节设计，宜根据防空地下室的不同功能，分别对设备、设备房间及管道系统采取相应的减噪措施。

（2）电气专业工艺要求设排风机室：其内要设排风机配电箱、电话分机和三种通风方式信号灯箱等装置，见《人民防空地下室设计规范》GB 50038—2005 7.3.7 和 7.8.5 条。具体条文规定如下：

7.3.7 设有清洁式、滤毒式、隔绝式三种通风方式的防空地下室，应在每个防护单元内设置三种通风方式信号装置系统，并应符合下列规定：

①三种通风方式信号控制箱宜设置在值班室或防化通信值班室内，灯光信号和音响应采用集中或自动控制；

②在战时进风机室、排风机室、防化通信值班室、值班室、柴油发电机房、电站控制室、人员出入口（包括连通口）最里一道密闭门内侧和其他需要设置的地方，应设置显示三种通风方式的灯箱和音响装置，应采用红色灯光表示隔绝式，黄色灯光表示滤毒式，绿色灯光表示清洁式，并宜加注文字标识。

7.8.5 救护站、防空专业队工程、人员掩蔽工程、配套工程中的值班室、防化通信值班室、通风机室、发电机房、电站控制室等房间应设置电话分机。

（3）不设排风机室，无法隔绝排风机的噪声，无法安置电信设备，有的工程把排风机设在干厕内，它既不隔声也不便安装电信设备。这是应该杜绝的。

141. 有审图意见提出"因为全工程超压不易形成，宜改为局部超压"，对吗？

不对。全工程超压容易形成，这是肯定的。只是有高低之分。

通过排风机从工程主体清洁区抽取空气送入防毒通道形成局部超压是错误的。下面从几个方面做说明：

（1）全工程超压及其目的

人防工程全工程超压是使主体的气压大于外部气压，让漏风气流从主体内流向主体外的措施。是在战时工程所在地遭到敌人的原子、化学或生物武器袭击后，工程已转入过滤式通风（过滤式防护），进风系统不断向工程内进风，靠调节超压排风系统的排风量在工程主体内形成整体超压。全工程超压的目的有三个：①一是滤毒式通风时，通过超压阻止毒剂在自然风压的作用下沿各种缝隙进入工程主体，保证主体安全；②二是保证战时个别人员出入工程时，靠超压（向外）排风，使穿衣间、淋浴间、脱衣间和防毒通道依次有向外流动的气流，防止在人员出入时，将染毒空气带入工程；③三是保证防毒通道和洗消间一定的换气次数，缩短人员在防毒通道的停留时间，这是次要目的。因为"只要工事主要出入口有两个以上防毒通道，人员成组出入工事，并在每个防毒通道停留3分钟以上，不进行通风换气时，室内的空气带入毒氛浓度，也会在安全浓度以下"，不要把次要目的当成主要目的。

（2）局部超压及其目的

①局部超压原本是指在穿衣间后增加一道密闭门，形成第三防毒通道，然后由排风机向第三防毒通道内送风形成超压，使穿衣间、淋浴间、脱衣间、第二防毒通道和第一防毒通道依次有向外流动的气流，并保证脱衣间前的第二防毒通道达到一定的换气次数。过滤式通风时，人员出入口部经过换气和洗消是安全了，但是用主体的空气通过排风机为防毒通道加压、换气，由于排风量不易控制，主体会出现负压向内漏毒。前人的这个措施是不可取的。（加一道密闭门的做法是不妥的，会使人认为主要出入口应该比次要出入口多一道密闭门）。

②现在所研究的局部超压是解决不进行过滤式通风时，如何保证出入口安全，如何保证工程在长时间隔绝状态下口部不漏毒，这才是关键问题，应在这方面研究措施。"第二次世界大战中，1943年德国汉堡在盟军进攻下。一开始就有50%以上的建筑物起火，随后发生了风暴性火灾。街道上温度高达1400~2400°F。火灾产生的高温气体和高浓度一氧化碳，进入无防护设施和不密闭的地下室掩蔽部，使掩蔽人员窒息或一氧化碳中毒而死，造成火灾区20%的人死亡"。

目前，为了解决隔绝防护期间，工程口部防毒问题，有人提出在工程口部设一个安全室，内置高压气瓶为出入口局部超压，参见图 5-43。通过实测，我国当前生产的防护密闭门和密闭门，达到现行规范密闭要求时，一个出入口只要加入 $2m^3/h$ 的空气，防毒通道就可以达到 50Pa 以上的超压值。

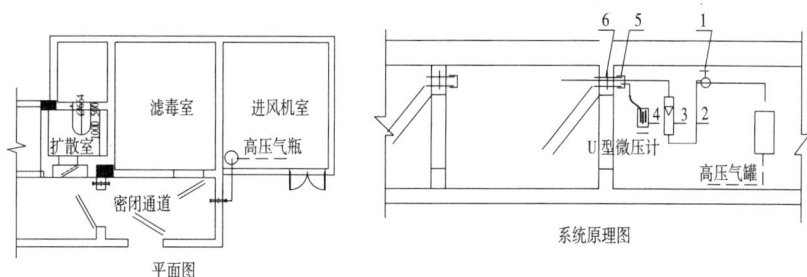

图 5-43　高压气罐局部超压系统图
1—DN15 铜质单嘴燃气阀；2—软塑料管；3—流量计；4—微压计；5—接管器；6—气密测量管

142. 最小防毒通道是哪个通道？

最小防毒通道是特指脱衣间入口前的防毒通道，从该防毒通道可以直接进入脱衣间。即脱衣间前一防毒通道。防毒通道换气次数是指该防毒通道的换气次数。人员从口部进入时所带入染毒空气，需要通过通风换气降低该通道毒剂浓度，使人员可以在安全浓度下进脱衣间去脱衣。因为同样排风量下，该通道体积最小，则换气次数最大，而换气次数越大，降低通道毒剂浓度效果越好，所以在多个防毒通道中一般把该通道的体积设计为最小，也因此称该通道为最小防毒通道。

143. 最小防毒通道的换气次数是怎么来的？

最小防毒通道是紧邻脱衣间的防毒通道，在该通道内保持一定的换气次数可以使该通道的毒剂浓度在较短时间内降低到允许浓度，使人员可以尽快进脱衣间去脱衣。这个换气次数是通过对常规最小防毒通道换气计算和试验验证得来的。

换气次数是影响防毒通道内染毒空气排除速度的重要因素。《人民防空工程防化设计规范》RFJ 013—2010 第 5.1.1 条规定丙级防化工程最小防毒通道换气次数 $K \geqslant 40$ 次 /h，乙级 $K \geqslant 50$ 次 /h。这是按"在防毒通道内一般等待 3~5min，通道内毒氛就可以降低到允许浓度，以便人员进入脱衣间去脱去染毒衣物"来确定，下面做详细说明。

表 5-3 是人员进出工程带入染毒空气量，该量用 u 来表示。

随人员进出工程染毒空气的带入量 u　　　　表 5-3

	1 个人带入量（m³）	5 个人带入量（m³）	10 个人带入量（m³）
进工程	0.4	0.96	1.17
出工程	0.43	1.10	1.79

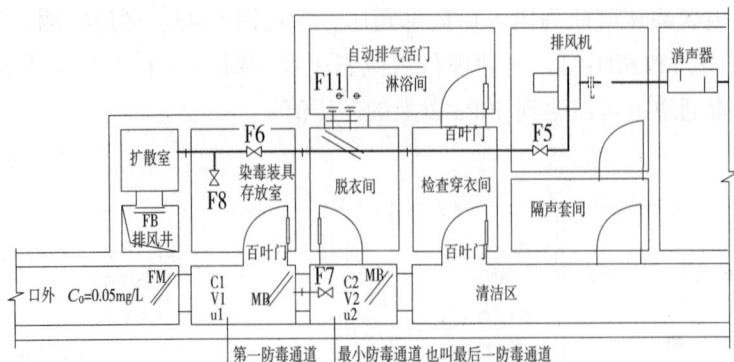

图 5-44　最小防毒通道换气次数计算

说明：本表实验工程孔口门洞安装的是 M916 钢丝网水泥密闭门，门洞尺寸和门的性质不同，对同等人数的带入量是有差别的，此表仅作参考。

现以图 5-44 为例，其最小防毒通道为常规大小，具体为长 2.5m、宽 2.0m、高 3m，容积 V=15m³。以常用沙林毒剂战场浓度 C_0=0.05mg/L 为室外毒剂浓度。通风换气后允许浓度 C 设为 0.0001mg/L，紧急情况下人员呼吸量按 20L/min 计算，即设 10min 可能产生轻微伤害的沙林毒剂容许浓度为 0.0001mg/L，因此以该浓度为允许浓度。

在超压排风下，防毒通道内毒剂浓度 C 变化规律可用下式表示：

$$C=\frac{uC_0}{V}\,e^{-Kt} \tag{5-2}$$

式中　C_0——所计算的防毒通道前，防护密闭门外空间的毒剂浓度，mg/L，沙林毒剂战场浓度一般按 0.05mg/L 计算；

　　　u——随人员进出工程，带入防毒通道的染毒空气量，m³，参见表 5-3；

　　　V——防毒通道的体积，m³；

　　　K——防毒通道的换气次数，次/h；

　　　t——进入工程的人员在防毒通道的停留时间，h。

$$K=Q/V \tag{5-3}$$

　　　Q——防毒通道的换气量，m³/h；

式（5-2）中，对既定工程，除 K 和 t 之外参数都已确定，则可计算得到换气次数 K 与需要在防毒通道停留时间 t 的关系，见表 5-4 和图 5-45。

防毒通道换气次数 K 与所需停留时间 t 的关系表　　　　表 5-4

u（m³）	K（次/h）	20	30	40	50	60	70	80	90	100	120	150	200
1人带入 0.4	t（min）	7.8	5.2	3.9	3.1	2.6	2.2	1.94	1.7	1.55	1.3	1.0	0.8

续表

u（m^3）＼K（次/h）		20	30	40	50	60	70	80	90	100	120	150	200
5 人带入 0.96	t（min）	10.4	6.9	5.2	4.2	3.5	3.0	2.6	2.3	2.1	1.7	1.4	1.0
10 人带入 1.17	t（min）	11.0	7.3	5.5	4.4	3.7	3.1	2.7	2.4	2.2	1.8	1.46	1.1

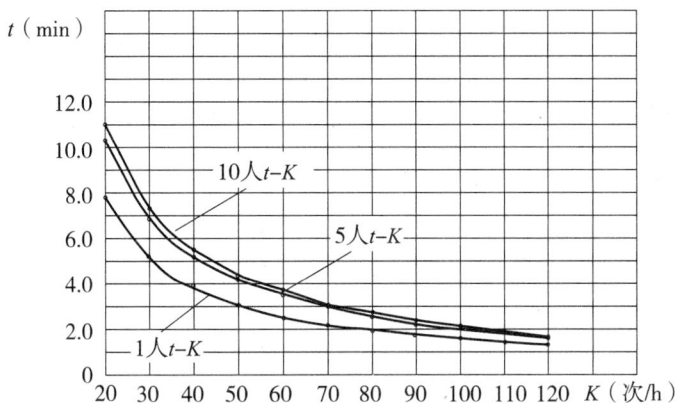

图 5-45　防毒通道换气次数 K 与所需停留时间 t 的关系曲线

由表 5-4 和图 5-45 可以看出：

（1）换气次数 K 小，人员在防毒通道内的停留时间 t 就长，而随着换气次数 K 值的增加，需要停留的时间 t 逐渐缩短；

（2）换气次数 $K \geqslant 40$ 次/h，人员停留时间只需 3.9~5.5min。换气次数 $K \geqslant 50$ 次/h，人员停留时间只需 3.1~4.4min，换气次数 $K \geqslant 60$ 次/h，则人员停留时间更短。因此防化规范中规定的换气次数下限基本对应的是在该防毒通道中停留 3~5min；

（3）在实际工程设计中，应当适当减小最小防毒通道的体积以提高换气次数；

实验证明，当有一人从染毒区进入工程，带入防毒通道的染毒空气由第一防毒通道进入第二防毒通道，因再一次扩散和壁面吸收，毒剂浓度将降低两个数量级，可以有效地降低人员在防毒通道内的等待时间。

144. 进、排风井断面面积如何确定？

制约进、排风竖井的因素主要有两个方面：

（1）满足土建施工要求，包括防爆波活门和防护密闭门的安装。当门直接开向竖井时，因门和门框墙需求不同，竖井断面的长或宽也会随之不同；

（2）平战结合工程还需要满足平时风量要求，平时通风风速不宜大于 5m/s，消防排烟及补风风速不宜大于 8m/s。

所以风井的断面积是根据使用要求和风量及限定风速计算得来的。

145. 进、排风井地面风口的有效面积应如何计算？

进、排风井地面风口宜四面或多面设百叶窗。经风洞实验证实，地面风口的有效面积等于风井断面积的 2~4 倍时阻力最小。如受条件限制，其有效面积最小不得小于风井的断面面积。

目前，进、排风井地面风口是建筑专业设计，要控制百叶与垂线（墙面）的夹角 $\alpha=45°\sim60°$，通风专业要参与地面风口的设计，百叶窗的有效面积 $F=2\sim4F_J$（F_J—风井的净断面面积）。

146. 审查的图纸中三通常有如图 5-46（a）的画法，这合理吗？

三通不能按图 5-46（a）画，因为大管与小于其直径的变径管直接连接时，相关线处无法吻合，应按图 5-46（b）画，先等径相接，而后变径。

这种只有 1.5m 左右进深的一般是活门室，没有 1/3 的要求。

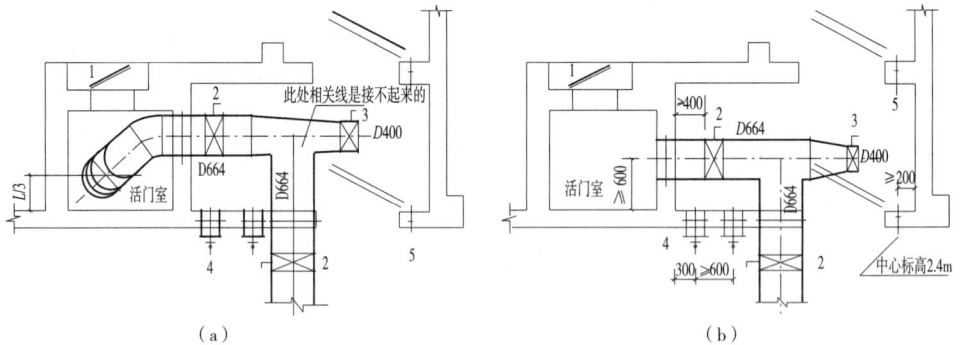

图 5-46　三通正确与错误画法比较
（a）正确；（b）错误
1—防爆波活门；2—DMF60 密闭阀门；3—DMF40 密闭阀门；4—自动排气活门；5—气密测量管

147. 进排风管道上设两道密闭阀门后就可以直接从清洁区接入扩散室吗？

不可以。

两道密闭阀门不能都设在清洁区，密闭阀门也不能设在扩散室内，因此在清洁区和扩散室之间必须有一过渡空间，这个过渡空间就是防毒通道、密闭通道或脱衣间。以图 5-47（a）为例说明，扩散室是重染毒区，两道密闭阀门都设在清洁区，排风管由清洁区直接接入扩散室，阀门 A 前的管段是重染毒区，因阀门 A 的法兰可能漏毒，所以此处可能漏毒；其次，穿墙管下部一般振捣不实，也可能是漏毒点。

正确做法应该是：进排风管必须穿过一过渡空间，此图中有防毒通道，应通过防毒通道引入扩散室，阀门 A 设在过渡空间内，即设在防毒通道内阀门 A′ 的位置，如图 5-47（b）所示。

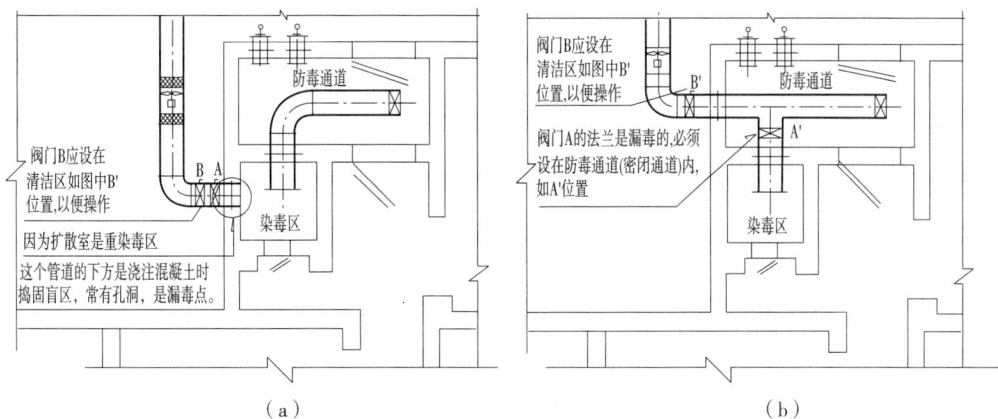

图 5-47　密闭阀门设置位置比较
（a）密闭阀门 A 位置的错误做法；（b）密闭阀门 A 位置的正确做法

148. 人防工程中风管能用 MG 或 BWG 无机玻璃钢风管吗？

没有特殊要求，这两种风管都不能用，应该用热镀锌钢板，详述见后。

《人民防空地下室设计规范》GB 50038—2005 第 5.2.12 条规定：设置在染毒区的进排风管应采用 2~3mm 厚的钢板焊接成型。这点一般没有异议，主要是清洁区风管是否可以用 MG 或 BWG 无机玻璃钢风管的问题。

MG 风管，又称氯氧镁风管，主要是以气硬性改性氯氧镁水泥为胶结材料与玻璃纤维网格布制成的不燃型无机玻璃钢通风管道。氯氧镁风管中含有氯化镁和氯化钠，它能吸收空气中的水分，成为卤水，会腐蚀设备和污染地面，而且使用寿命短。

BWG 风管主要是以水硬性胶凝材料与玻璃纤维网格布制成的不燃耐水型无机玻璃钢通风管道。它虽然不返卤，但是与镀锌钢板相比，有很多缺点：造价高，重量大，有内应力，硬度不高，较脆易碎，多数在十年内发生断裂，工人现场加工时污染环境。

人防工程为此已经付出很大代价，因此没有特殊要求，不能采用这两种风管，应该用热镀锌钢板。

149. 电气专业的通风系统控制图和通风专业的通风系统原理图为什么要合成一张图？可否举例？

审图人员经常会提这样的要求，通风和电气两个专业的系统原理图应合并成一张图，这样方便维管人员对系统全面理解和统一操作，因此两个专业要共同画好这张图。这张图是人防工程隔绝式防护和三种通风方式转换的操作指南，每个工程都必须有这张图，现以图 5-48 为例，供参考。工程竣工时按该图制成图板，挂在防化值班室的墙上，以便指导维管人员操作。

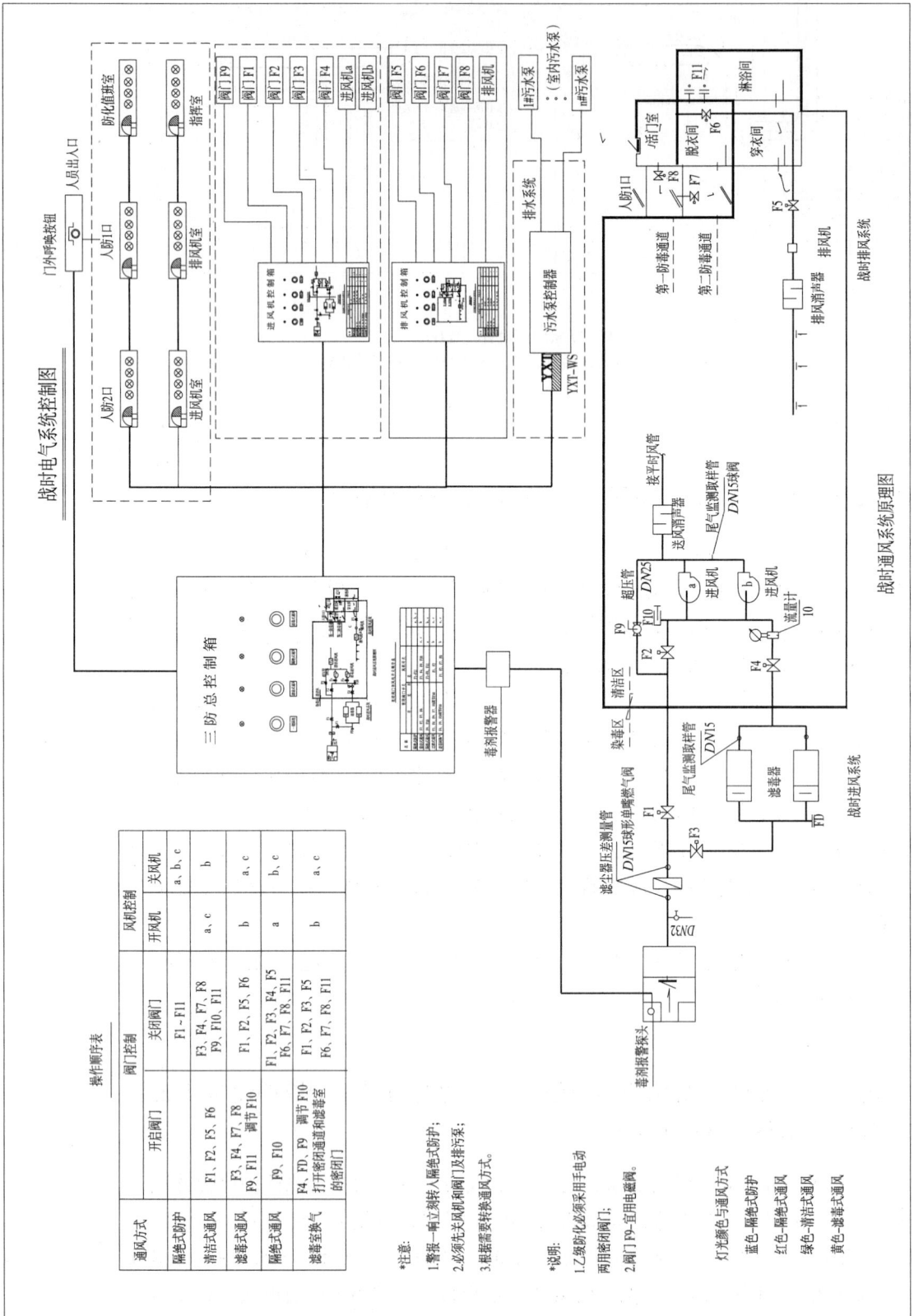

图 5-48 某工程战时防护和通风方式转换控制系统图

150.防化乙级以下工程的超压排风要求满足最小防毒通道换气次数，是否有误？是否应为最大防毒通道？

现以图 5-41 和图 5-42 为例：

（1）最小防毒通道是特指脱衣间前一防毒通道。

（2）换气次数针对脱衣间前一防毒通道而言才有意义，在此换气次数下，人员在该通道内停留 3~5min（参见第 143 问答），毒剂浓度可下降到允许浓度，而后进脱衣间脱衣，再后洗消、穿衣完成洗消过程。

（3）该通道最小是为了保证和提高换气次数，使人员在通道中停留时间尽量短。因此，超压排风应该是满足最小防毒通道换气次数。

（4）必须清楚这仅仅是从换气的角度而言的，是很片面的。实验证实："水泥墙壁对毒剂蒸气的消毒没有可逆性，即毒氛消毒后不再重新放出来恢复毒性。不用消毒剂也能消毒，水泥墙壁的这个特点是应当利用的，缺点是与消毒剂消毒相比，消毒速度慢。"从这一角度看，防毒通道体积大一点对于染毒空气的扩散和对于毒氛吸附更有利。防毒通道消毒是混凝土墙面和排风换气的综合效应，利用最小防毒通道是因为提高换气次数 k，毒剂浓度下降快的优点。

151.人员掩蔽单元中扩散室与防毒通道可否分开设置？可否采用超压排气活门 + 防爆超压排气活门实现全工程超压？见图 5-49。

在人员战时主要出入口部不允许这样设计，图 5-49 是一个典型的错误图示。这要从两个方面来说明：

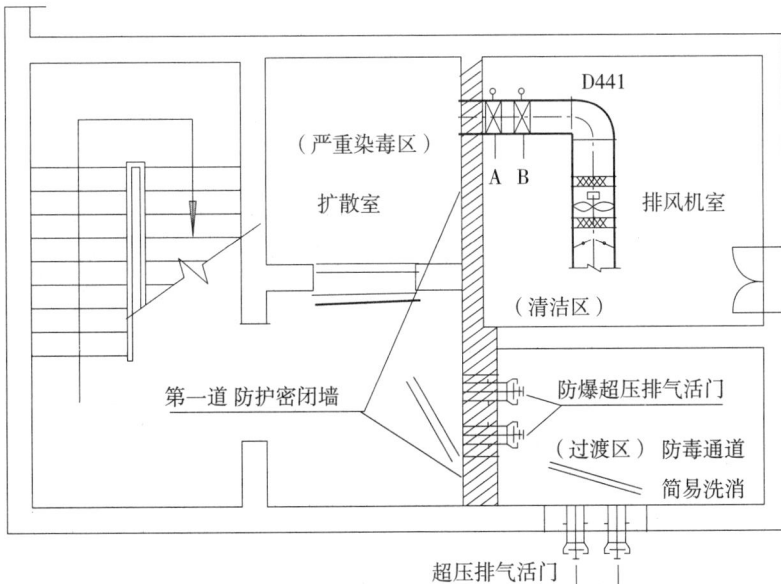

图 5-49　扩散室与防毒通道分开设置

（1）建筑方面

①第一道防护密闭隔墙：在风压的作用下，穿透能力强的毒剂可能穿过第一道防护密闭墙透入墙的内侧，从而使毒氛进入清洁区，因此室外染毒区不能与清洁区通过一道隔墙直接相邻。如果受条件所限，必须相邻，则这道防护密闭墙要按防毒墙处理。一般出入口部通过调整布置形式都可以避免这类情况发生，所以不允许这样设计。

②不直接相邻就要求清洁区与防毒墙之间应有个过渡区，如图 5-50 防毒通道是过渡区。图 5-51 防毒通道和简易洗消间是过渡区。图 5-52 防毒通道和脱衣间是过渡区。没有过渡区，是不合理的。

（2）通风方面

图 5-49 还存在以下问题：

①密闭阀门 A 应设在过渡区。阀门 A 前的管段是重染毒区，因密闭阀门 A 的法兰可能漏毒。其次，防护密闭隔墙的预埋管下部一般振捣不实，也是可能漏毒点，因此密闭阀门 A 应设在过渡区，而密闭阀门 B 设在清洁区是正确的，参见图 5-50、图 5-51 和图 5-52 所示。

②密闭阀门 A 画得距墙太近，不符合《防空地下室通风设计》（2007 年合订本）07FK02（38~39）距墙 L_5 的要求。

③防爆超压排气活门不适于直接代替悬板活门使用，实验证实它的杠杆不能承受核冲击波负压 –0.03MPa 的拉力作用。

152. 排风扩散室与淋浴室或检查穿衣间相邻，排风管道通过淋浴室到扩散室（图 5-53），是否正确？

分两个方面来看：

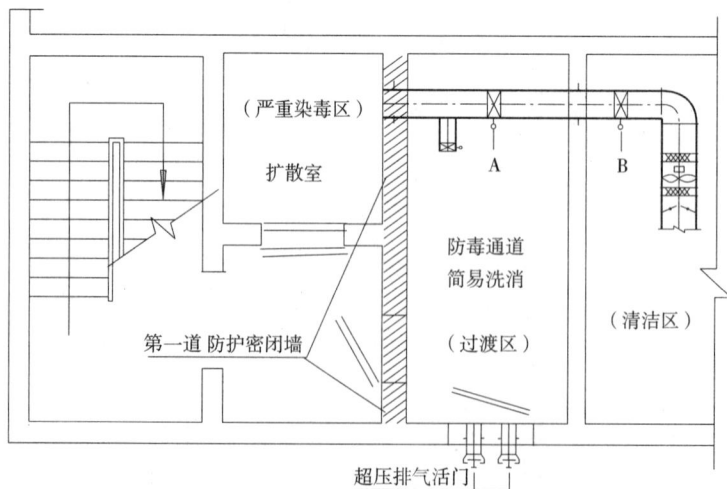

图 5-50　过渡区是防毒通道

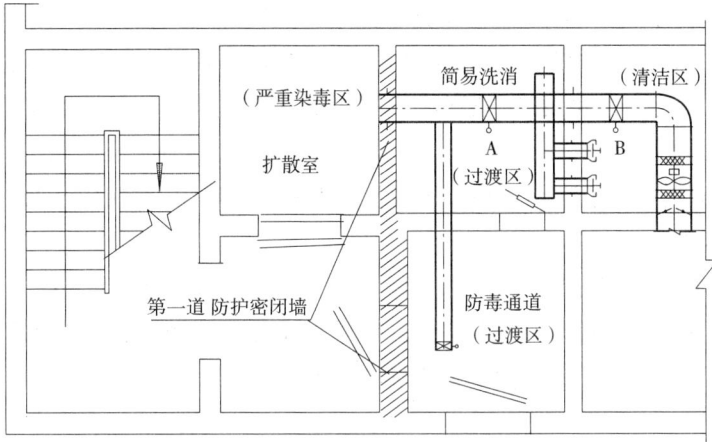

图 5-51　过渡区是防毒通道和简易洗消间

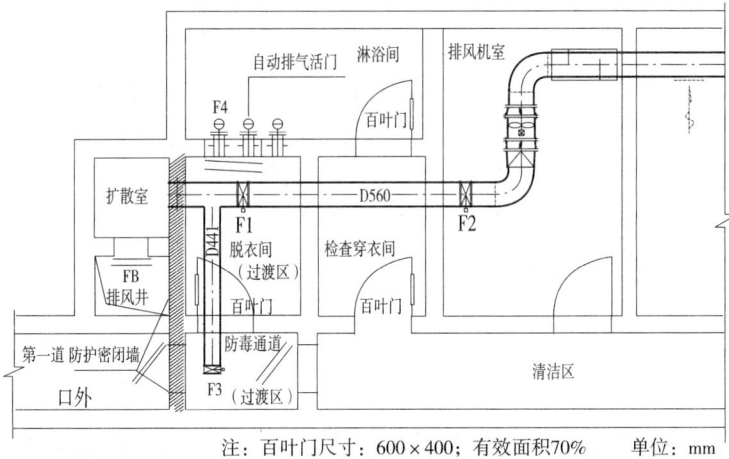

注：百叶门尺寸：600×400；有效面积70%　　单位：mm

图 5-52　过渡区是防毒通道和脱衣间

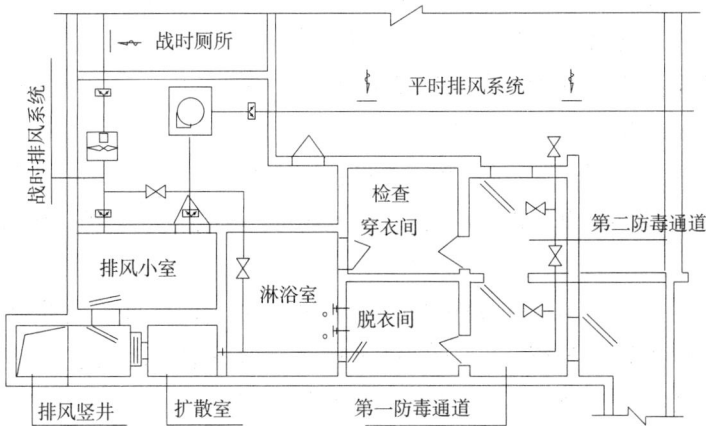

图 5-53　排风扩散室与淋浴室相邻

（1）建筑布局：淋浴间属于清洁区，至少是比较清洁的区域，最好不与染毒区（扩散室）相邻，因为两者之间需要设防毒隔墙。必须相邻时，墙面要做防毒处理，如贴釉面砖等。因此，建筑设计一般应该用防毒通道或脱衣间与扩散室相邻。

（2）排风系统：

①战时排风管不能直接接入排风小室，那是平时排风的过渡空间，应直接进入扩散室，见图5-54；

②超压排风的路径密闭阀门多，管路烦琐，建议按图5-54简化；

③本工程战时排风管道宜从穿衣间和脱衣间转入扩散室，因为淋浴室太潮湿。如果工程必须通过淋浴室，应避开淋浴器的位置。

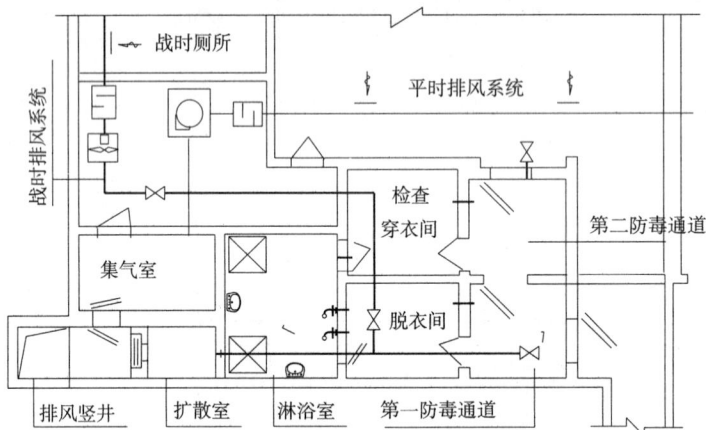

图5-54　对图5-53的建议修改图

153. 专业队员掩蔽部与装备掩蔽部之间连通口如何设置超压排气活门？

专业队工程分为专业队员掩蔽部和专业队装备掩蔽部，通常两者配套建设、相邻布置，这样专业队员掩蔽部与装备掩蔽部之间应设连通口。战时执行任务时，专业队员可迅速通过连通口进入装备掩蔽部，随车出行。当完成任务随车返回后，也可通过连通口经过洗消回到人员掩蔽部。这里应注意以下几个要点：

（1）专业队员掩蔽部和专业队装备掩蔽部防护等级是5级，连通口的防护密闭门抗力为5级（0.3MPa）；

（2）应设洗消间，其超压排风系统上设备的抗力应与工程的防护等级保持一致；

（3）密闭阀门的抗冲击波允许压力为0.05MPa，不能设在防护密闭墙上，两者抗力不同；

（4）防爆超压排气活门FCH250（5）是单向受力，它的杠杆不能承受冲击波负压。

下面依据以上要点分析标准图集《〈人民防空地下室设计规范〉图示建筑专业》05SFJ10图3.2.14（见图5-55）及其常见改进方案。

图5-55（a）仅从建筑的角度看其防护没问题，但是在建筑图基础上，补画出其

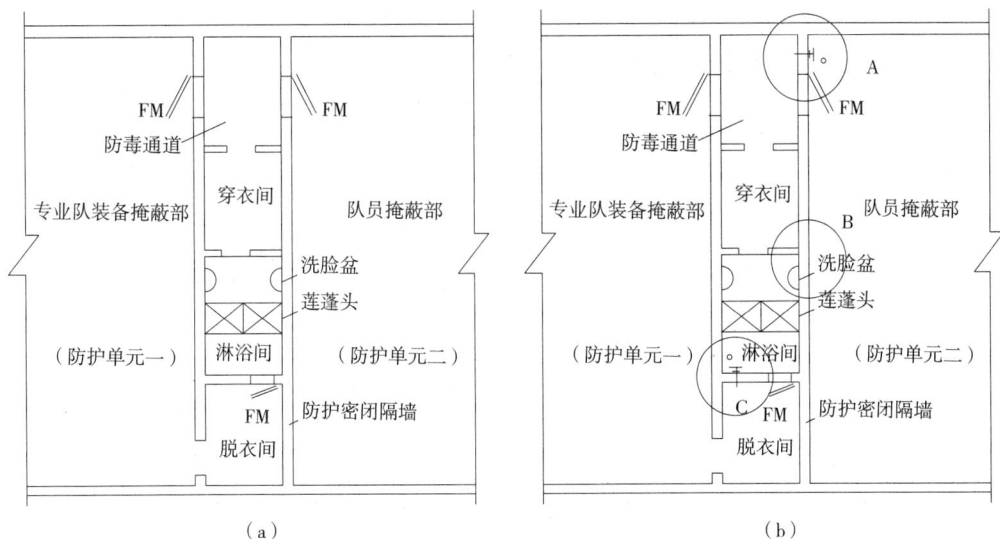

图 5-55　标准图集 05SFJ10 中图 3.2.14
（a）图 3.2.14 原图；（b）图 3.2.14 补充阀门后

常见超压排气活门后［如图 5-55（b）］，从通风和防化的角度看存在以下问题：

A 处：FCH 型防爆超压排气活门是单向受力，A 自动排气活门的允许受力方向应来自防护密闭隔墙左侧。而 A 活门的实际受力方向却来自防护密闭隔墙右侧，此处设自动排气活门很不合理（如果采用手动密闭阀门，手动密闭阀门的抗力是 0.05MPa，该防护密闭隔墙的抗力是 0.3MPa，两者不匹配，设手动密闭阀门也不合理）。

B 处：洗脸盆与莲蓬头位置反了，应按《人民防空工程防化设计规范》RFJ 013—2010 图 6.1.3，先洗去局部沾染的毒剂，然后再去淋浴的流程来设计。

C 处：虽然 C 活门的允许受力方向来自防护密闭隔墙图示的下方，与门的受力方向一致，但是 FCH 型防爆超压排气活门是单向受力，负压作用杠杆难以承受。它的抗力是在关闭锁紧的情况下，向阀板的受力面做的抗爆实验，杠杆方向不受力。

这个问题一般是建筑专业设计人员不熟悉通风设备的工作原理和防化规范造成的。

目前常见的有四种方案，见图 5-56~ 图 5-59，下面逐一介绍并做分析：

第一种方案，见图 5-56

优点：超压排风气流由内向外，气流的路径通畅，按现行规范防护措施合理。

缺点：洗脸盆的位置，不符合《人防防空工程防化设计规范》RFJ 013—2010 图 6.1.3 的要求，人员进入淋浴间，应首先洗涤局部沾染处，再淋浴。

第二种方案，见图 5-57

缺点：

①队员掩蔽部的超压排风气流靠打开第一防毒通道的两道门通向装备掩蔽部，这既不安全，也不合理，不能靠人员值守门来排风；

②洗脸盆的位置不符合规范，同前。

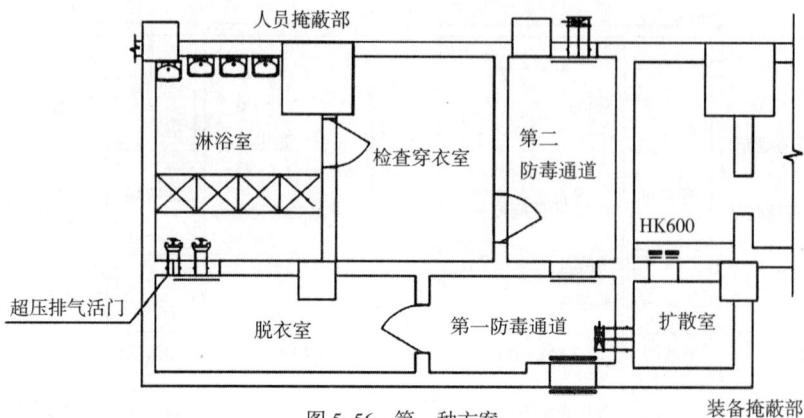

图 5-56　第一种方案

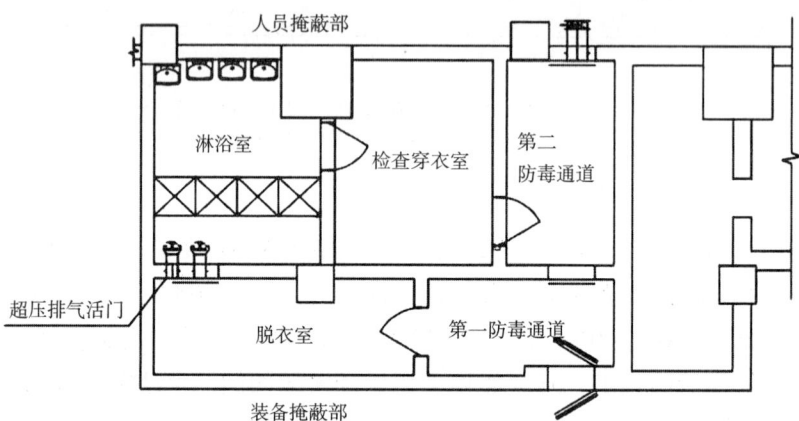

图 5-57 第二改进方案

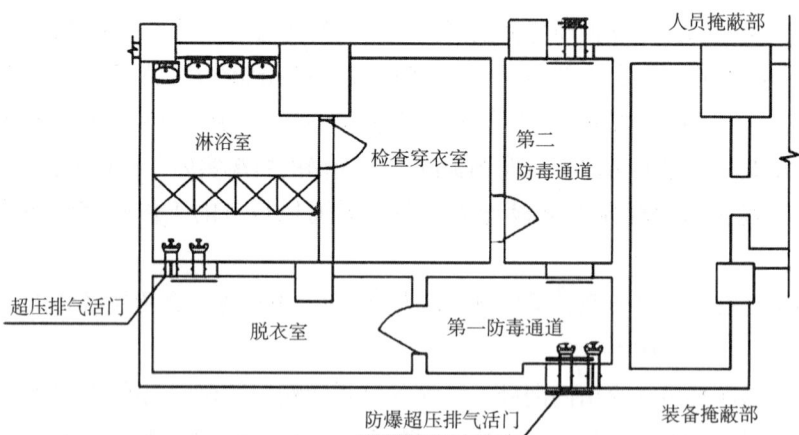

图 5-58　第三改进方案

第三种方案，见图 5-58

优点：超压排风气流的路径是畅通的。

缺点：

①防爆超压排气活门是单向受力的，不能设在双向受力的防爆隔墙上；

②洗脸盆的位置不符合规范，同前。

第四种方案，见图 5-59，将连通口与战时主要出入口结合设计。

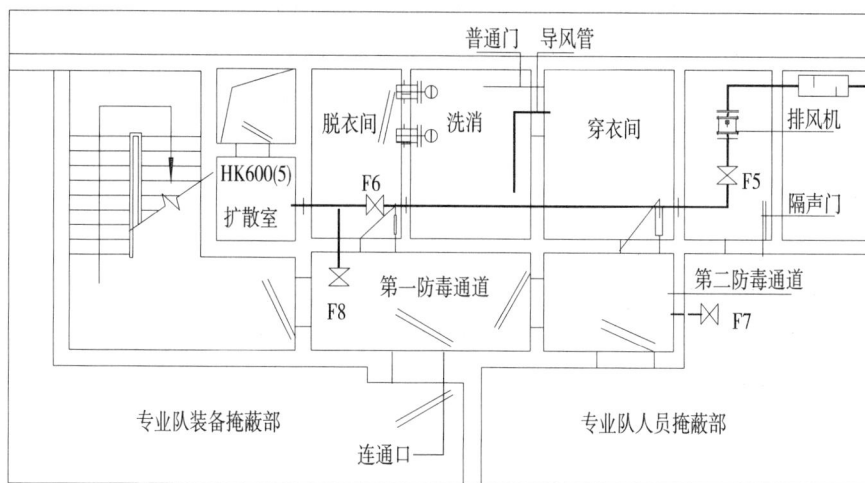

图 5-59　战时人员主要出入口兼连通口

通过比较分析可知，上述四种常见方案中，从通风和防护的角度看图 5-56 和图 5-59 比较合理。两图的共同特点：①通风路径流畅；②通风路径上的防护合理；③建筑防护隔墙都应是一框两门。④图 5-55 之所以不合理是因为将防护密闭隔墙分开设置，无法解决通风路径的合理防护。

154. 当一个防护单元有多个防毒通道时，计算滤毒式新风量应满足所有防毒通道同时使用的换气次数吗？

只需满足战时主要出入口的最小防毒通道换气次数，注意最小防毒通道是特指脱衣间入口前一防毒通道。

《人民防空地下室设计规范》GB 50038—2005 第 5.2.7 条：防空地下室滤毒通风时的新风量应按式（5.2.7-1）、式（5.2.7-2）计算，取其中的较大值。

$$L_R = L_2 \cdot n \qquad\qquad （5.2.7-1）$$

$$L_H = V_F \cdot K_H + L_f \qquad\qquad （5.2.7-2）$$

式中　L_R——按掩蔽人员计算所得的新风量，m^3/h；

　　　L_2——掩蔽人员新风量设计计算值，$m^3/（P \cdot h）$；

　　　L_H——室内保持超压值所需要的换气量，m^3/h；

　　　n——室内的掩蔽人数，P；

　　　V_F——战时主要出入口最小防毒通道的有效容积，m^3；

　　　K_H——战时主要出入口最小防毒通道的设计换气次数，次 /h；

L_f——室内保持超压时的漏风量，m^3/h，可按清洁区有效容积的 4%（每小时）计算。

从以上规定可清晰地知道：战时主要出入口最小防毒通道是特指脱衣间入口前防毒通道，它实际并不一定最小，最小是沿用以往大家的习惯叫法。一个防护单元可能有人员战时主要出入口、电站连通口、室外机连通口、装备部连通口等口部，但计算滤毒式新风量只考虑"战时主要出入口"的最小防毒通道通风换气，不考虑其他口部同时使用。

155. 对于不划分防护单元的工程，出现一个单元多个战时主要出入口，计算滤毒式通风量时是否应满足所有战时主要出入口最小防毒通道同时使用的换气次数呢？

下面提供一些做法供参考：

（1）对于不划分防护单元的工程，在设计时按每 1500~2000 人设一套进排风系统，对应一个战时人员主要出入口和一个次要出入口。该进风口部滤毒式进风量是按这一虚拟单元人数和主要出入口最小防毒通道换气次数等要素计算的，不考虑其他连通口防毒通道同时换气。

（2）运行时，某个分区有人员出入，就把该分区的进排风系统转入滤毒式通风。

（3）多个主要出入口同时有人员出入，就各自进排风系统同时转入滤毒式通风。所以总计算滤毒式进风量是满足所有战时主要出入口最小防毒通道同时使用的换气次数的。

（4）用电负荷也是按同时运行计算的。

（5）隔绝防护期间，空气参数指标发出报警信号时，同时转入过滤式通风或同时转入其他通风方式，因为它是一个防护单元。

第6章
电站进排风系统设计与审图

固定电站：发电机组固定设置，且具有独立的通风、排烟、储油等系统的柴油电站。当发电机组总容量大于 120kW 时宜设置固定电站。

移动电站：具有运输条件，发电机组可方便设置就位，且具有专用通风、排烟系统的柴油电站。当发电机总容量为 120kW 及以下时宜设置移动电站。

156. 固定电站设两台发电机组时，设计风量按两台还是按一用一备设计？

要根据工程种类确定。

（1）防化甲级工程和乙级指挥工程电站的柴油发电机组是一用一备；

（2）防化乙级及以下工程一般是无备用，两台就按两台计算降温负荷、进排风量和排烟量；

（3）通风专业在设计计算进排风量之前必须与电专业设计人员确认是否有无备用，以电专业设计人员的设计为依据。

157. 与清洁区相邻的发电机房，排风 + 排烟量是否应大于送风量？且风量之差应大于防毒通道 40（次/h）换气的要求？

这个问题须知道清洁式通风时和滤毒式通风时主体和电站通风系统是怎么运行的。

（1）首先更正：排风 + 排烟量的提法是不对的，应是排风量 + 柴油机组燃烧空气量；

（2）在清洁式通风时，机房的排风量 + 燃烧空气量应略大于机房进风量，机房与主体比较要略呈负压，防止机房的污浊空气进入清洁区；

（3）滤毒通风时，清洁区处在全工程超压的状态下，如果有人员要去电站，防毒通道要进行换气，并有 40 次/h 换气量流入电站，电站是独立的进排风系统，此时进排风系统自调平衡后，对主体并无影响，因此没有风量之差大于 40 次/h 的要求。

158. 人防工程柴油电站进排风管和排烟管上是否要加密闭阀门？要加应加几道？

应按以下情况进行设计：

（1）机房采用风冷的电站，室外空气污染的条件下也要正常运行，此时机房允许染毒，进排风系统上不设密闭阀门，进风、排风和排烟口部只设防爆波活门和扩散室（或活门室）；

（2）机房采用水冷（或设空调）的电站，进排风管上只设一道密闭阀门；

（3）无论机房采用何种方式冷却，排烟管上都不设密闭阀门。因为排烟管上的阀门在高温下会变形、卡死，成为永久性阻力，轴孔还可能漏烟，实践证明设阀是错误的。

159. 移动电站和固定电站的进风系统是否需要设置空气过滤器？

应分为以下三种情况：

（1）防化甲级工程和防化乙级指挥工程及核生化监测中心工程的附属电站都是固定电站，进风系统必须设空气过滤器。因为须日常周期性维护运行，使用几率较高。

（2）防化乙级及以下一般人防工程，战时安装到位，仅供战时使用的移动和固定电站，有条件宜设，没有条件的可以不设，因为使用几率很低。但风沙较大地区如三北，有必要设置。

（3）对于平战兼用的人防固定电站必须设空气过滤器，因为使用几率高。

（4）凡是平时安装到位的，无论固定还是移动电站，均应设空气过滤器，因为维护和使用几率高。

160. 柴油电站与专业队装备掩蔽部相邻，染毒时如何操作？

这是一种不合理的布置形式。柴油电站应与专业队人员掩蔽部相邻，便于管理，也便于电站控制室的通风及防毒通道的超压排风。确实无法与专业队人员掩蔽部相邻时，该电站应按独立电站进行设计，应设独立滤毒通风系统为控制室或值班室送风并能实现室内不小于 40 Pa 超压，为防毒通道达到 ≥ 40 次 /h 通风换气。

161. 人员掩蔽部的电站防毒通道上自动排气活门的数量如何确定？

根据《人民防空工程设计规范》GB 50225—2005 第 7.3.3 条 "柴油发电站与控制室之间，应设置不少于一道防毒通道；防毒通道换气次数不应小于 40 次 /h，控制室内超压值不应小于 40Pa"，可知：防化乙级及以下工程的防毒通道换气次数不应小于 40 次 /h，控制室内超压值不应小于 40Pa。

下面举一个计算实例：

某工程的电站与控制室之间的防毒通道（图6-1）长2.0m，宽2.0m，高3.5m，体积V=14m³。防化乙级及以下工程该防毒通道的换气量L=40V=40×14=560m³/h。按Ps-D250型或FCH-250型的排风量取800m³/h，只需一个自动排气活门即可。由此可知图6-1设两个自动排气活门是选用多了。另外，个别工程选用与战时主要人员出入口个数相同的做法，就更错了原因如下：

（1）没分清主次，保证战时主要出入口的多人出入是主，保证电站防毒通道偶尔可能有一两个人出入是次；

（2）设计不考虑电站连通口和战时主要出入口同时使用。

由此可见电站防毒通道自动排气活门的数量应通过计算确定。

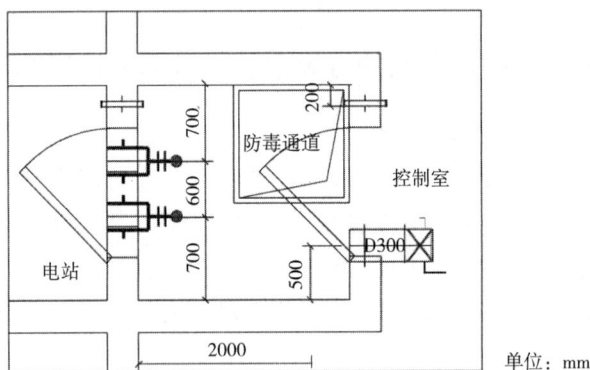

图6-1　某工程电站与控制室之间的防毒通道

162. 计算主体滤毒式通风量时，电站防毒通道排气量是否应与战时人员主要出入口的排气量相加？

我们讨论的是防化乙级及以下工程。计算滤毒式进风量不考虑两者同时使用，所以两个风量不相加。

电站可能与战时人员主要出入口同时有人员出入，是有可能，但是去电站开门是瞬间的事，前面已经讲过："不要把换气次数绝对化"。

163. 电站排烟和排风共用一个竖井时，应采取哪种防回流措施？

电站排烟和排风共用一个竖井时，目前实际工程有以下两种做法：

（1）采取防回流的措施：①柴油机排烟系统防爆波活门和竖井与电站排风系统完全分开设置；②半分设，即排风和排烟扩散室相邻设置，在合用竖井下方设一道约4~5m高的短墙，见《人民防空工程设计规范》GB 50225—2005第7.3.4条文说明；

（2）不采取防回流措施。目前多数电站没有采用防回流措施。因为按正常设计选型的电站排风机的压头可以有效克服竖井的阻力，所以电站运行只要先开排风机，再开柴油发电机组，或者同时开，烟气都不会发生回流。实际运行中，按正常顺序启动排风机，即使是坑道式工程（一般竖井较长）我们现场运行也未发现烟气回流问题。

因此，不强调设置防回流设施。

164. 柴油电站排烟口温度高、散发大量浓烟，对环境和工程隐蔽都很不利，如何处理？

电站排烟热红外伪装技术按是否降低烟气温度分为冷却式和非冷却式两类。热红外伪装一般要求排烟口和周围环境辐射温差不超过 4℃，冷却式伪装技术通过水等介质降低烟气温度，但排烟口温度仍远高于环境温度，尤其是冬季达不到热红外伪装要求，所以该技术已被淘汰。而非冷却式伪装技术采用气层隔离，不需要降低烟气温度还能达到伪装要求，所以目前主要采用该技术，详述见后。

柴油电站排烟呈黑、蓝、灰或白色，运行时排烟口附近经常弥漫大面积烟雾，而且温度高。排烟平时污染环境，经常遭举报投诉，还有被路人误认为是火灾，向消防部门报警的，战时则暴露排烟口和工程位置。排烟口遭打击后发生堵塞将使柴油发电机无法发电，在信息化战争时代，没有电的后果将是灾难性的。

（1）冷却式伪装技术

冷却式伪装技术的特点是烟气处理时要降低烟气温度，代表性设备是消烟降温机组。该技术虽已被淘汰，但了解其被淘汰原因还是有益的。该机组的烟气处理分"降温"和"消烟"两个技术环节。降温就是降低烟气的温度，降温介质是水，烟气与水的换热器一般采用管壳式换热器，水在换热器的管内流动，烟气在换热器的壳内管外流动，进行热交换。消烟就是消除烟气的黑、蓝、灰或白等颜色。处理顺序是先"降温"后"消烟"。该技术存在以下问题：

①出烟口温度仍然较高，因为冷却烟气的进水温度和地温接近，一般在 20℃左右，高温烟气经冷却后烟气温度值一般为 70℃。即使地下烟道对烟气有一定降温作用，但排烟口温度仍远高于周围环境温度，达不到伪装要求，尤其在冬季。

②烟气处理不彻底，排烟口仍有少量烟雾。主要原因是：消烟降温机组运行时要用水，设在电站内部，这样经机组处理后的烟气还要经过较长地下烟道才能排到外界。在烟道的冷却作用下，经过机组处理的烟气中部分不可见的气态的水蒸气或油气会凝结二次形成新的可见烟雾，到达排烟口时就会看到排烟口仍有烟雾。

③形成新的热源，因为经过消烟降温机组的水温可达 80℃，这部分水直接排到了工程外部，成了新的热源，而且该热源面积大，温度高，暴露明显，冬季排水还伴有雾气，暴露更明显。

④需另外单独设置水库，因烟气散热量大，用水量大，其水库体积就很大，这使工程造价高。有的工程因为单设水库造价很高，所以不为其增设水库，而直接从为冷却柴油发电机机头的水库中抽水使用，造成机头冷却时间大大缩短，这是不允许的。实际运行时因为其用水量很大，曾发生维管人员（维护管理人员）关闭消烟降温机组的供水，造成机组烧坏的事故。

⑤补水量大，300kW 电站运行就要求每小时补水约 4t，其专用水库的水用完后，战时工程大多无法满足该补水需求。

⑥换热器的换热管易积油烟使换热效果下降明显，烟气降温受影响还影响消烟效果，可能烧坏后续消烟段，消除烟气颜色的效果也受影响。

⑦进入换热器的水未经软化处理，所以换热器水侧易结垢，可能造成爆管。

还有采用直接向烟气中喷水为烟气降温且消除烟气中颗粒物的技术方案，但向烟气中喷的水部分蒸发进入烟气，在排烟口形成浓雾，可见光暴露比原来更加明显。而且，喷水仍然不能把烟气温度降到周围环境温度，尤其在冬季。

由于这些原因，冷却式伪装技术已被淘汰。

（2）非冷却式伪装技术

非冷却式伪装技术的特点是烟气处理时不降低烟气温度，原理为：因为消烟后的高温排烟对热红外成像仪透明，是被高温排烟加热的排烟口固体壁面造成热红外暴露，所以采用气层隔离技术，利用环境空气把高温排烟和排烟口固体壁面隔离开，使固体壁面因不能被高温排烟加热而保持和环境温度一致，且随环境温度同步变化，这样虽然不降低排烟温度但能达到热红外伪装要求。而且即使处于零度以下的环境，仍然能满足要求。因为非冷却式伪装技术不降低烟气温度，所以就无需用水，不需

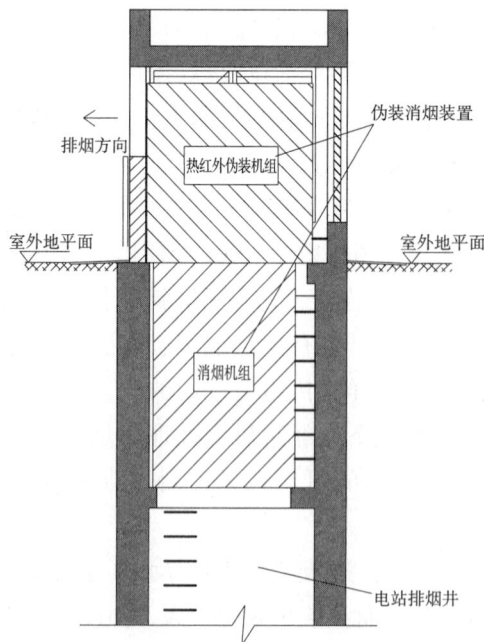

图 6-2　竖井内设伪装消烟装置示意图

要为之设置水库，不需要为之补水，不会有排水形成新热红外暴露目标，也没有换热器积油烟和结垢问题。后面还会解释其也解决了二次形成烟雾暴露的问题，所以非冷却式伪装技术全面克服了冷却式伪装技术的缺陷。

其代表性设备是伪装消烟装置，设于电站排烟井（通常也是排风井）室外端，可根据电站排烟井情况设在竖井内部（图 6-2）或外部。

伪装消烟装置由消烟机组和热红外伪装机组组成，电站排烟依次经过消烟机组和热红外伪装机组。消烟机组可消除排烟的黑色、蓝色或白色等可见光暴露征候。热红外伪装机组采用非冷却式伪装技术，可消除排烟口的热红外暴露征候。

上一点讲过消烟降温机组设在电站内，经机组处理后的烟气经过较长地下烟道的冷却作用，部分不可见的气态的水或油会凝结形成新的可见烟雾，到达排烟口时就会看到排烟口仍有烟雾，消烟机组设在排烟井室外端，就可以消除这些二次产生的烟雾。烟气在这里处理后就直接排放到环境中去了，不会再产生烟雾，所以消烟彻底。

图 6-2 要求电站排烟井内空间稍大，一般更适用新建工程。如改建工程的电站排烟井较小，内部空间不够放置伪装消烟装置，则可在排烟口外增设消烟设备间安装伪装消烟装置。排烟口、消烟设备间的顶部和四周宜结合实际情况覆土种植被使两者更好融入周围环境。

（3）仅要求消烟的处理方法

工程出于环保、减少投诉等考虑，仅要求消烟，这时可只设消烟机组，也就是只用伪装消烟装置的消烟机组部分，具体为在电站排烟井室外端设消烟机组，可根据电站排烟井情况设在竖井内部或外部，如图 6-3 或图 6-4 所示。

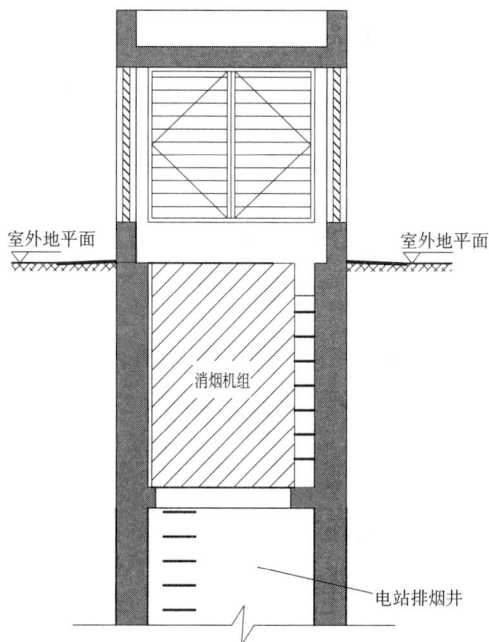

图 6-3　竖井内设消烟机组示意图

图6-3要求电站排烟井内空间稍大，一般更适用新建工程。如改建工程的电站排烟井较小，内部空间不够放置消烟机组，则可在排烟口外设置，如图6-4所示。改建工程原排烟口一般四面都是百叶窗，通常在两个百叶窗外连接消烟机组就可以满足消烟要求，还可在消烟机组外围设围挡百叶起遮挡和保护消烟机组的作用。其余两面的百叶窗可换成防火门或一个换成防火门一个封堵。

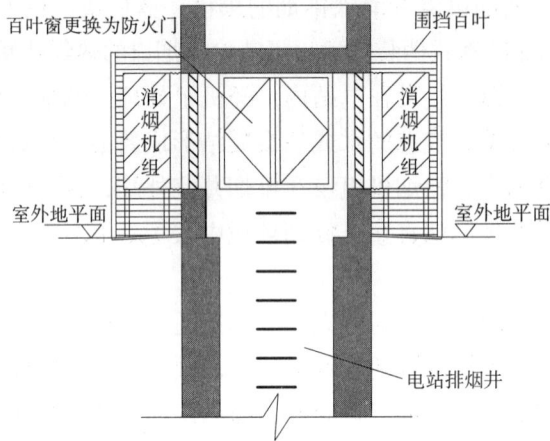

图6-4　竖井外设消烟机组示意图

165.人防电站进风口与人员掩蔽部排风口的水平距离是否需满足《人民防空地下室设计规范》GB 50038—2005第3.4.2条的10m要求?

（1）原则上应按该条要求；

（2）有的工程在汽车坡道两侧分设电站进风口和主体排风口，之间虽然水平距离不足10m，但排风口如果是垂直风井，进风口和排风口高差大于3m即可，另外也可以把两口错开布置，排风与排烟不同，审图时可灵活掌握。

166.审图员为什么说电站机房通风降温时仅用式（6-1）计算进风量不对呢?

$$L_j = \frac{3600Q_u}{C_p(t_n - t_w)\rho} \qquad (6-1)$$

式中　L_j——进风量，m^3/h；

　　　Q_u——电站的余热量，kW；

　　　t_n——电站机房内的空气设计温度，35~40℃；

　　　t_w——工程外夏季通风计算（干球）温度，℃；

　　　C_p——干空气的定压比热，取1.01kJ/（kg·℃）；

ρ——干空气的密度（kg/m³）。

式（6-1）计算是否对要根据柴油机头冷却方式来判断。

（1）柴油机头的换热水箱采用水 - 水换热器时,机房降温只用式（6-1）是正确的。因为采用水 - 水换热器时,机头换热器热量是冷却水带走的。但是,换热水箱采用水 - 水换热器时, 水系统较复杂, 运行费用高, 所以人防电站机头换热器目前基本采用风冷式。

（2）机头换热器的热量由排风带走的, 称之为风冷式。注意经过机头换热器的排风不能再排到室内, 应由排风系统通过扩散室等直接排向工程外部。此时, 如机房降温也采用风冷, 仍需按式（6-1）计算消除机房余热的进风量, 但还应按使用设备的工艺要求所需的相关式（6-2）计算进风量 L_g, 然后两者比较取大值。一般后者 L_g 大于前者 L_j。因此, 如果是此种情况, 则审图员说的是正确的。

$$L_g = L_h + L_r + 5V \qquad (6-2)$$

式中　L_g——进风量, m³/h;

　　　L_h——机头换热器的排风量, m³/h;

　　　L_r——机组燃烧空气量, m³/h;

　　　V——储油间容积 m³, 为 5 次 /h 换气时的容积。

167. 机头风冷换热器的排风量 L_h 和机组燃烧空气量 L_r 从哪里能查到？

可向厂家索取产品样本和相关参数; 如没有可参考表 6-1 序号 4 和 5。以 120kW 发电机组为例, 由表中序号 4 可以查到: L_h=12600m³/h; 由序号 5 可查得燃烧空气量: L_r=600m³/h。

168. 风冷电站的余热计算比较麻烦, 有表可查吗？

柴油机散热量可向厂家索取产品样本和相关参数, 如没有, 可参考表 6-1。柴油机体的散热量 Q_1 可从表 6-2 的序号 4 中查得。发电机的散热量 Q_2 可从序号 5 中查得。但是排烟管室内部分的散热量 Q_3 仍然需要通过计算求得。获得这些参数后, 代入总余热量 Q_u 的计算式 $Q_u = Q_1 + Q_2 + Q_3$ 中即可, 柴油机外形尺寸图见图 6-5。

某品牌柴油机主要技术参数　　　　　　表 6-1

序号	1	2	3				4	5	6	7	8
柴油机型号	输出最大功率（kW）	发电机功率（kW）	汽缸数量	缸径（mm）	行程（mm）	容积（L）	换热器排风量（m³/h）	燃烧空气量（m³/h）	排烟量（m³/h）	排烟温度（℃）	机油容量（L）	冷却水总容量（L）
TD520GE	70	68	4	108	130	4.76	7200	285	924	610	13	17.5
TAD520GE	90	80	4	108	130	4.76	9000	285	972	520	13	19.5

续表

序号	1	2	3				4	5	6	7	8	
柴油机型号	输出最大功率（kW）	发电机功率（kW）	汽缸数量	缸径（mm）	行程（mm）	容积（L）	换热器排风量（m³/h）	燃烧空气量（m³/h）	排烟量（m³/h）	排烟温度（℃）	机油容量（L）	冷却水总容量（L）
TD720GE	128	104	6	108	130	7.15	9000	486	1338	560	20	22.0
TAD720GE	153	120	6	108	130	7.15	12600	600	1602	476	20	23.8
TAD721GE	166	140	6	108	130	7.15	14000	666	1866	540	34	32.0
TAD722GE	183	160	6	108	130	7.15	14000	762	2232	557	34	32.0
TAD740GE	247	200	6	107	135	7.28	20000	936	2508	540	29	36.9
TAD941GE	308	260	6	120	138	9.36	25000	1176	3150	539	35	41.0
TAD1241GE	363	300	6	131	150	12.13	27000	1410	3780	505	50	44.0
TAD1242GE	387	320	6	131	150	12.13	27000	1620	4110	525	66	44.0
TAD1640GE	431	360	6	144	165	16.12	29800	2172	4488	452	48	93.0
TAD1641GE	473	400	6	144	165	16.12	29800	2280	5520	455	48	93.0
TAD1642GE	536	450	6	144	165	16.12	29800	2436	6042	494	48	93.0

某品牌系列柴油发电机组主要技术参数　　　　表 6-2

序号		1		2	3	4	5	6			7	8
发电机组型号	柴油机型号	功率输出 50Hz		排烟的散热量 Q_Y（kW）	机头排风散热 Q_L（kW）	柴油机体散热 Q_1（kW）	发电机散热 Q_2（kW）	外形尺寸（见图 6-5）			净重（kg）	排烟管直径 D（mm）
		kVA	kW					L	W	H		
SV68	TD520GE	85	68	60	56	9	7.92	2180	730	1300	1100	89
SV80	TAD520GE	100	80	79	69	8	8.01	2200	740	1300	1200	89
SV104	TD720GE	130	104	104	83	10	13.43	2480	750	1400	1300	89
SV120	TAD720GE	150	120	197	84	10	13.59	2510	870	1400	1420	89
SV140	TAD721GE	175	140	138	87	10	13.76	2550	880	1400	1400	108
SV160	TAD722GE	200	160	152	88	15	15.62	2550	880	1400	1450	108
SV200	TAD740GE	250	200	208	110	15	16.48	2900	1000	1600	2100	108
SV260	TAD941GE	325	260	198	120	18	18.53	3100	1000	1600	2400	168
SV300	TAD1241GE	375	300	235	138	19	18.71	3200	1200	1600	2960	168
SV320	TAD1242GE	400	320	285	148	20	27.36	3260	1200	1600	2980	168
SV360	TAD1640GE	450	360	308	179	22	25.43	3500	1130	1850	3400	
SV400	TAD1641GE	500	400	354	202	24	25.16	3500	1130	1850	3500	
SV450	TAD1642GE	562	450	388	209	28	30.00	3500	1130	1850	3600	

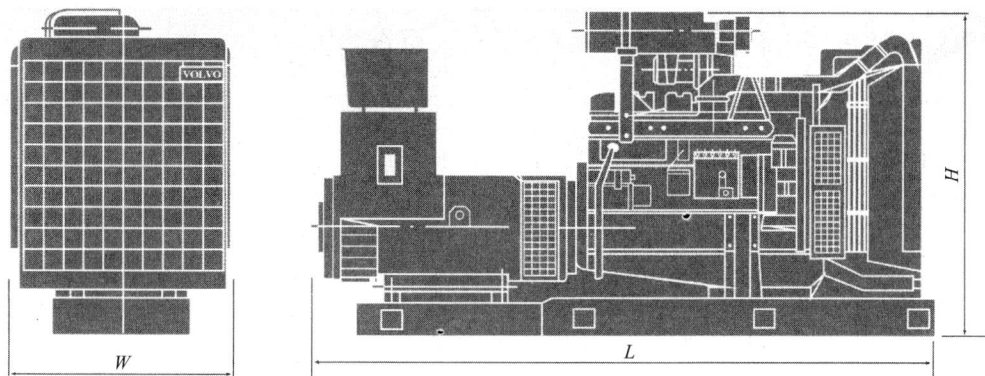

图 6-5　柴油机组外形尺寸图

169. 柴油机排烟管的散热量 Q_3 如何计算?

排烟管向室内的散热量 Q_3 不同工程差异较大,因为排烟管在室内的长度不同 Q_3 的值也不同。排烟管的散热量可按式(6-3)计算:

$$Q_3 = q \cdot L \qquad\qquad (6\text{-}3)$$

式中　Q_3——排烟管散热量,kW;

L——排烟管室内部分的计算长度,m;

q——每米长排烟管的散热量,kW/m。

$$q = \frac{t_\mathrm{T} - t_\mathrm{n}}{\dfrac{1}{2\pi\lambda}\ln\dfrac{D}{d} + \dfrac{1}{\pi Da}} \qquad\qquad (6\text{-}4)$$

式中　t_T——管道内的烟气温度,℃,参见表 6-1;

t_n——机房内空气温度,℃,35~40℃,由设计者定;如果机房采用风冷时,固定电站南方可按 40℃计算;

λ——保温材料的导热系数,kW/(m·℃),见表 6-3;

d——排烟管外径,m;

D——保温层的外径,m;

a——保温层的外表面向周围空气的放热系数,一般取 a=0.008141kW/(m²·℃)。

保温材料的导热系数　　　　　　　　　表 6-3

材料名称	密度(kg/m³)	导热系数 λ[kW/(m·℃)]	安全使用温度(℃)
矿渣棉制品	130~250	0.00004~0.00007	800
岩棉	10~90	0.00003~0.000044	600 以下
石棉灰	245	0.00018	800

注:玻璃纤维制品的安全温度较低,一般不选用,宜选上表安全使用温度高的材料。

170. 柴油机排烟管的管径如何确定？有表可查吗？

排烟管分支管和总管两部分。

（1）支管是机组自带的，一般包括一个不锈钢波纹管、一节消声器、一个 90° 弯头等管件；

（2）总管要根据排烟量和管内流速 10~15m/s 计算后取整数；

（3）排烟量 L_y 可以从表 6-1 的序号 6 中查得；

（4）排烟支管直径可从表 6-2 的序号 8 中查得；

（5）排烟总管参考直径，参见表 6-4；

（6）不可按厂家提供的支管直径长距离将排烟管直接引至扩散室，那样阻力太大，会影响机组的出力。

171. 柴油发电机机头风冷换热器的法兰尺寸从哪里能查到？

可向厂家索取产品样本和相关数据，如果没有，可从表 6-2 中的序号 6 的 W 查得，该表中机头换热器法兰是正方形，参见表 6-2。

例如，120kW 的机组 W=870mm，200kW 的机组 W=1000mm，该尺寸图纸中不应随意画。

172. 能用工程实例说明风冷柴油电站进排风及排烟系统的设计注意事项吗？

下面结合一个风冷柴油电站设计实例，通过分析它的优缺点说明设计注意事项。该工程是一个设有两台 104kW 柴油发电机（同时使用）的固定电站，通风系统的平、剖面图见图 6-6 和图 6-7。

（1）平面图的优点

①本工程计算书和图形文件齐全，计算书和图纸设计深度符合规范要求，此处不全引用；

②电站内平面系统布置合理；

③排烟总管大部分设在排风道内，减少了向室内的散热，对于减少室内余热有利；

④配电室内的通风和防火排烟设计，符合规范要求。

（2）平面图的缺点

油库排风口序号 4 是一个排风器。储油间有油雾不断产生，属于爆炸危险环境。根据《爆炸危险环境电力装置设计规范》GB 50058—2014 的 5.1.1 条 1 款"爆炸性环境的电力装置设计宜将设备和线路，特别是正常运行时能发生火花的设备布置在爆炸性环境以外"，审查时应令其修改。拆除排风器 4，靠排风道的负压直接排风即可。

（3）剖面图的优点

①尺寸标注比较详细；

②进排风机均按要求设计了吊钩和弹簧减震器；

③排烟 D89 支管、不锈钢波纹管、消声器一般是机组自带的，此处设计正确。该管的直径与表 6-2 中序号 8 的尺寸一致，总管直径见表 6-4。

（4）剖面图应注意

排烟管上不锈钢波纹管设在机组的排烟口处，排烟温度高，也应做好保温。

柴油机排烟管参考直径（mm）　　　　　　表 6-4

发电机功率（kW）	台数	排烟量（m³/h）	v=10m/s	v=12m/s	v=15m/s
68	1	924	180	160	150
	2	1848	250	230	200
80	1	972	188	170	150
	2	1944	260	240	210
104	1	1338	220	200	180
	2	2676	300	280	250
120	1	1602	240	220	200
	2	3204	340	300	280
140	1	1866	250	230	210
	2	3732	360	330	300
160	1	2232	280	260	230
	2	4464	400	360	320
200	1	2508	300	270	240
	2	5016	420	380	340
260	1	3150	330	300	270
	2	6300	470	430	380
300	1	3780	360	330	300
	2	7560	500	470	420
320	1	4110	380	340	300
	2	8220	540	490	440
360	1	4488	400	360	320
	2	8976	560	500	460
400	1	5520	440	400	360
	2	11040	620	570	500

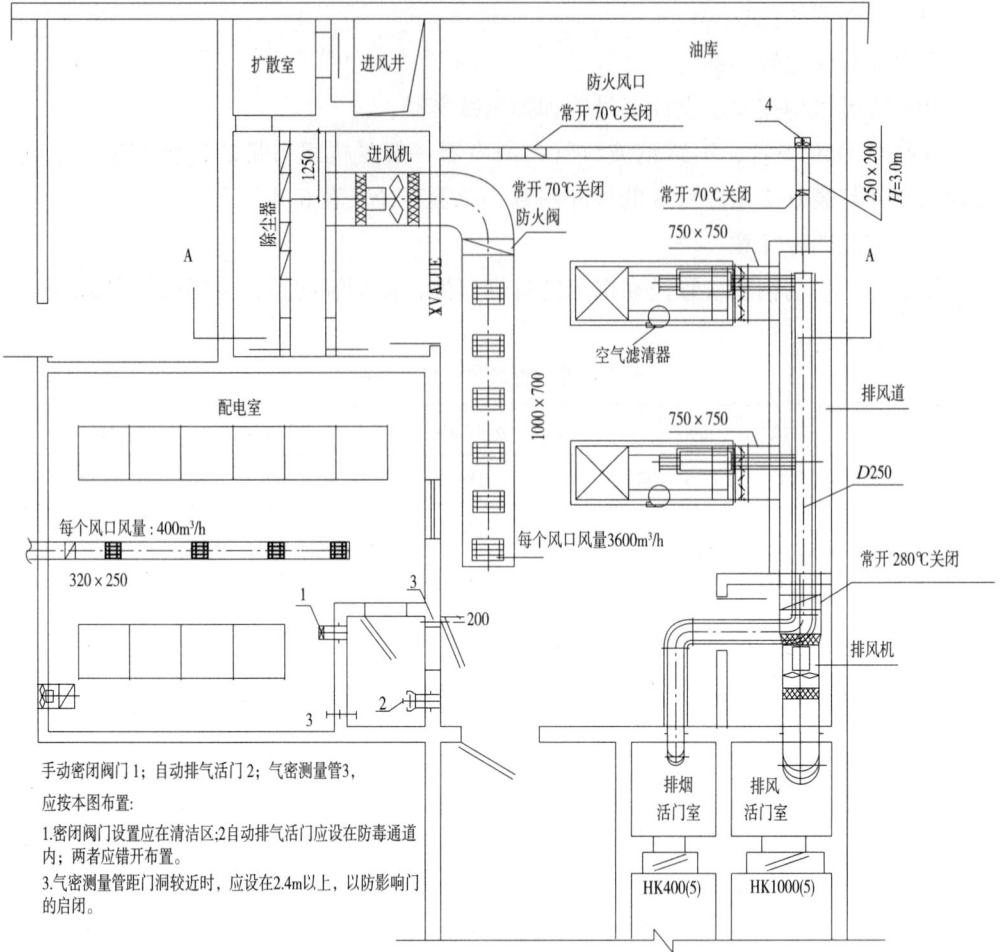

图6-6　电站通风系统平面图

手动密闭阀门1；自动排气活门2；气密测量管3，
应按本图布置：

1.密闭阀门设置应在清洁区；2.自动排气活门应设在防毒通道
内；两者应错开布置。

3.气密测量管距门洞较近时，应设在2.4m以上，以防影响门
的启闭。

单位：mm

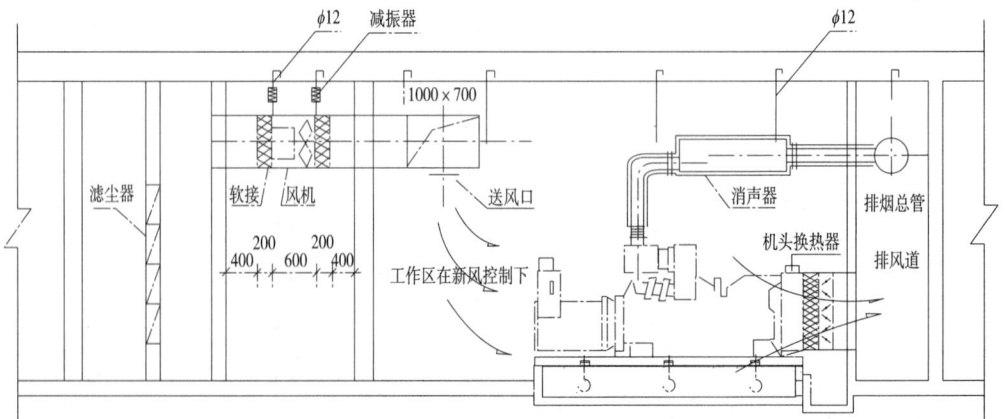

图6-7　电站通风系统A-A剖面图

单位：mm

173. 柴油机组换热器的排风管上设的阀门 10（图 6-7）目前有的是止回阀，也有的是多叶调节阀，哪个对？

应是多叶调节阀，需要手动开关，不可设为止回阀，因为此处排风道在电站排风机负压控制之下，止回阀起不到关闭作用。

174. 图 6-7 的电站柴油机排烟支管上没有设单向阀，与《人民防空地下室设计规范》GB 50038—2005 第 5.7.8 条 1 款的要求不一致，哪个对？

不设对。

《人民防空地下室设计规范》GB 50038—2005 第 5.7.8 条 1 款规定："当连接两台或两台以上机组时，排烟支管上应设置单向阀门。"但是柴油机不运行时，气缸的进排气阀片是关闭的，其他运行的柴油机的排烟不可能倒流进不运行的柴油机气缸，因此当连接两台或两台以上机组时，排烟支管上本就无需设置单向阀门。而且，排烟管上的单向阀门（止回阀）在高温下易变形，将成为永久性阻力和漏烟点，而且单向阀门（止回阀）本身也不密闭。因此，设止回阀是个误区，建议规范修订时做相应修改。

175. 国标图集 07FJ05 和 05SFK10 中，电站防毒通道两道门框墙上的密闭阀门和自动排气活门的安装位置是相反的（图 6-8），哪个对？

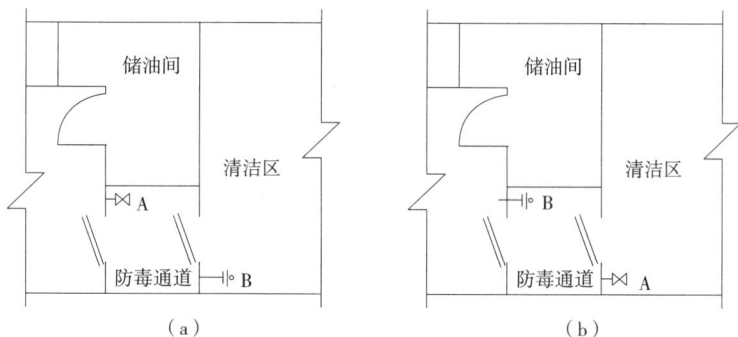

图 6-8　电站防毒通道的通风设备
（a）国标 07FJ05；（b）国标 05SFK10

国标《防空地下室移动柴油电站》（07FJ05）第 13、15 页的安装位置如图 6-8（a）所示，国标《〈人民防空地下室设计规范〉图示通风专业》05SFK10 第 68~71 页的安装位置如图 6-8（b）所示。两个图集中，电站防毒通道两道门框墙上的密闭阀门和自动排气活门的安装位置相反，对这两种方案，都有支持和反对的理由。

　　我们认为两者确实各有不足。战时电站染毒时，防毒通道上的密闭阀门和自动排气活门都是关闭锁紧的，不能在空气压差下自动打开。有人员去电站时，无论图6-8（a）或（b），都要对防毒通道进行通风换气，都需要打开密闭阀门和自动排气活门。而打开防毒通道电站一侧墙上的密闭阀门或自动排气活门，都需要人员打开防毒通道清洁区一侧墙上的密闭门进入防毒通道。因为防毒通道是染毒区，此时防毒通道内没有通风换气，开门时防毒通道内的部分染毒空气就将从密闭门洞进入清洁区，这是不允许的。因此两种方案都有缺陷。

　　从上述分析可知，主要问题在于防毒通道电站一侧墙上的密闭阀门或自动排气活门不能自动打开，所以有人提出应按图6-8（a）设置，但是该密闭阀门必须是手电动密闭阀门，且其开启按钮或控制机构应设在清洁区。这样，当人员需要通过防毒通道到电站时，先打开自动排气活门，而后在清洁区通过电控方式打开手电动密闭阀门，防毒通道开始换气，防毒通道中的毒剂浓度逐渐下降，经过3~5min超压排风后，人员再打开门顺着气流进入防毒通道，染毒空气不会逆向进入清洁区。人员从电站返回清洁区时，仍可按该方法开启手电动密闭阀门和自动排气活门为防毒通道通风换气，需要内外两个人来操控。但是这种方案目前存在问题如下：

　　①设了手、电动密闭阀门，没设电路开关箱，查阅电气图纸，图纸上没有设计。原因是通风专业与电专业没有沟通，所以电专业没设计，这是最普遍的现象。

　　②施工单位凭自己的经验没有电路设计，自动改为手动密闭阀门了。

　　③竣工验收时，这个细节也没人发现，所以实际工程很难看到按此设计，设有开关箱的工程。

　　还有一种方案认为设置手、电动密闭阀门和控制系统太麻烦，尤其是防化乙级及以下工程。认为自动排气活门战时不必锁紧，它是自然关闭的，所以多数设计人员采用图6-8（b）的形式，这样设置系统简单、使用管理方便、可靠性较高。

　　本书认为：两者都可以，以方便可靠为宜。防化乙级及以下工程，按图6-8（b）形式较为适宜。

176. 可否在储油间内的排风管道上加装排风机（图6-9）。

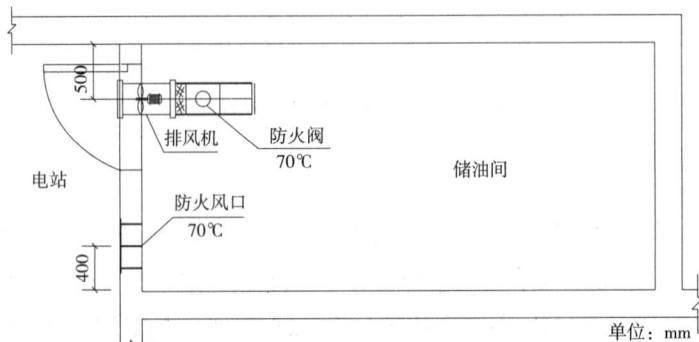

图6-9　某电站的储油间通风图

这个储油间的通风设计有两个错误：

（1）储油间有油雾不断产生，属于爆炸危险环境。根据《爆炸危险环境电力装置设计规范》GB 50058—2014 第 5.1.1 条 1 款 "爆炸性环境的电力装置设计宜将设备和线路，特别是正常运行时能发生火花的设备布置在爆炸性环境以外"。在设计和审查人防工程图纸时，要特别注意：储油间内不能设置可能产生火花的开关和电气设备，以防引起火灾，所以把排风机设在储油间内，不符合规范要求。

（2）储油间所挥发的油雾不能排到电站，这里是产生火花设备集中的地方，更危险。应引入排风道，由排风稀释后排除，才是安全的。

177. 图 6-10 中排风机入口前虽设了 70℃关闭的防火阀，与排风口处直接设排风器有差别，但在该段风管内有高浓度油气时仍可能引起爆炸，那么图 6-10 合理吗？

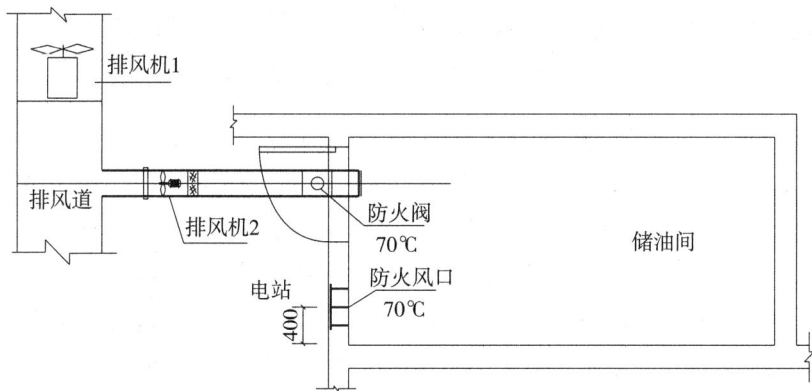

图 6-10　储油间通风系统

普通风机的电机在电机转子旋转时会产生火花，有产生火灾的危险，所以图 6-10 也是不合理的，这一点必须引起设计和审图人员的重视。如对图 6-10 做如下其中一点改进，则是可以的：

（1）排风机 2 注明是防爆风机。因为防爆电机是一种可以在易燃易爆环境使用的电机，运行时不产生火花。

（2）不设排风机 2，图 6-11。因为排风道内是负压区，储油间靠两边压力差，进行排风，而且有柴油机房排风的稀释，储油间排风此时是比较安全的。

此外，排风机 1 如改为防爆风机，则最安全。

178. 排烟管能通过储油间进入相邻的扩散室（或活门室）吗？

排烟管严禁通过储油间，高温的排烟管会引起油雾爆炸。

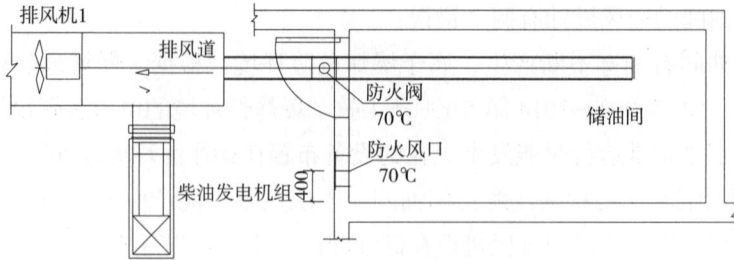

图 6-11　储油间排风系统

179. 当人防工程全部为物资库时，柴油电站的防毒通道如何进行超压排风？

物资库是不设滤毒通风系统的工程。与不设滤毒通风系统的物资库连成一体的电站，应设独立的滤毒进风系统。按独立电站的要求设计。

180. 规范规定电站"隔绝防护时，应从机房的进风或排风管引入室外空气燃烧"，实际工程未见这种做法，什么情况下要这样做？

《人民防空地下室设计规范》GB 50038—2005 中 5.7.3 条规定电站"隔绝防护时，应从机房的进风或排风管引入室外空气燃烧"，但条文未指明何时应用该种形式。这其实是指采用水冷（或空调）为机房降温的电站。隔绝防护时，机房内热量通过冷水（或空调）带走，燃烧空气管一般接到进风系统的除尘器之后，吸取室外空气。采用风冷为机房降温的电站，电站可染毒，没有隔绝防护要求，此时柴油机直接吸取室内空气。因为现在人防电站普遍采用风冷方式为机房降温，因此实际工程除水冷电站以外没有这种做法。

另外，进风系统与排风系统相比，进风系统已经设有除尘器，排风系统没有这个先决条件，所以以往的水冷电站中柴油机的燃烧空气管都是接在进风系统的除尘器之后的。特殊情况可以接到排风系统上，但是燃烧空气管的起始端宜增设除尘设备。

181. 人防电站是否需要设置独立的滤毒通风系统？

电站是否设置独立的滤毒通风系统应分两种情况按规范要求设置，详述如下。

《人民防空地下室设计规范》GB 50038—2005 第 5.7.6 条规定：

（1）当柴油电站与防空地下室连成一体时，应从防空地下室内向电站控制室供给新风；

（2）当柴油电站独立设置时，控制室应由柴油电站设置独立的通风系统供给新风，且应设滤毒通风装置。

柴油电站是否设置滤毒通风系统，是根据上述两条原则决定的。当柴油电站与有滤毒通风系统的工程连成一体时，应该由工程为控制室提供新风。所以不需要为控制室另设独立的滤毒通风系统，重复设置既浪费又不合理。

但是，当柴油电站独立设置时，或者与无滤毒通风系统的工程连为一体时，应该设独立的滤毒通风系统。

182. 长沙地区的人防电站按区域电站设计，需要设置滤毒通风系统吗？

柴油电站是否需要设置滤毒通风系统，是根据柴油电站是否与设有滤毒通风系统的人防工程连为一体的原则确定的，本书第 181 号问答已经做了详细解释。只有独立设置或与物资库等无滤毒通风系统的工程相连时，才设滤毒通风系统，否则属于重复设置。区域电站也不例外，只要与有滤毒通风系统的工程连接成一体时，应用该工程为电站控制室供新风，不应设独立滤毒通风系统。

183. 固定电站机房宜采用水冷还是风冷？

人防柴油发电站的机房宜采用风冷。因为风冷系统简单、管理方便、运行费用低、室内空气环境好，只对有特殊要求的电站在采用风冷的同时，兼设水冷或空调。平时运行是风冷，水冷或空调是战时备用措施。

人防柴油发电站不宜单独采用水冷或空调。单独水冷弊病较多，如系统复杂、初投资高、运行费用高、室内进排风量小、空气环境差，柴油机燃烧空气管设在机房上部高温区内空气温度高影响机组的出力等。

184. 独立电站滤毒室的门开向电站机房是否合适？

规范做法应开向防毒通道，见图 6-12。因为滤毒室与防毒通道一样是允许染毒区，同时应能满足滤毒室的换气要求。当滤毒室的门开向电站机房时，滤毒室无法与滤毒通风系统形成循环通风换气。

185. 移动电站设在物资库内，滤毒后的风可否送往防毒通道？如果将超压排气活门设在防毒通道与物资库相邻的侧墙上如何（图 6-12）。

（1）如图 6-12 所示，移动电站没有控制室，滤毒后的风不宜直接送往防毒通道，因为防毒通道是轻微染毒区，超压的气流可能沿门缝进入清洁区。最好直接送到风机室出口的值班室内或加压小室，这样更安全。

（2）不能将超压排气活门设在防毒通道与物资库相邻的侧墙上，因为防毒通道是轻微染毒区，会把染毒空气超压排到清洁区。

（3）本图设计要与建筑专业多沟通。还有以下一些细节要注意。

①值班室或静压小室的门应向内开，否则超压时，门会自动打开。

②风机室的门位置不正确，应像图6-13那样，开向操作区；风机和管道应靠向滤毒室的隔墙布置，要留出操作空间。

③集气箱应按图6-13的思路进行设计，可以合理利用风机室的有效空间。

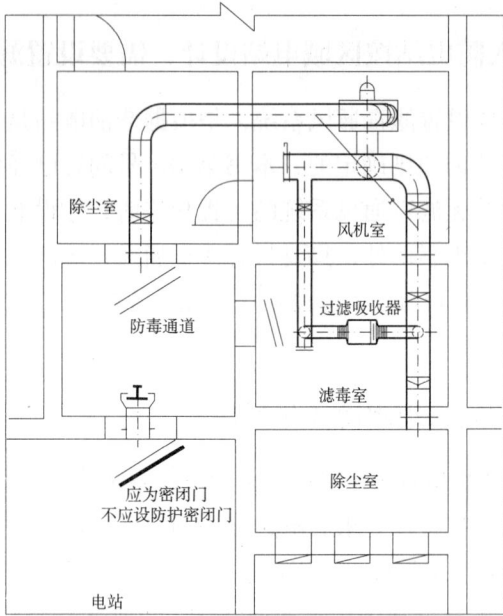

图6-12　设独立滤毒通风系统的电站防毒通道

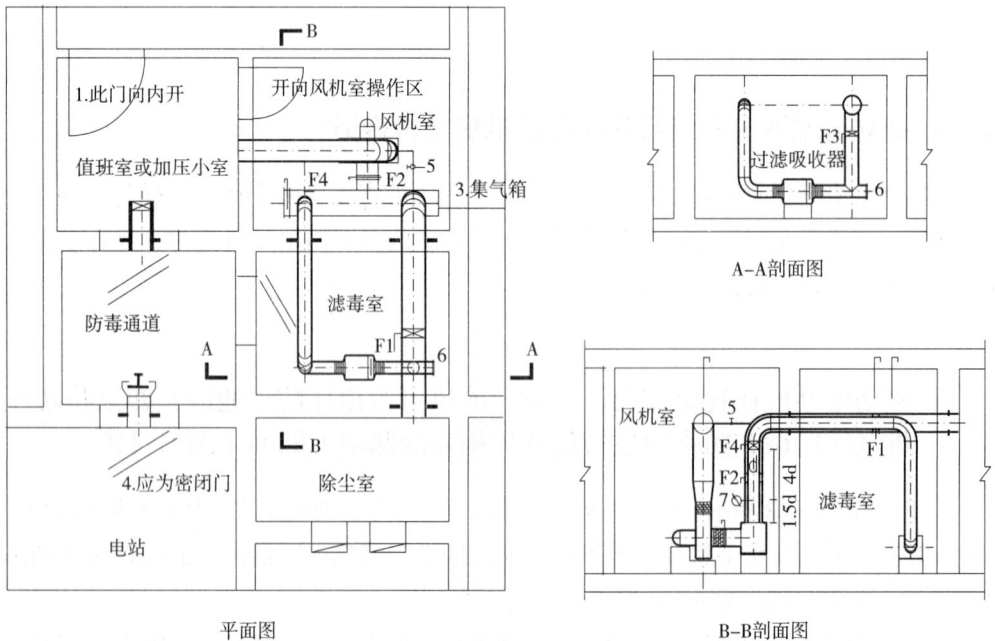

平面图　　　　　　　　　　　　　B–B剖面图

图6-13　设独立滤毒通风系统的电站防毒通道
（a）平面图；（b）A–A剖面图；（c）B–B剖面图

④滤毒室的门可能打不开，过滤吸收器应靠近除尘室的隔墙且与隔墙间距 ≥ 400mm，保证门开向操作区。

⑤密闭阀门 F2 和 F4 可以设在风机室的立管上，F2 可以设在适当的高度，但是阀门 F4 要考虑对流量计的影响。

⑥密闭堵头（或换气阀）6 应设在过滤吸收器的进风口前，不能设在出口。

⑦流量计的位置宜设在密闭阀门 F4 之后。

⑧系统除尘可以与电站进风除尘室结合；图中单独设置数量偏多。

⑨进风管上不设止回阀。

⑩除尘、滤毒设备测压差管等细节不能遗漏。

186. 柴油电站的设计温度 t 可否适当提高？规范规定人员直接操作时 $t \leq 35℃$，间接操作时 $t \leq 40℃$，移动电站属人员直接操作，在夏季室外温度较高地区进排风量很大是否合理？

这个规定来自早期的水冷电站，规范规定人员直接操作时 $t \leq 35℃$，人员间接操作时 $t \leq 40℃$。对这个规定，可从两方面来看：

（1）对于水冷电站，这个规定是合理的。因为人员直接操作，计算空调负荷要大一点，它是靠空调的方法和理念来降温的。

（2）对于风冷电站，它是靠送新风排余热的理念来降温的，当采用了正确的气流组织之后，整个机房的工作区都在新风控制之下，都是舒适区，见图 6-6 和图 6-7。注意：①送风系统要将新风比较均匀地送到人员工作区。②排风由机头换热水箱排入排风道，40℃的空气是在换热器入口处出现的，机组完全在流向机头的新风包围之中。③风冷电站不宜有人员直接操作和人员间接操作之分，可以统一按 $t \leq 40℃$ 设计。

187. 某人防 400kW 固定电站，设两台 200kW 柴油发电机组，设计院计算进排风量为 100000m³/h 略多，进排风系统各选 5 个 HK1000 型防爆波活门，优化公司提出只需 55000m³/h 风量，各选 3 个即可，哪个有道理？

首先应明确该电站无备用机组，两台 200kW 发电机组同时运行。

两家单位计算结果不同的问题应该产生在夏季机房设计温度取值不同。《人民防空地下室设计规范》GB 50038—2005 表 5.2.3 规定电站人员间接操作室内温度 $t \leq 40℃$。电站机房采用通风排除余热时，没有直接操作和间接操作之分，排风温度均应按 40℃设计，风冷电站的排风计算温度 40℃是在柴油机头的换热器入口处出现的，只要气流组织设计得当，机房工作区完全在新风控制之下。夏季在福建某工程现场试验证实，机房工作区温度基本与室外气温相同。因此，电站夏季机房的设计温度宜取 40℃，这样计算风量就可大幅减少。优化公司将风量减小为 55000m³/h，选用三个 HK1000 防爆波活门，这个计算是合理的。正常情况下 400kW 的柴油发电站，机房采用风冷进风量 44000m³/h，两个 HK1000 防爆波活门正好。装机容量 200kW 的电站，机房采用风冷，进风量 22000m³/h，选用 1 个 HK1000 防爆波活门正好，（希望大家多做现场试验和调查研究）。另外，也与工程所在地的气象条件有关，北方冬季室外计算干球温度低，风量小点，南方风量大点，因地制宜。

188. 人员掩蔽部主要出入口的排风扩散室和同一防护单元内的柴油电站的排风扩散室可以合用吗？

人员掩蔽部战时人员主要出入口的排风扩散室不能与同一防护单元内柴油电站的排风扩散室合用。主要有以下原因：

（1）战时清洁式通风时，悬板活门在额定风量下的阻力是 200Pa，两个排风系统同时排入一个扩散室内，压头小的风机可能排不出去风，风机在空转，甚至倒灌。

（2）滤毒通风时，人员掩蔽部是全工程超压排风，风量小，压头低，而电站排风风量大，压头高，电站内染毒的排风可能向人员掩蔽部倒灌，造成人员掩蔽区染毒，而且排风困难。

（3）隔绝式通风时，人员掩蔽部是依靠进风机进行内循环通风，电站是连续排风，由于电站排风造成排风扩散室内压力高，如果排风系统密闭阀门关闭不及时，染毒空气会向人员掩蔽区倒灌，即使阀门关闭，因密闭阀门也是漏毒的，所以也会向工程内漏毒，对人员掩蔽部的安全是很大威胁。密闭阀门的漏气量见《人民防空工程防护设备产品质量检验与施工验收标准》RFJ 01—2002 表 3.3.8 的序号 11，$DN300$，允许漏气量：0.04m³/h。$DN400$，允许漏气量：0.055m³/h。$DN500$，允许漏气量：0.07m³/h。$DN600$，允许漏气量：0.085m³/h。

所以绝对不可合用。

189. 老旧水冷柴油电站发电功率增加一倍，但进排风扩散室、防爆波活门等口部不能改动，风量难以增加，如何处理？

应采用增加进排风焓差的方法，详述见下文。

按常规设计方法，不改动口部等土建部分达到改造要求是难以做到的。但考虑到在老旧工程改造中这个问题有一定的代表性，所以在此回答供参考。

首先明确电站原有冷却方式：柴油电站的机头冷却采用水冷，电站空间冷却采用风冷。电站发电功率增加一倍，机房空间的余热量也基本增加一倍，机房空间冷却风量或进排风焓差也应基本增加一倍。机头散热量也增加，冷却水量也应增加。本问题关注的主要是冷却机房空间的风量，下文就假设冷却水量可以通过其他方法达到增加要求。

如果排风扩散室、防爆波活门等口部难以改动，则冷却机房空间的风量难以成倍增加，这时应增加进排风焓差。增加进排风焓差的方法可以有以下两种：

（1）在进排风温差不变时增加进排风含湿量差

机房风冷与蒸发冷却结合方式是这种方法的典型，也就是在风冷的同时向机房内加湿，通过水的蒸发带走部分热量。这种方法能不能满足改造要求要通过具体计算来确定。需注意的是，由于地下工程壁面温度一般较低，蒸发冷却使空气湿度增大，可能在电站壁面结露，尤其是电站刚开始运行阶段。

（2）在进排风含湿量差不变时增加进排风温差

下面介绍一种增加进排风温差的方法。进排风形式如图 6-14 所示。送风口围绕柴油发电机机座布置，在柴油发电机上部设置排风管。新风从柴油发电机的机座周围从下向上送风，送风围绕着柴油发电机上升，把柴油发电机表面的对流散热和释放的有害气体带走，而后进入机顶上布置的排风管。这就形成了一个由下向上"包裹"柴油发电机的气流组织，可以高效清除柴油发电机的热负荷和污染负荷。此外，因为排烟管一般布置在电站上部，所以排烟管释放的有害气体和对流散热量也能被排风直接带走。

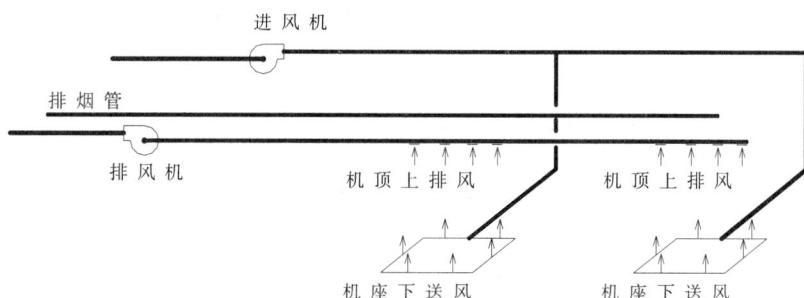

图 6-14　柴油电站机房进排风系统图

图 6-15~ 图 6-17 是应用该技术的某工程设计前进行的数值模拟和结果。从图 6-16 温度场可以看到主要是柴油发电机上部温度高于规范要求的机房温度，而这个区域不影响人员操作和机组运行。从图 6-17 速度场可以看出送风速度 1m/s 就可以形成这样的流场，这使送风量大幅减小，仅是常规设计风量的大约 1/4。

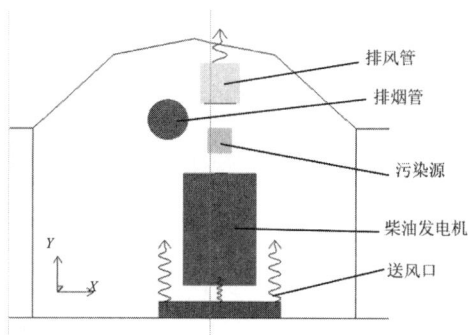

图 6-15　柴油电站机房数值模拟剖面图

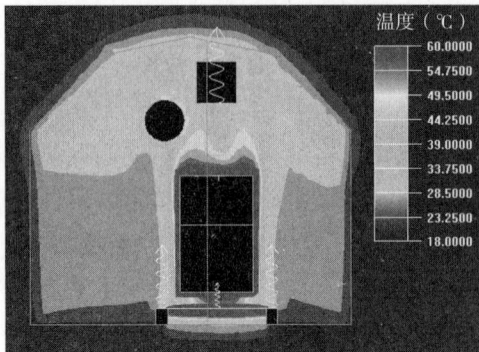

图 6-16　与图 6-15 对应的温度场　　　　　　图 6-17　与图 6-15 对应的速度场

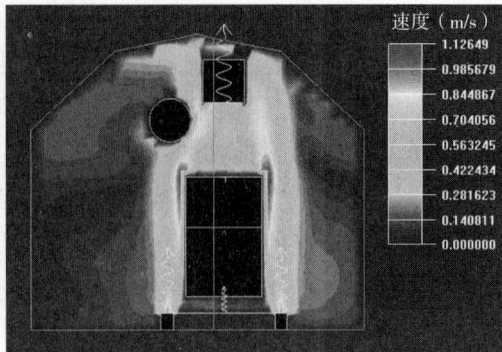

　　实际工程设计时预留了一定余量，是按常规设计风量的 1/3 设计的，但调小到这个模拟送风速度进行了测试，实测与模拟结果吻合较好。

　　传统设计方法认为电站温度是均匀的，这个方法和传统方法的区别主要是认为电站温度不是均匀的，而且有意把电站的温度场设计得很不均匀。按此思路推而广之，则电站下部送风 / 上部排风，或给机组上方设一个排风罩，都能提高进排风温差，减小进风量。工程具体采用何种形式及技术参数应结合原工程实际情况确定。

190. 设计和审查电站通风时还应特别注意什么？

　　设计和审查电站通风时还应特别注意以下两点：

　　（1）进、排风（烟）量与防爆波活门的型号和数量是否匹配。在以往审查的图纸中，出现风量大而活门数量不足，违背《人民防空地下室设计规范》GB 50038—2005 强条 5.3.3 第 2 款的事件不少，原因是通风与建筑专业之间缺少沟通。

　　（2）储油间内不能设置可能产生火花的电气设备。

　　（3）储油间内的风管应采取防静电接地措施，见《民用建筑供暖通风与空气调节设计规范》GB 50736—2012 第 6.5.9 "排除、输送有燃烧或爆炸危险混合物的通风设备和管道，均应采取防静电接地措施（包括法兰跨接），不应采用容易积聚静电的绝缘材料制作"。

第7章
人防工程空调设计与审图

第 1 节　空调负荷计算与送风状态点的确定

191. 在空调负荷计算时，为什么强调使用焓湿图（i-d 图）？

焓湿图业内一般也称为 i-d 图，是空调设计中，空调负荷计算时，最准确而有效的工具，它有以下优点：

（1）通过 i-d 图的绘制，能十分清晰地查到各状态点的空气参数，明晰空气处理过程，空调负荷计算准确。

（2）能十分清楚地看到空气处理过程有无再热负荷 Q_z，不会漏掉再热负荷 Q_z。注意《人民防空地下室设计规范》GB 50038—2005 第 5.6.4 条就漏掉了再热负荷。

（3）根据 i-d 图中再热负荷 Q_z 的有无和大小进行空气处理过程分析，以便确定空调方式，再热负荷 Q_z 是确定空调方式的重要依据之一。例如，有再热负荷的工程要选用调温除湿空调机，无再热负荷的工程（两广与海南）应选用降温空调机，再热负荷大的三北地区要辅以升温空调，这些都是在 i-d 图上显示出来的，所以空调负荷计算时，必须使用 i-d 图。

192. 人防工程的空调负荷按《人民防空地下室设计规范》GB 50038— 2005 第 5.6.4 条的负荷类型计算，审图员为什么说不对？

因为《人民防空地下室设计规范》GB 50038—2005 第 5.6.4 条漏掉了再热负荷 Q_v，所以不对，这也是空调负荷计算时不会用 i-d 图的后果。下面结合 i-d 图对全国再热负荷基本情况做一简单介绍。

从图 7-1 的 i-d 图中可以看到：

（1）新风负荷：$Q_x = (i_0 - i_N) G = \Delta 1 \times G$；（注：$G$——送风量）；

（2）室内余热：$Q_y = (i_N - i_S) G = \Delta i \times G$；

（3）再热负荷：$Q_v = (i_S - i_L) G = \Delta 2 \times G$；

（4）空调负荷：$Q = (i_0 - i_L) G = \Delta 3 \times G$

对全国主要城市 i-d 图分析中可知，我国人防工程除广东、广西和海南之外，南岭以北到黑龙江的广大地区的地下工程空调机组出风都需要加热，这个加热量就是再热负荷 Q_z，再热负荷 Q_z 越往北越大，如不加热，空调送风温度会过低（约 18℃），相对湿度过大（95% 以上），室内会感到阴冷和潮湿。两广和海南三省再热负荷接近 0，一般为降温型空调，主要原因是地温高和平均气温高，南岭至山海关一线再热负荷逐渐增加，一般选用调温除湿型空调，山海关以北一般应采用升温除湿型空调。

从上述分析可知，越向北角比例 ε 按顺时针方向旋转的角度越大，再热负荷也越大。i-d 图分析是空调负荷计算的重要环节，不可忽略。

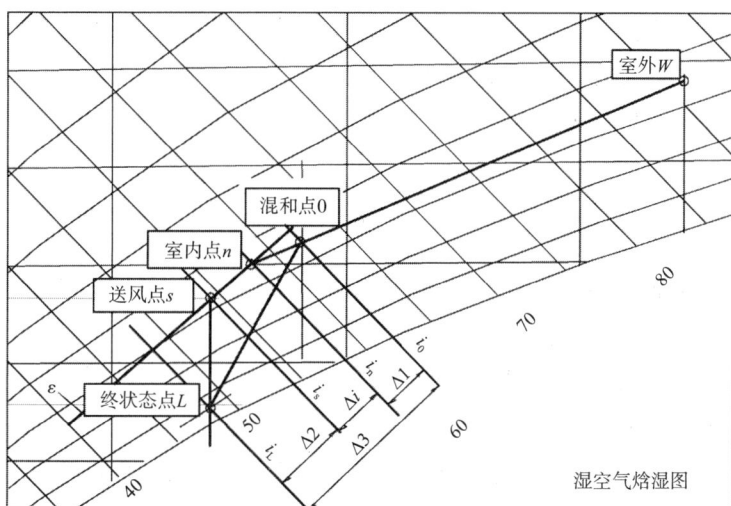

图 7-1　湿空气焓湿图分析

图中：i_n—室内状态点焓值，kJ/kg；i_0—混合状态点焓值，kJ/kg；i_s—送风状态点焓值，kJ/kg；i_L—空调终状态点焓值，kJ/kg；$\Delta 1$—新风负荷的焓差，kJ/kg 干空气；Δi—室内余热负荷的焓差，kJ/kg 干空气；$\Delta 2$—再热负荷的焓差，kJ/kg 干空气。

193. 如何在 i-d 图上确定送风状态点？送风温差法适合人防工程吗？

送风温差法不适合人防工程送风状态点的确定，宜用焓差法确定，详述见后。

送风温差法是中华人民共和国成立初期苏联专家马科希莫夫在哈尔滨工业大学给供热与通风专业上课的课本中提出的，这本书翻译为《供热与通风》。送风温差法先根据室内温度允许波动范围，例如允许波动 ±1℃，送风温差为 6~10℃。假设某医疗救护工程的允许波动是 ±1℃（见《民用建筑供暖通风与空气调节设计规范》GB 50736—2012 表 7.4.10-1 和表 7.4.10-2），如何从 6~10℃这个温度范围内选择一个定值作为送风温差至今仍在使用。

一般送风温差取 6℃，室内大约 4 次换气，送风温差取 10℃，大约 2 次换气。但是，人防工程明确规定了空调送风房间的换气次数每小时不宜小于 5 次（见《人民防空地下室设计规范》GB 50038—2005 5.3.11 条。医疗救护工程手术室的送风换气次数宜取 10~15 次 /h，（见《人民防空医疗救护工程设计标准》RFJ 005—2011 4.3.6 条）。平均换气次数一般取 8~10 次 /h。设有空调的人防工程均规定了换气次数，因此送风温差法确实脱离人防工程实际。

人防工程宜采用焓差法来确定送风状态点，其主要原理为先确定换气次数，而后按换气次数直接计算送风量 G，然后可以确定送风状态点，不需试算，简便准确。具体方法为：

（1）计算送风量 G

根据送风房间的换气次数，先计算出总的送风量 G，一般有空调的地下工程房间宜按 8~10 次 /h 计算。

（2）计算余热 ΔQ 和余湿 ΔW

室外参数建议采用夏季空气调节室外计算湿球温度 t_s，不用含湿量。因为用湿球温度 t_s 计算结果比较适宜，实践证明用含湿量计算的负荷偏低；各地气象参数已有较大变化，t_s 已有更新。而含湿量没有新资料与其校核，所以不宜延用。

（3）计算热湿比 ε

$$\varepsilon = \Delta Q / \Delta W \qquad (7\text{--}1)$$

式中　ε——热湿比，kJ/kg；

　　ΔQ——工程计算总余热量，kJ/h；

　　ΔW——工程计算总余湿量，kg/h。

（4）计算送风状态点的焓 i_s

室内设计空气状态点的焓 i_n 与送风状态点的焓 i_s 的焓差 Δi 为：

$$\Delta i = i_n - i_s = \Delta Q / G \qquad (7\text{--}2)$$

因此：$i_s = i_n - \dfrac{\Delta Q}{G}$

式中　i_n——室内设计空气状态点焓值，kJ/kg；

　　i_s——送风状态点焓值，kJ/kg；

　　G——工程计算总送风量，kg/h。

（5）确定送风状态点

ε 线与 i_s 线的交点就是送风状态点 S。过 S 点做垂线与 95% 相对湿度线的交点就是空调处理的终状态点 L，参见图 7–1。

焓差法不需要试算就可满足人防工程换气次数要求，而且计算出的送风温差一般较小，舒适性高，因此人防工程宜采用焓差法。

194. 在《人民防空地下室设计规范》GB 50038—2005 第 5.6.7 条所指的附录 G 和 H 中，如何判断"有恒温要求和无恒温要求"？

《人民防空地下室设计规范》GB 50038—2005 第 5.6.7 条所指的附录 G 和 H 中，

有恒温要求的防空地下室围护结构的传热量公式是在有空调的工程中做实验并总结推导出的。因此，在进行高等级工程、通信工程、核生化中心工程、医疗救护工程、食（药）品供应站等有空调的工程设计时，应按有恒温要求的人防工程计算围护结构的传热量。

而无恒温要求的防空地下室围护结构的传热量公式，是在无空调的工程中做实验并总结推导出的。无空调的工程中实验时，一年四季都有排风机进行排风。

因此，人防工程空调传热计算时，应统一按有恒温要求的工程进行计算。建议规范改版时删除无恒温要求的计算方法。

第 2 节　空调系统送回风口的设计

空调送风口和回风口的设计是空调设计成败的关键一环，它经常被设计和施工人员忽视。实际工程中风口问题很多，下面结合人防问答网上的提问来加以说明。

195.如何选择空调送风房间送风口？

送风口有多种形式，选型不对送风效果差。

（1）一般送风房间的顶棚高度都在 3m 左右，应选用带调节阀的铝合金散流器，见图 7-2。它的气流分散度好，风量调节方便。不可选用双层百叶或单层百叶风口，它们不便风量调节，分散效果差。

（2）顶棚 5~7m 高的指挥大厅宜选双层百叶风口或其他下送流形风口，但要注意几点：

①双层百叶风口：通过叶片角度调节，气流可以均匀送到人员活动区，因此现场调试很重要；

②大厅不可选用铝合金散流器及其他平送流形的风口，这些风口冷风不易送下来，而且指挥大厅的回风口一般也设在顶棚上，会发生气流短路；

③也不可设单层百叶风口，它不便于双向调节送风，也不美观。

送风口选型不当的教训很多，应引起设计人员重视。

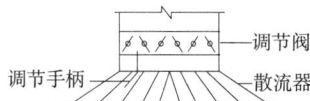

图 7-2　铝合金散流器

196.如何选择回风口形式？

空调送风房间功能不同回风口形式也应不同，主要几类房间的回风口形式可按如下选择：

（1）办公房间：要求比较安静，走廊上讲话应不影响室内人员办公和休息，房间内讲话走廊应听不到。可在侧墙回风口两侧各设一铝合金45°固定百叶风口，该风口具有较好的隔声性能。

（2）设有防火门的送风房间：防火回风口的内侧应设一个铝合金45°固定百叶风口。

（3）会议室：考虑到有机要事项讨论，应选消声回风口或按办公房间选用。

（4）库房类：侧墙回风口可选固定式格栅风口，蛋格式风口等。

（5）战时进风机房：回风口设置在进风机房外墙上，回风口上应设消声器，平时安装到位的工程应在机房内侧设防火阀。

目前大部分工程不区分房间类型都选用单层百叶回风口，该类风口不能隔声，且叶片间缝隙较大，视线能直接穿过，很不美观，不宜选用。

197. 送风口和回风口的风速如何确定？

应该按《民用建筑供暖通风与空气调节设计规范》GB 50736—2012第7.4.11条和7.4.13条执行。

第7.4.11条规定：送风口的出风速度，应根据送风方式、送风口类型、安装高度、空调区允许风速和噪声标准等确定。

第7.4.13条规定：回风口的吸风速度，宜按表7.3.13（表7-1）选用。

回风口处的吸风速度　　　　　　　　　　　　　　　表7-1

回风口的位置		最大吸风速度（m/s）
房间上部		≤ 4.0
房间下部	不靠近人经常停留的地点时	≤ 3.0
	靠近人经常停留的地点时	≤ 1.5

第3节　通风空调管路设计

198. 平时通风管穿防护单元隔墙处，应采用什么封堵措施？

多数省市人防是不允许平时风管穿防护密闭隔墙的，尤其是外墙。如当地职能部门允许平时风管穿越防护单元之间的防护隔墙时，应与建筑专业协商解决防护问题，以下方法供参考。

应采用《人民防空工程防护设备选用图集》RFJ 01—2008第57、58页防护密闭封堵板。注意防护隔墙封堵板的抗力应与防护密闭隔墙的抗力一致。

（1）无论方管或圆管一律采用矩形双向受力防护密闭封堵板，如图7-3所示。

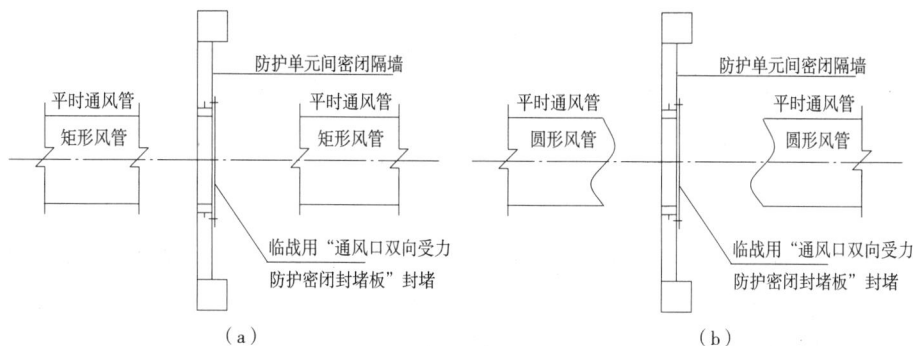

图 7-3 矩形双向受力防护密闭封堵板
（a）通风管为矩形风管；（b）通风管为圆形风管

（2）不可用密闭阀门封堵，因为它与防护密闭隔墙的抗力不匹配，见图 7-4。
FMDBXXXX（6）6 级封堵板抗力是 0.15MPa，而密闭阀门的抗力是 0.05MPa，抗力
不匹配。

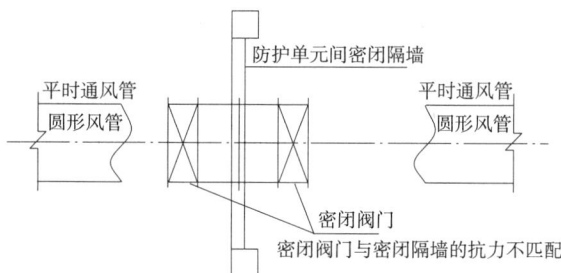

图 7-4 密闭阀门封堵

199. 人防工程风管内流速如何选取？尤其是口部风管内流速如何选取？

首先要明确风管内流速确定的原则：没有噪声要求的位置按经济性要求确定流
速，有噪声要求的位置按噪声允许值来确定流速。

人防工程的风管可以分为三部分：

（1）人防工程口部风管

这段风管是指：从进风扩散室（或活门室）到战时进风机吸气口，或从战时排
风机出口至排风扩散室（或活门室）之间的管道。这段管道没有噪声要求，只从经
济性考虑，风管经济流速为 8~10m/s。

（2）风机与消声装置之间的风管

《民用建筑供暖通风与空气调节设计规范》GB 50736—2012 第 10.1.5 条中表 10.1.5
（表 7-2）注释中的规定：通风机与消声装置之间的风管，其风速可采用 8~10m/s。这
段风管在机房内，同样不需要考虑噪声影响，所以该处规范选用的也是经济流速。

（3）消声器到风口之间的风管

这部分风管有噪声要求，所以应该按噪声允许值来确定流速。应该按《民用建
筑供暖通风与空气调节设计规范》GB 50736—2012 表 10.1.5（见表 7-2）执行。

室内允许噪声级 dB（A）	主管风速（m/s）	支管风速（m/s）
25~35	3~4	≤ 2
35~50	4~7	2~3

风管内的空气流速　　　　　　　　　　表 7-2

200.《人民防空地下室设计规范》GB 50038—2005 第 6.3.8 条规定"收集平时生活污水的集水池应设通气管，并接至室外、排风扩散室或排风竖井内"，这条对吗？

（1）对于平时不使用的工程不宜直接通至室外。对于平时使用的工程，通至室外的管道要做好防护，见图 7-5（a）。

（2）不能接至排风扩散室或排风竖井内，因为这两处都是排风系统的正压区，不但排不出去，反而会倒灌。

（3）有两种解决方法：

①接到平时排风系统上，既简便又合理，见图 7-5（b）；

②一般不另设排风管，在污水集水池的房间设排风口即可，参见图 7-5（c）。

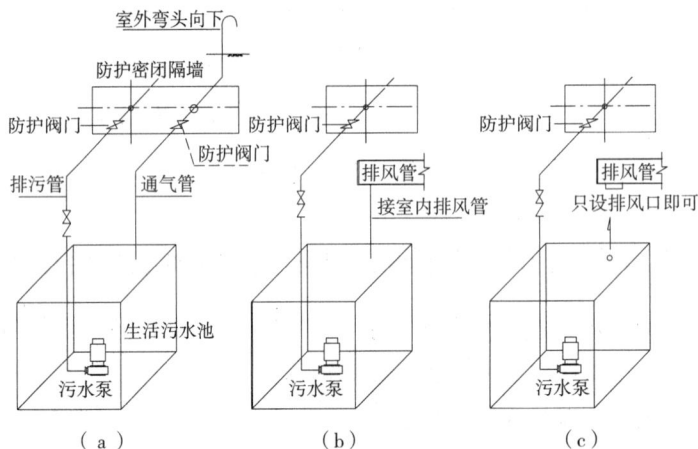

图 7-5　污水井排风原理图
（a）平时排气；　（b）接至排风管；　（c）污水间设排风口

第 4 节　冷却塔

201.冷却塔有雾气且温度高，既影响环境又不利工程隐蔽，如何处理？

热红外伪装一般要求排风口和周围环境辐射温差不超过 4℃，冷却塔主要是排风温度高致使伪装难度大。采用非冷却式伪装技术可以解决冷却塔排风热红外暴露问题，其代表性设备为伪装冷却装置，也具有消雾功能，设置在口部附近设备间内，详述见后。

冷却塔体积大，形状规则，通常相对独立设置，所以本身易被发现。而且当夏季早晨或其他季节空气温度较低时，排风中有雾气，有时还很明显，这影响了周边环境，有的还被投诉，同时雾气也使冷却塔更易被发现。还有，冷却塔温度高，从热红外角度也易被发现。这里说明一点，人防工程周边其他建筑也可能设置冷却塔，但这些地面建筑的冷却塔在较冷天气基本都不运行，而人防工程因为地下环境封闭、地面温高、人数多等原因，即使较冷天气依然可能需要运行，而且冷天雾气更大，所以人防工程的冷却塔仍然易被从周边环境中区别出来，从而被发现。冷却塔是和人防工程内的空调机组配套使用的，如果被发现，对人防工程隐蔽不利，如果被击毁，将影响人防工程内空调机组使用，造成工程内过热，因此应该采取消雾等伪装措施。

一种伪装方法是把冷却塔涂刷成和周边环境相近的颜色，这种方法施工简单，但存在以下问题：因冷却塔体积大、形状规则，通常相对独立设置，所以仍易被发现，而且这种方法没有解决雾气和冷却塔温度高的问题。

另一种伪装方法是遮挡，一般是在冷却塔周围设置网状透气遮挡物，但遮挡物已被加热，从热红外角度仍未达到隐蔽，而且也没有解决雾气问题。

还有是在冷却塔排风中混合环境空气，但因为冷却塔风量很大，要使排风口和周围环境辐射温差不超过4℃需要混合10~20倍风量，排风速度将达到每秒数十米，实际难以实现。通常只是混合了少部分环境空气，因此达不到伪装要求。

目前能解决冷却塔排风热红外暴露问题的是非冷却式伪装技术，其代表性设备为伪装冷却装置。该装置有和普通冷却塔相似的降低冷却水温度的功能，还能消除排风雾气，其高温排风的热红外伪装采用非冷却式伪装技术，原理为：因为高温排风对热红外成像仪透明，是被高温排风加热的排风口固体壁面造成热红外暴露，所以采用气层隔离技术，利用环境空气把高温排风和排风口固体壁面隔离开，使固体壁面因不能被高温排风加热而保持和环境温度一致，且随环境温度同步变化，这样虽然排风温度仍然较高但能达到热红外伪装要求。而且即使处于零度以下的环境，仍然能满足要求。

伪装冷却装置整体设于地表设备间中（图7-6），消除了装置外表可见光和热红外暴露征候。该设备间可设计成车库或仓库样式，在排风方向设电动卷帘门，电动卷帘门和伪装冷却装置联动，当使用时打开，停用时关闭。如果工程背景为林地，也可把设备间设计成半埋地式，设备间顶部覆土种植植被以更好融入周围环境。

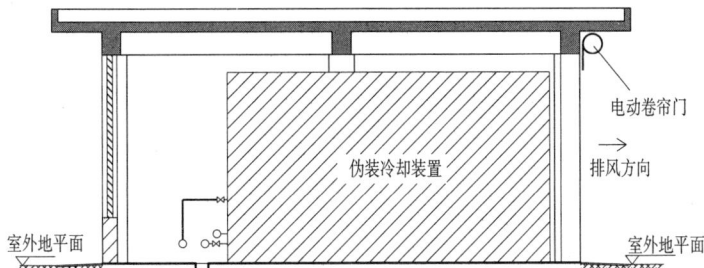

图 7-6　伪装冷却装置布置示意图

第8章
医疗救护工程通风空调设计与审图

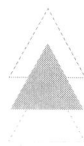

第1节　医疗救护工程设计标准

202. 按《人民防空医疗救护工程设计标准》RFJ 005—2011 第 4.2.4 条"第一密闭区分类厅的通风换气次数不宜小于 40 次 /h"的要求，很多工程要选 8~12 个滤毒器，滤毒器数量过多合适吗？

本书主要观点和建议如下：

（1）第一密闭区不应是允许染毒区。第一密闭区包括分类厅、急救观察室、诊疗室等，这些功能区应该是清洁区。"地下医院、救护站担负救护和医治伤员的任务。当受染或中毒的伤员进入工程时，同样会将毒氛带入工程内，造成内室的污染。为了减少和排除带入的毒氛，地下医院和救护站的主要出入口也应设洗消和排风换气设施"。因此洗消间应设在第一密闭区的进口。

（2）把分类厅作为脱衣间前一防毒通道，按《人民防空医疗救护工程设计标准》RFJ 005—2011 的附录 A，分类厅的面积：救护站 40m²、急救医院 50m²、中心医院 60m²，如层高按 3m 计算，加上漏风量，防毒通道换气次数为 50 次 /h，则一般需要 7~10 个过滤吸收器。实际工程一般都超过这个标准，所以才出现选 8~12 个滤毒器的情况，再加上滤毒室增加的占地面积，浪费太大。

（3）换气次数大小解决不了分类厅的染毒问题。分类厅必须是清洁区，因为急救观察室和诊疗室也设在这里，这里不可以染毒。

（4）目前有的变通做法：

有的地方，按掩蔽人数和分类厅前一防毒通道换气次数算出的风量，两者比较取大值，确定滤毒式进风量，这样一般选 2~3 个 RFP1000 型过滤吸收器。

因为目前规范尚未修改，从合理性来看，暂时按上述方法较为适宜。

建议标准修编时将淋浴洗消间设在分类厅前方进口处。

203.《人民防空医疗救护工程设计标准》RFJ 005—2011 第 4.3.6 条规定手术室送风系统应设中效过滤器，怎么处理好？

直接在送风口上加中效过滤器，这是不可以的，因为它的阻力太大，新风送不进来。下面介绍的做法供参考：

（1）对医疗救护站，可在送风口下方加设一个带风扇的高效过滤器（如 FFU 型），见图 8-1（b）和图 8-2；

（2）急救医院和中心医院应设局部空调系统，加装 FH 型高效过滤送风口，参见图 8-1（a）。

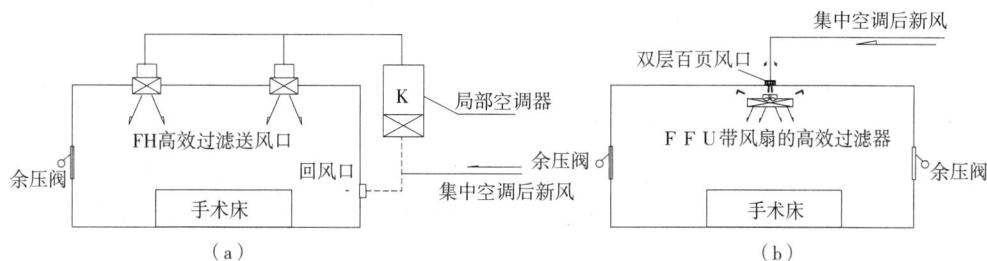

图 8-1　医疗救护工程手术室送风系统

图 8-2　FFU 型带风扇的高效过滤器

204.如何使手术室保持室内微小正压？

可在手术室与通道的隔墙上，加设余压阀（或自动排气活门），并通过调节送排风量和余压阀（或自动排气活门）的重锤，来保持室内微小正压，参见图 8-1。

205.医疗救护工程中，空调室外机冷媒铜管能否穿越防护密闭墙？需采取什么防护密闭措施？

空调室外机室与医疗救护工程之间的防毒通道两端，是两道密闭门和密闭隔墙，不是防护密闭门和防护密闭隔墙，空调室外机冷媒铜管可以穿越这两道密闭墙。采用《〈人民防空地下室设计规范〉图示 给水排水专业》05SFS10的6.1.2图示一做好密闭即可。制冷剂管道是密闭循环系统，制冷剂管此处不宜设阀门，设阀门易漏气。一般是气管大、液管小，两者用带子缠在一起穿过一根预埋过墙套管，预埋过墙套管的管径应大一些，以便加入密闭填料和密闭处理工作。

第2节　医疗救护工程通风空调系统设计

206. 对于医疗救护工程，第二密闭区的超压排风和分类厅的超压排风能否排到同一个扩散室中？

可以。

为了便于理解，举一个工程实例供参考，见图8-3。第一密闭区的厕所及盥洗室等排风房间的排风系统单独设置。

（1）清洁式通风时，打开密闭阀门1和密闭阀门2，第二密闭区的送风进入分类厅，分类厅的排风系统打开密闭阀门3和密闭阀门4，关闭密闭阀门7和密闭阀门8，厕所排风经过扩散室排到室外。

（2）工程转入滤毒式通风时，关闭排风系统的密闭阀门3和密闭阀门4，以及送风系统的密闭阀门1和密闭阀门2，打开密闭阀门7和密闭阀门8以及密闭阀门5，第二密闭区的超压排风经过密闭阀门5、第二防毒通道、穿衣间、淋浴间、自动排气阀门6、脱衣间进入分类厅，然后，由阀门7进入第一防毒通道，再由密闭阀门8进入扩散室，最后排到室外。

（3）因为分类厅允许染毒，所以隔绝通风时，要关闭密闭阀门1、2、5、6。

①这个工程图虽然并不十分标准，但设计思路清晰，第一密闭区的送风系统D与第二密闭区空调系统相接。

②第一密闭区清洁式通风时，开阀门1~4和排风机A。

③滤毒通风时，必须关闭阀门3、4，第二密闭区滤毒进风的气流通过密闭阀门5、自动排气活门6、密闭阀门7进入第一防毒通道，再由密闭阀门8经扩散室排到室外。

④隔绝通风时，第二密闭区的空调系统可以自循环运行，密闭阀门1、2、5必须关闭，因为第一密闭区是允许染毒的，目前规范问题就在这里，第一密闭区是不能染毒的，这里的急救观察室和诊疗室都是清洁区，怎么能允许染毒呢？

⑤由图8-3可以看出，第二密闭区的超压排风和分类厅的超压排风当然是排到同一个扩散室中了。

207. 第二密闭区的排风应如何设计？

排风系统设置分两种情况：

（1）急救医院和中心医院：第二密闭区设有独立的战时人员主要出入口，所以第二密闭区的排风系统是结合战时人员主要出入口设计的。

（2）医疗救护站：两个区只设一个战时人员主要出入口，所以第二密闭区的排风系统需要单独设置时，应注意防护措施要合理。

下面举一个医疗救护站工程实例，其第二密闭区的排风系统见图 8-4。

该工程设计思路清晰，密闭阀门 F7 设在过渡区密闭通道内，密闭阀门 F8 设在清洁区防化器材室。增设密闭通道使该孔口与其他出入口的密闭能力相同，避免了图 8-5 一框两门，密闭阀门 F7 和 F8 都设在清洁区的错误形式（详见本书第 147 号问答）。

应注意排风井和扩散室的防毒隔墙一般不宜与清洁区相邻，必须相邻时应做防透毒处理。

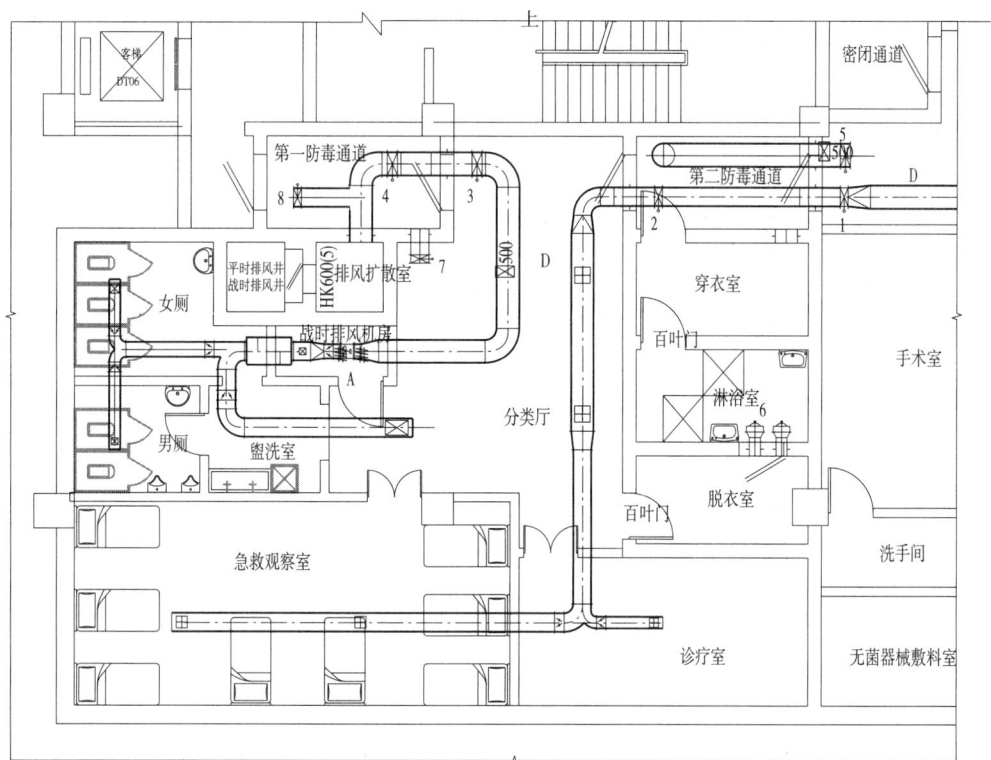

排风口部战时通风方式转换操作说明：

通风方式 \ 开闭阀门	开启阀门	开启设备	关闭阀门	备注
清洁式	1、2、3、4	A、D	5~8	D- 空调系统
滤毒式	5、6、7、8		1~4	必须关闭阀门 1~4
隔绝式			1、2、5	

图 8-3　某工程第一密闭区排风系统原理图

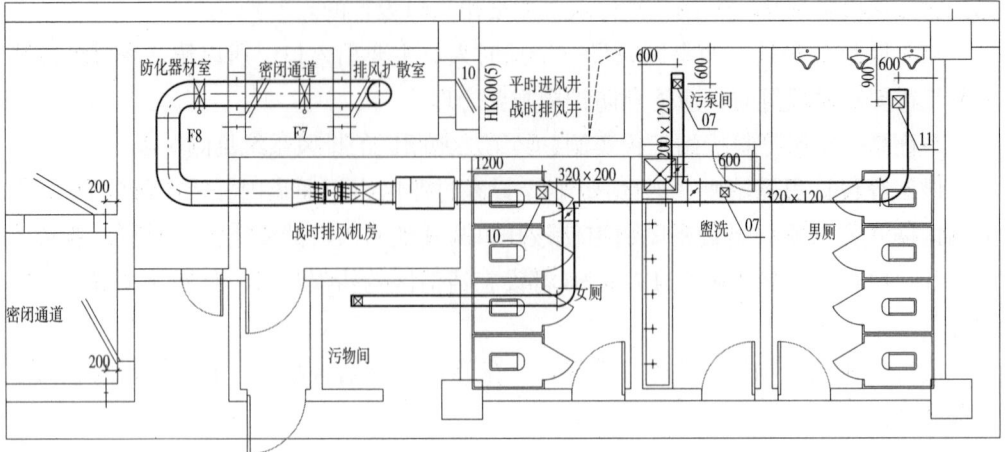

图 8-4　某医疗救护站工程第二密闭区的排风系统

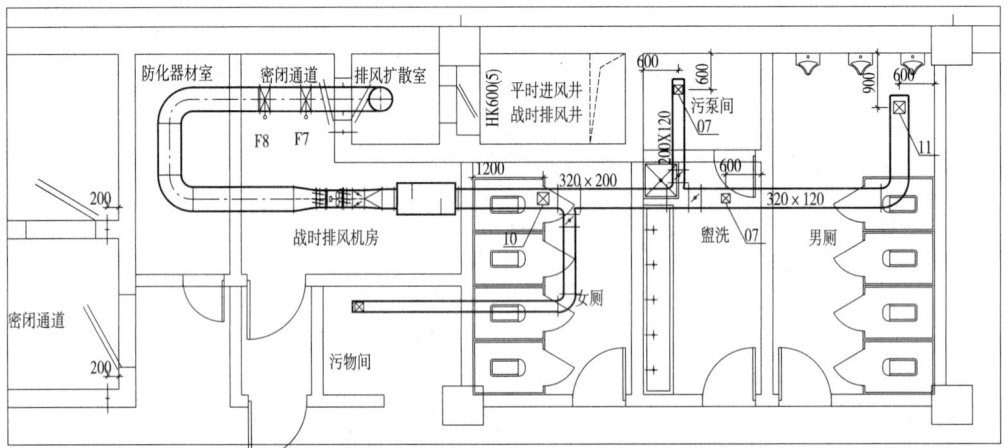

图 8-5　救护站工程第二密闭区排风系统的不合理设计

208. 空调室外机可否设在柴油电站内？是否需要单独为室外机设一套进排风系统？战时三种通风方式下是否都可使用？

这是三个问题。

（1）医疗救护工程的风冷室外机，可以设在柴油电站内。

优点：比单独设置室外机房节省占地面积和初投资。

（2）空调室外机宜设置独立的进排风系统，因为它与电站都需要独立运行，防止相互干扰，见图 8-6，各自设置独立的进排风系统。

（3）因为室外机与柴油电站一样，在三种防护条件下都要运行，所以没有三种通风方式之分，按连续运行设计。

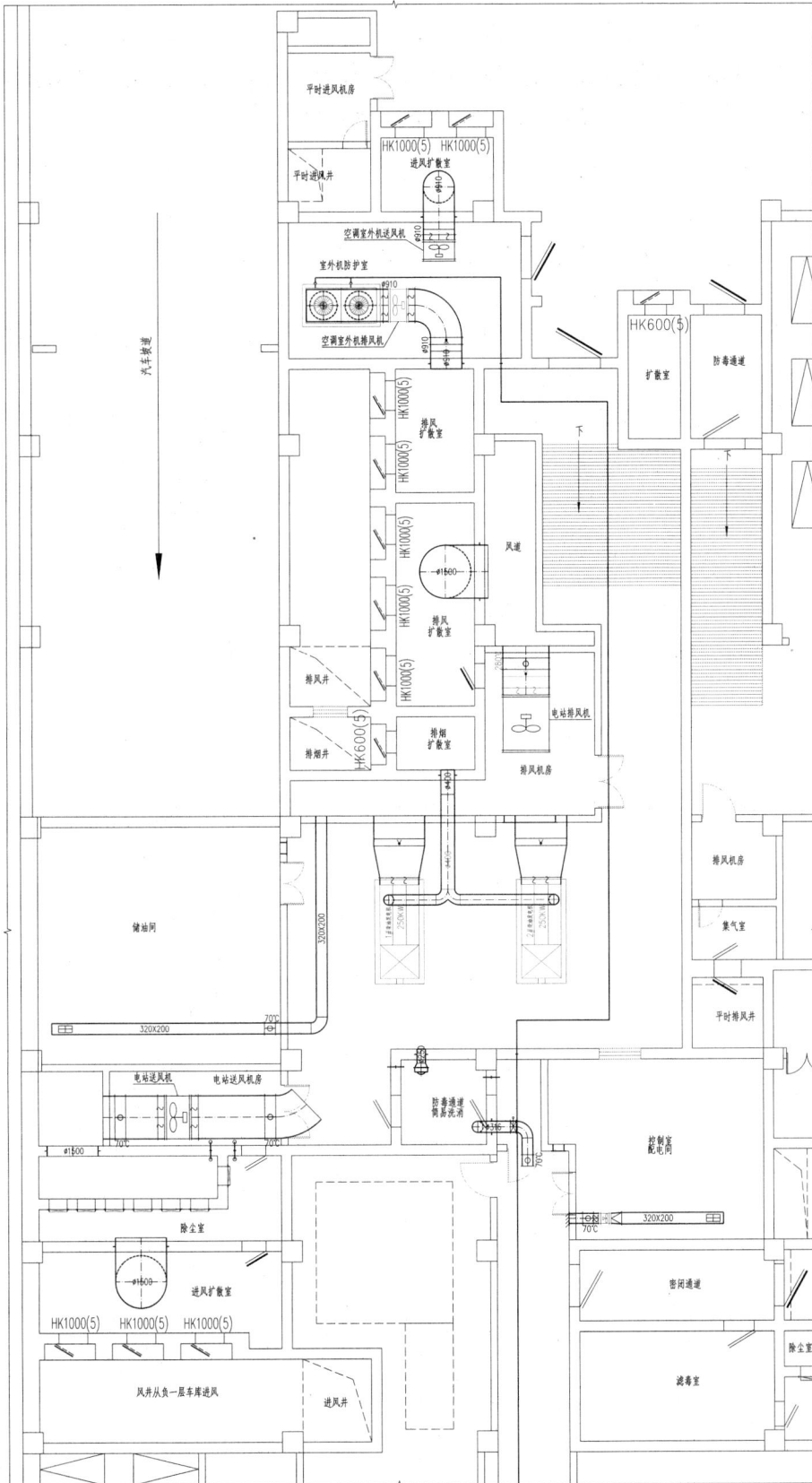

平时进风机房

平时进风井

HK1000(5)　HK1000(5)

进风扩散室

空调室外机送风机

室外机防护室

空调室外机排风机

排风扩散室

HK1000(5)

HK1000(5)

风道

HK1000(5)

排风扩散室

HK1000(5)

排风扩散室

HK1000(5)

排风井

排烟井

HK600(5)

排烟扩散室

电站排风机

排风机房

HK600(5)

扩散室

防毒通道

下

汽车坡道

储油间

320×200

70℃

320×200

250W

排风机房

集气室

平时排风井

电站送风机

电站送风机房

70℃

ø1500

70℃

70℃

防毒通道简易洗消

70℃

ø396

控制室配电间

320×200

70℃

除尘室

ø1500

进风扩散室

HK1000(5)　HK1000(5)　HK1000(5)

密闭通道

除尘室

风井从负一层车库进风

进风井

滤毒室

图 8-6　风冷室外机设在电站

209.《人民防空医疗救护工程设计标准》RFJ 005—2011 第 3.7.4 条 7 款规定"当室外机防护室与清洁区相连通时，连通口处应设密闭通道，"但有的工程设了防毒通道，哪个对？

室外机防护室独立设置时，它是允许染毒区，而且战时与电站机房一样，可能会有人员出入去检修或操作，所以当室外机防护室与清洁区相连通时，连通口处应设防毒通道，或与已有洗消设施的其他口部合用，建议标准修订时做相应修改。

下面举几个工程实例说明各地人防设计院是如何处理这个问题的。

（1）如图 8-7 和图 8-8，将室外机防护室的连通口设在战时人员主要出入口脱衣间的侧墙上，人员进出方便洗消。

（2）有的工程将空调室外机防护室与战时人员主要出入口就近布置，不设连通口，人员出入通过战时主要出入口，战时解决了人员进出洗消问题，见图 8-9。

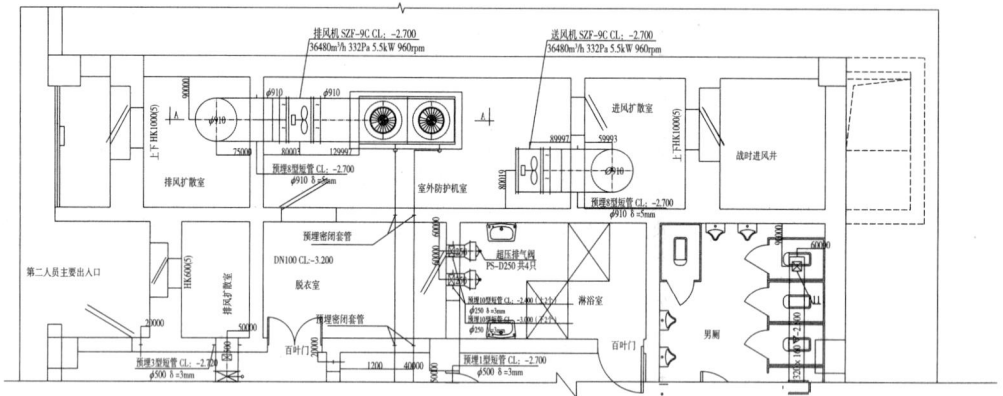

图 8-7　单独设置室外机与战时主要出入口结合的实例（平面图）

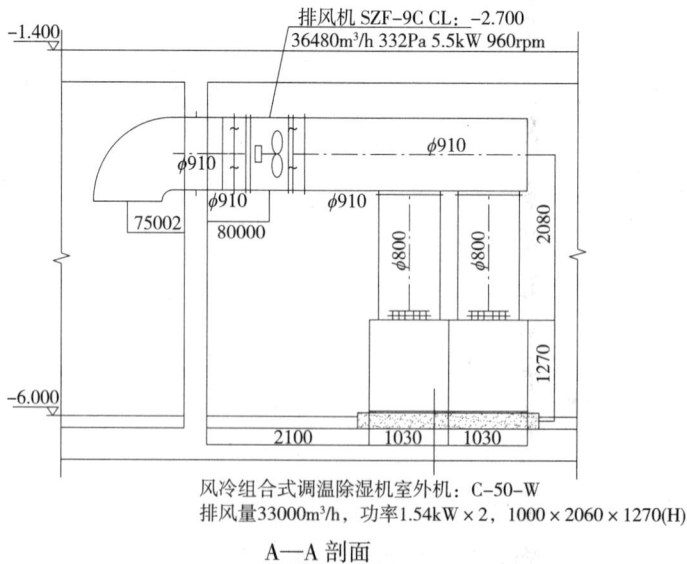

图 8-8　单独设置室外机的实例（A-A 剖面图）

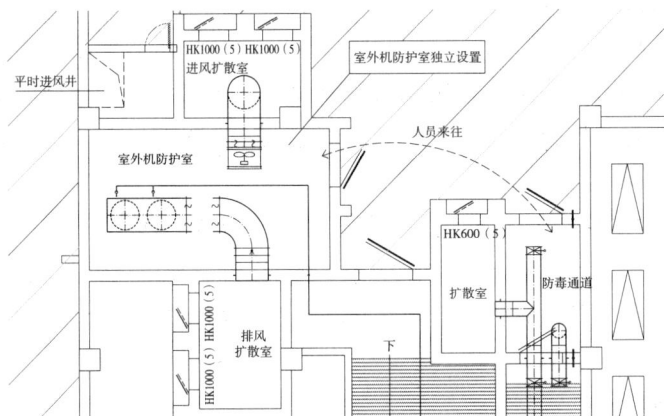

图 8-9 空调室外机防护室与主要出入口就近布置

（3）空调室外机防护室与清洁区之间设置防毒通道的工程较多，如图 8-10 所示。

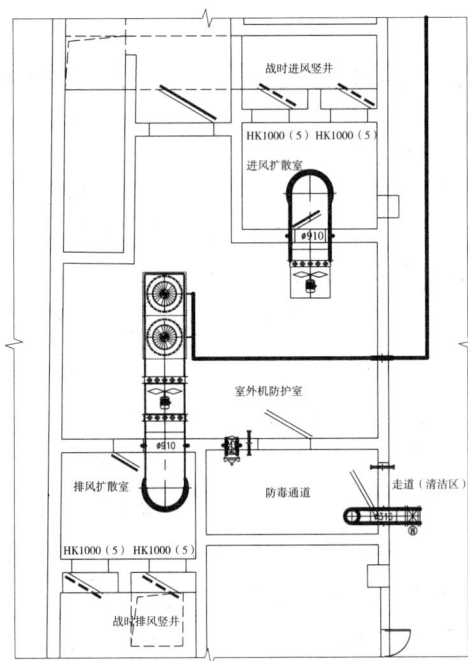

图 8-10 空调室外机防护室与清洁区之间设防毒通道
说明：一般应通过排风管道与室外机出风口连接。不提倡这种用静压室进排风的
方式，因为，这样占地面积太大，增加了工程造价。

210. 战时遭到生物武器袭击后，人防工程内如出现类似新型冠状病毒人传人的情况，如何控制？如何处理？

这个问题涉及的方面很多，一个回答难以全面说明白，而且还有许多需要进一步研究的问题。下面仅就人员密集的二等人员掩蔽部和医疗救护工程可重点考虑的事项做一介绍，希望能起到抛砖引玉的作用。

（1）二等人员掩蔽部

二等人员掩蔽部，一般是按掩蔽 1000~1500 人设计的，其中老弱病残、儿童较多，在每人 1 平方米的密集人群中，突然发现几个传染病的感染者，暂时无法送医的情况下，开辟一个隔离区是十分必要的，同时还要考虑配套设施。掩蔽部内应具备以下条件：

①应设一个指挥室。应有人组织指挥，否则会乱作一团。

②应设一个医务室。应有医生组织施救和对医疗系统进行联系的设备。

③应设隔离区。其位置以便于负压排风、区内的空气不外溢为原则，尽量有独立的厕所和相应设施。

（2）医疗救护工程

应将传染、隔离、救治、防护等分区工作放到重要位置。现行《人民防空医疗救护工程设计标准》RFJ 005—2011 主要考虑战时伤员救治，新标准应对上述问题给予适当补充。

211. 新型冠状病毒感染的肺炎这类传染医院对通风空调设计有哪些要求？

作为人防暖通从业人员，应对这些要求有基本了解，主要了解或注意以下几点：

（1）首先要了解 2020 年新冠病毒感染肺炎疫情传染的主要途径：①患者咳嗽、打喷嚏和对话呼出空气中的飞沫悬浮在空气中，被感染者吸入造成感染，这属于气溶胶直接传播感染。②患者的各种分泌物和排泄物留在物体表面上，人员接触到后被感染，这属于接触传染。③与患者握手或亲密接触，属于直接传染。这与战时敌人施放的传染性病毒（鼠疫、天花、霍乱等病毒）使人感染相似，都主要是病毒以气溶胶状态大面积悬浮在空气中，或散落在物体上，人员吸入、接触后被感染，以致人传人。

（2）要熟悉 2003 年抗击非典型肺炎之后，我国相继出台的一系列传染病医院建设规范和标准：《医院隔离技术规范》WS/T 311—2009，《传染病医院建筑设计规范》GB 50849—2014，《传染病医院建设标准》建标 173—2016 等技术规范。

（3）传染病医院对通风空调专业要求：医院内清洁区、半污染区、污染区的送排风系统应按区域独立设置，机械送、排风系统应使医院内空气压力，从清洁区至半污染区至污染区依次降低，形成压力梯度，清洁区每个房间的送风量要大于排放量 150m³/h，污染区每个房间的排风量要大于送风量 150m³/h 等措施。

（4）通风空调设计参数详见上述规范。

212. 能否简介应急新建传染病医院的通风空调设计特点，为人防工程设计提供参考？

新型冠状病毒肺炎疫情发生后，应急新建了部分传染病医院，下面结合案例简单加以介绍和分析，人防工程如何参考设计见下一个问答。

（1）传染病医院隔离病房的通风空调设计案例一（图 8-11）

①基本情况：一栋 26 个隔离病房，通道两侧各 13 间，其中 7 间一套进排风系统，另外 6 间一套进排风系统，新风量每间约 8 次 /h，排风量约 12 次 /h，新风经过电加热之后，送入病房，每间设置一台分体空调：加热量 7kW，制冷量 5kW，进排风系统：房间的进排风管，均采用 D150 的塑料管（具有施工速度快的优点），图中进排风机只画一套，其余相同。系统布置基本合理，风机可以不设备用。

②气流组织：排风口距地面 100mm，排风口上设有高效过滤器，送风口距顶板 50mm，送风为贴附射流，厕所排风口也设有高效过滤器，走廊设置独立的送风系统，以便保持正压，同时兼为厕所送风，气流组织基本合理。

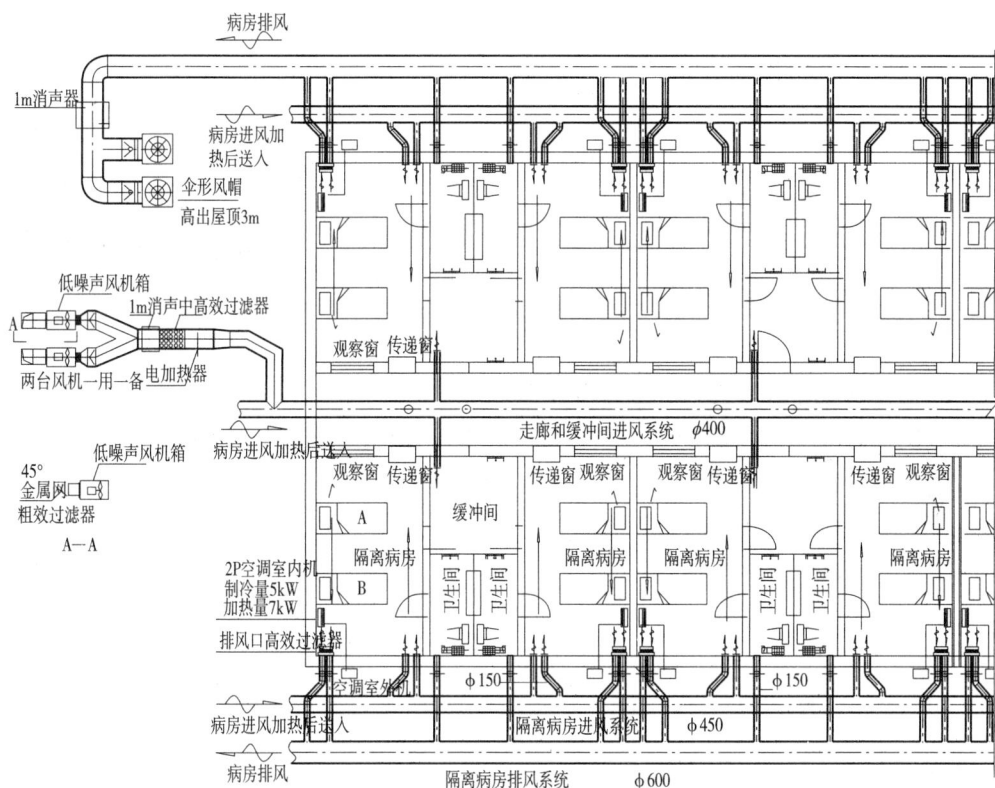

图 8-11　传染病医院隔离病房的通风与空调设计案例一

（2）传染病医院隔离病房的通风空调设计案例二，见图 8-12

该传染病医院隔离病房采用集中送风，各病房设排风器排风，厕所自然排风，病房内设一台分体空调。新风没有加热器，直接送入通道，由缓冲间进入病房（冬天冷风不加热是不妥的）。

上面两个案例比较，案例二系统简单、造价低、空调效果可能略差、排风扇有噪声，正规医院不宜这样设计而且传染病房自然排风对预防病毒扩散是不利的，案例一系统较为合理、空调效果应比案例二好，但造价高。

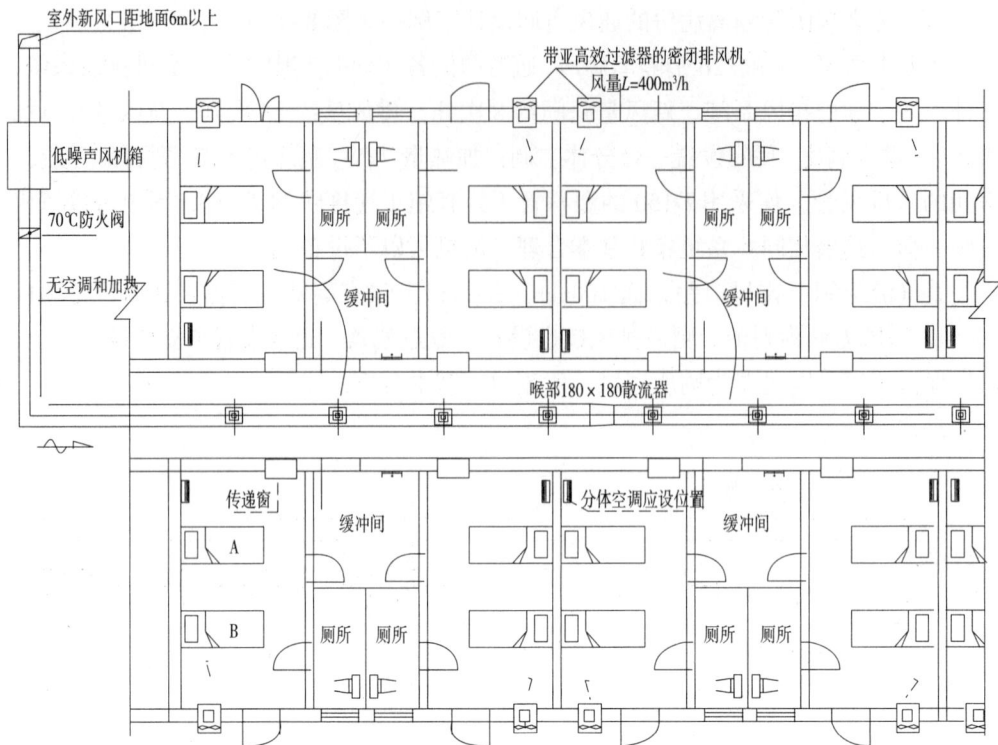

图 8-12　传染病医院隔离病房的通风与空调设计案例二

（3）文献推荐的传染病医院隔离病房的气流组织形式

美国《疾病预防控制措施中预防结核分支杆菌传播的指南》简称《CDC 指南》，建议气流组织形式见图 8-13，它基本上是指单人病房。

①单人病房的气流组织

单人病房的气流组织见图 8-13。

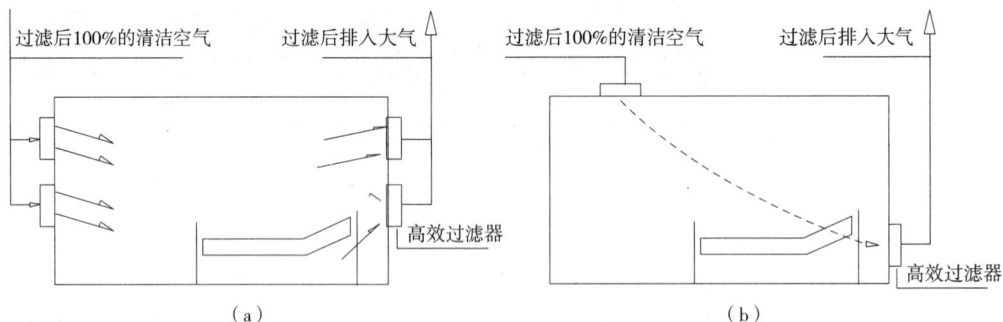

图 8-13　《CDC 指南》建议气流组织形式
（a）水平层流式；（b）上侧送，病人呼吸区下侧排

②多人病房的气流组织

多人病房要保证医护人员的安全，患者呼出的浊气应从床头的排风口及时排除，参见图 8-14。

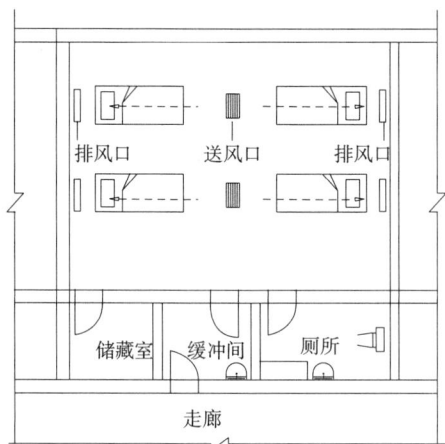

图 8-14　多人病房气流组织形式

213. 新型冠状病毒肺炎感染事件对人防工程建设有哪些启示？

人防工程确实应考虑战时在掩蔽人员中，出现传染病人的问题。过去人防对于战伤和化学毒剂中毒的救治考虑较多，对于传染性生物战剂受染人员的隔离和施救考虑较少，这次新型冠状病毒感染肺炎疫情传染、救治，新建医院和改建临时性方舱医院的一系列迅速、果断措施，给我们很大启示：传染疫情的伤害和传播比战伤和毒剂更可怕，人员隐蔽工程应有相应的应急措施。

从整体来看，人防工程建在人员密集而且流动人口较多的商住区、写字楼和商业广场的下方，不适宜作为传染性的临时医院。但是，战时一旦发现传染性患者，应有临时隔离措施：

①人防医疗救护工程的第一密闭区应预设传染病隔离病房，病房应采用负压排风措施，应设置独立的卫生间，参见图 8-15；

②平时汽车库，战时为人员掩蔽部的工程，宜在靠战时排风机房附近，设置临时隔离病房，以便临时安排患者。病房应采用负压排风，并设置独立的卫生间。

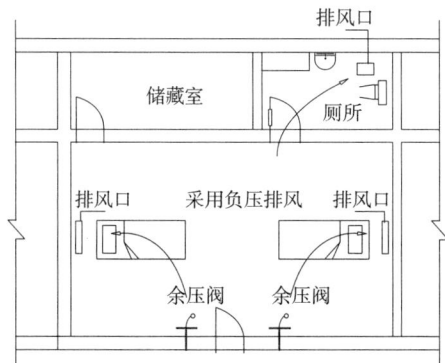

图 8-15　战时预设隔离病房

第 9 章

其他工程

第1节　专业队装备掩蔽部的通风

214. 专业队装备掩蔽部清洁式通风时利用平时通风系统，是否可不再设置人防专用战时通风系统？其隔绝防护如何实施？

专业队装备掩蔽部一般不另设战时通风系统，战时清洁式通风时，利用平时通风系统：

（1）平时：平时排风系统是通过集气室、防护密闭门和排风井，进行排风的，同理，进风系统是从进风井、防护密闭门、集气室、进风机及其系统进风的。

（2）战时：平时通风系统口部设一道防护密闭门，战时，清洁通风时，打开防护密闭门和进排风机可以清洁式通风，隔绝防护时，关闭防护密闭门即可转入隔绝式防护，参见图9-1。这种方法系统简单、工程造价低、维护方便，用得比较普遍。

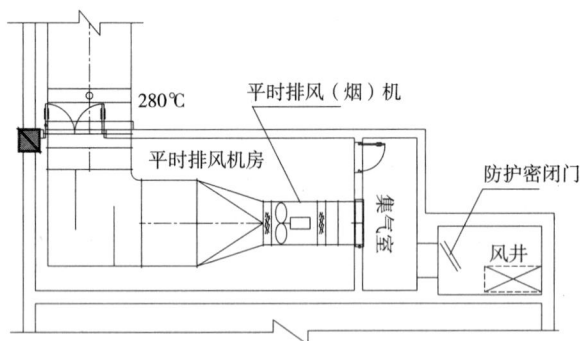

图 9-1　专业队装备掩蔽部进排风系统口部防护形式（一）

215. 专业队装备掩蔽部进排风系统口部防护形式也有按图 9-2 设计的，图 9-1 和图 9-2 两种形式如何选择？

图 9-2 也是专业队装备掩蔽部进排风口部一种防护形式。与图 9-1 相比，图 9-2 设有防爆波活门和扩散室，进排风系统上设有密闭阀门。

清洁式通风时：打开密闭阀门、启动进排风机即可；

隔绝式防护时：关闭密闭阀门、关闭进排风机即可。

这种方案的缺点：系统复杂，造价高。

（1）对于三类以下设防城市，又不是重要经济和军事目标，一般核袭击的可能性很低，宜按图 9-1 的形式设计；

（2）对于一类和二类设防城市，是重要经济和军事目标，核袭击的可能性较高，可以参考图 9-2 的形式设计。

上述仅作参考，因为两种方法，从经济和占地面积，差别不大，设计者自行决定为宜。

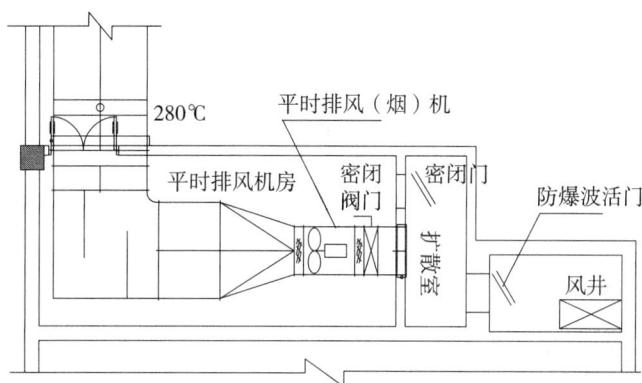

图 9-2　专业队装备掩蔽部进排风系统口部防护形式（二）

第 2 节　物资库通风系统设计与审图

216. 普通物资库可否用平时通风系统进行清洁式和隔绝式通风？还要设粗滤器吗？

（1）《人民防空物资库工程设计标准》RFJ 2—2004 通风部分未明确这些内容。现在虽然有《人民防空食品药品储备供应站设计规范》DB32/T 3399—2018，江苏省标等标准规范相继出台，可供使用或参考，但是其他类型的物资库，各地人防部门的批文中尚提不出工艺要求。

在审图和设计双方能达成共识的条件下，对只设一般抢险抢修工具等物品的普通物资库可以利用平时通风系统、不另设粗滤器和小风机进排风系统，因为普通物资对空气洁净度无要求，而且汽车库平时通风系统的换气次数在 6 次 /h 左右，大于《人民防空物资库工程设计标准》RFJ 2—2004 的 1~2 次 /h，对通风是有利的。对短时间没有温湿度要求的普通物资储备，另加除尘器和小风机，脱离实际，但是审图和设计双方没有共识时，应执行现行标准。

（2）普通物资库只进行隔绝式防护，不要求隔绝式通风。

217. 普通物资库进排风系统如何确定其防护方式？国标图集《〈人民防空地下室设计规范〉图示通风专业》05SFK10 P41 页 5.2.1 图示 4 做法是否合理？

这个问题与本章第 1 节专业队装备掩蔽部的问题类似。

（1）根据《人民防空物资库工程设计标准》RFJ 2—2004 条文说明第 21 页有这样解释："在隔绝防护情况下，利用关闭平时通风系统或人员出入口的防护密闭门和密闭阀门与常用由消波装置和两道密闭阀门的通风系统相比，见图 4-4。同样能满足防护密闭要求。而前者可不设消波装置和密闭阀门，相应可减少辅助面积和节省投资与运行费用"。该条文说明的图 4-1 和图 4-4 分别见本书图 9-3(a)和图 9-3(b)。

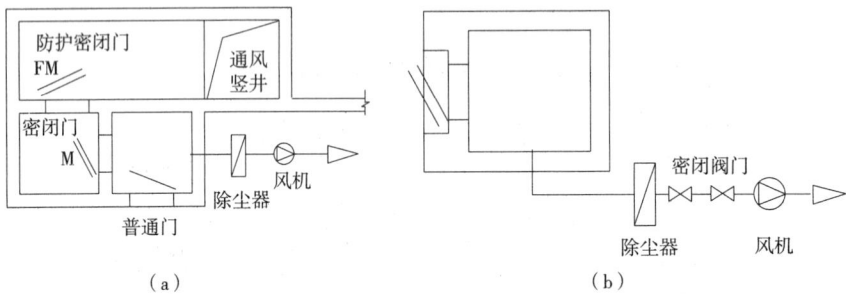

图 9-3   《人民防空物资库工程设计标准》RFJ 2—2004 图示
（a）标准条文说明中图 4-1；（b）标准条文说明中图 4-4

上述意见有一定道理，但是核袭击与常规武器袭击不同，核袭击具有突然性，而且是针对具有支持战争潜力的重要经济目标和军事目标的，所以建议按城市类别细分后有针对性选择防护方式：

①对于三类以下设防城市，又不是重要经济和军事目标，一般核袭击的可能性很低，依据《人民防空物资库工程设计标准》RFJ 2—2004，可以按图 9-3（a）进行设计，其优点：人员出入和管理方便，平时开门通风，系统阻力小等；

②对于一类和二类设防城市，是重要经济和军事目标，是核袭击可能性较高的城市，依据《人民防空物资库工程设计标准》RFJ 2—2004，可以按图 9-3（b）进行设计，非重点区域仍可采用图 9-3（a）；

③不宜按一种模式设计，即使是一、二类设防城市，其偏僻郊县也可按①的情况处理。

（2）国标图集《〈人民防空地下室设计规范〉图示 通风专业》05SFK10P41 页 5.2.1 图示 4 主要有以下几点不合理之处：

①没有区分城市类别，统一用一个模式不妥，进排风系统结合人员出入口布置可以避免上述失误；

②两个密闭阀门应一个设在过渡区，一个设在清洁区；

③该图建筑布置不完善，例如排风系统所在的出入口缺少防毒通道。

218. 能举个被服类物资库工程设计案例吗?

人防被服库主要是储藏各类人员掩蔽工程中穿衣间内所必备的服装、鞋和帽等物资。目前没有人防被服储备库的专门设计规范,也没有实际工程案例。笔者结合对民政局救灾处和原军区被服库的调研情况,参考部队被服库的参数标准和《人民防空工程防化战术技术要求》RFJ 015—2010 的相关要求,给出以下初步设计标准供参考:

(1)防化:乙级;

(2)室内空气参数要求:设计温度 $t \leqslant 30℃$,相对湿度 $\phi \leqslant 70\%$,送风换气次数 K=3~4 次 /h;

(3)工作人数:5~10 人,这个人数,是计算负荷和洗消人数;

(4)宜与本地民政局救灾处的被服库合作,共同设计和管理,以便减少管理人员和平时对于被服储备及周转。

平面布置可参见图 9-4。还需注意以下三点:

(1)被服类仓库设计前,必须弄清本工程所在地区的地温和气候特点。由上述设计参数标准可知,被服类仓库主要是控制好室内的湿度,其次是温度。同类仓库目前多数选用的是升温型除湿机,因为它系统简单、管理方便,初投资少。

(2)过渡季和冬季可以使用全新风,其运行仍然是在控制好湿度 $\phi \leqslant 70\%$ 的基础上,"冬天开,夏天闭,春秋两季看天气"。

(3)对于两广和海南,主要用降温除湿或调温除湿,不适于升温除湿。

设计被服储备供应库,一定要弄清工艺要求,如被服箱体尺寸、箱体距墙、距地、距顶的尺寸,通道和叉车的尺寸要求等。

219. 食品和药品供应站如何设计?

江苏省已经正式出台《人民防空食品药品储备供应站设计规范》DB32/T 3399—2018,设计时可参考该规范,下面介绍其主要设计参数标准。

(1)人防食品供应站:

①防化:乙级;

②工作人员数量:15~20 人;

③新风量标准:清洁式通风:q_1=30m³/(P·h),或按 K=1 次 /h 换气;

滤毒式通风:q_2=5~7m³/(P·h);

④温湿度标准见表 9-1。

人防食品供应站温湿度设计要求　　　　　　　　表 9-1

季节	室内空气温度(℃)	室内空气相对湿度 ϕ(%)
夏季	$\leqslant 26$	$\phi \leqslant 70$
冬季	$\geqslant 5$	$30 \leqslant \phi \leqslant 70$

⑤噪声标准：库房：55dB，值班室：50dB，休息室：45dB；

⑥换气次数：$K=4\sim6$ 次 /h；

人防食品供应站，一般结合大型食品超市设置，有利食品周转。

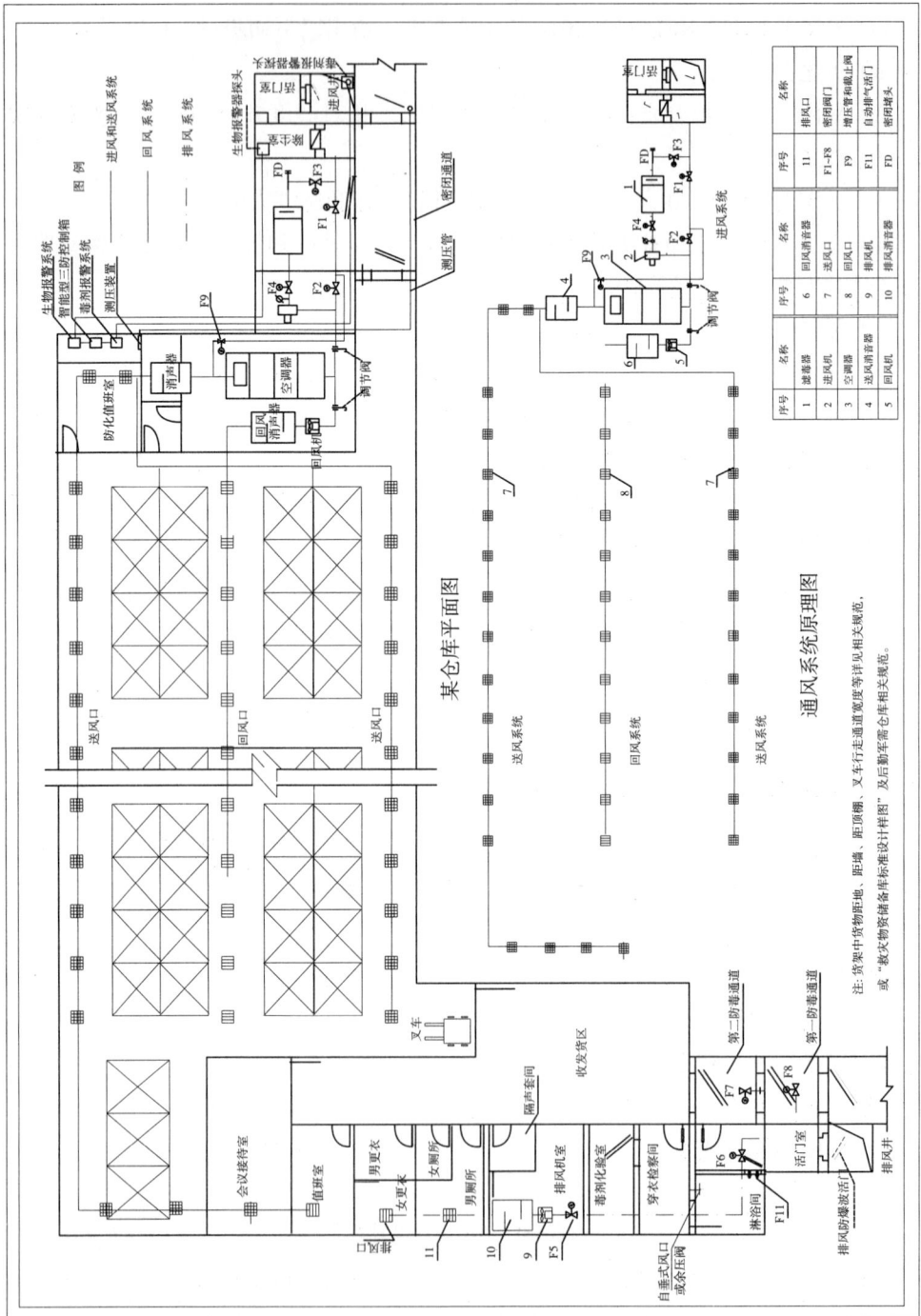

图 9-4　被服类仓库平面布置图

（2）人防药品供应站：

①防化：乙级。

②工作人员数量：15~20 人。

③新风量标准：清洁式通风：q_1=30m³/（P·h）；或按 K=1 次 /h 换气。

滤毒式通风：q_2=5~7m³/（P·h）。

④温湿度标准见表 9-2：

人防药品供应站温湿度设计要求　　　　表 9-2

季节	室内空气温度（℃）	室内空气相对湿度 ϕ（%）
夏季	≤ 26	$\phi \leqslant 65$
冬季	≥ 5	$30 \leqslant \phi \leqslant 65$

⑤噪声标准：库房 55dB；值班室 50dB；休息室 45dB。

⑥换气次数：K = 4~6 次 /h。

⑦注意：药品库比较复杂。国家将药品库分为三种：常温库温度 0~30℃、阴凉库温度 0~20℃、冷藏库温度 2~10℃。该规范处在常温和阴凉库之间，考虑负荷可调、局部可调，所以参数定为表 9-2。这种周转性库房内设冷藏柜或冷藏室。

人防药品供应站，一般结合地区药品周转库或大型医院的药品库设置。其中工艺要求较多，设计时要做好调研工作。

第 3 节　兼顾人防工程通风系统设计与审图

兼顾人防工程：是大型地下空间兼作战时防空袭人员或物资临时掩蔽或疏散的工程。

220. 兼顾人防工程的通风设计应执行什么标准？

目前国家统一标准尚未颁布。部分省市出台了本地的兼顾人防工程的设计标准，有标准的应执行本地的标准。它属于战时防空袭人员或物资临时掩蔽工程，一般只设置隔绝式防护。设计时主要注意以下几点：

（1）利用平时系统进行战时短暂通风（战时相对安全时段，且有人员值守下，开启防护密闭门），不另设战时通风系统；

（2）平时进排风系统的进、排风竖井防护能力应与人员出入口一致；

（3）目前防化等级有两种：有的省市将兼顾人防防化统一定为丁级，即口部设一道防护密闭门、一道密闭门，形成一个防毒通道；有的省市将兼顾人防防化等级统一按戊级（见本丛书防化分册问答），即口部只设一道防护密闭门，没有防毒通道；

（4）抗力级别一般为 6 级。

第 4 节　人防工程平战转换通风系统设计与审图

221. 人防工程通风与防化设备平时哪些需要安装到位？

这是平战转换问题，各省市都制定了《关于人防工程平战功能转换要求》一类的文件。由于各省市在未来战争中的战略地位不同，因此平时设备安装到位的要求也不同。即使同一地区不同类型工程，平时设备安装到位的要求也不同。设计和审图人员一定要熟悉工程所在地人防颁布的此类文件，按文件执行。

222. 平战转换预案通风专业怎么做？

这个问题难以用简短几句话来回答。与本书同时出版的《人民防空工程通风空调与防化监测设计及实例》（郭春信等编著），其中对本问题将有详细论述和案例。

第 5 节　轨道交通

223. 地铁重点站的防化级别为丙级，其应设在标准站还是换乘站？

《轨道交通工程人民防空设计规范》RFJ 02—2009 条文说明中，"一般根据人防规划和各车站重要性的不同划分为重点设防站（重点站）和一般设防站（次要站）"。重点站设置问题应注意以下几点：

（1）丙级防化的车站一定是设在重点站。换乘站人流量大是重点站，机关、学校、厂矿和重要军事目标所在地的车站是重点站。其中机关和学校以及重要军事目标是重点中的重点。

（2）防化丁级车站一般掩蔽 1000 人，设置清洁式通风和隔绝式防护，其进排风口结合该车站平时进排风井设置。而防化丙级车站不同，其排风系统是结合人员出入口布置的。

（3）如果换乘站是防化丙级，上下层应各自独立设置进、排风系统和洗消设施，保证出入口的安全。

（4）仅从技术的角度，标准站只有一层站房，防护和设备设计工作量比换乘站两层站房小得多；但是从必要性上看，当然应设在重点站中的重点站。

（5）防化丙级要设滤毒通风系统，哪个站点设为丙级防化是由当地人防与驻地军政机关决定的。

（6）防化丙级车站战时进排风系统设计，参见与本书同时出版的《人民防空工程通风空调与防化监测设计及实例》一书的第 9 章。

224.地铁换乘站只设一套战时进、排风系统对吗?

换乘站上下是两层站房，上下各设有厕所，厕所必须排风，因此应上下各设进、排风系统，每个进出站口，都应设洗消。

附　录

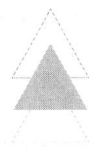

　　人防工程标准、规范、图集、政策法规、技术文件等资料是人防工程设计、施工、验收和维护管理的依据，收集、整理一个目录很有意义。尤其是人防工程有许多地方性规范、规定或政策不为外人熟知，经常因此产生错误。为开阔视野，我们也希望收集、整理部分国外防护工程设计标准等资料，目前只暂列了美国的资料。

　　收集、整理资料当然是越齐全越准确越好，但因为承担收集和整理任务的人员受业务范围和精力等所限，各地完成情况不一，有的较齐全，但有的较简略，有的详细标出了来源和是否仍有效等信息，但有的只是简单列出。由于时间和水平等原因，丛书出版之前难以使之更加完善。本着抛砖引玉的想法，我们将收集的资料列出，仅供参考。资料汇总目录将在"人防问答"网上持续更新，欢迎读者登录该网积极提供并反馈信息。

全国通用人防工程资料目录
（安国伟整理）

一、设计

（一）标准规范

1.《人民防空工程供电标准》RFJ 3—1991

2.《人民防空工程基本术语》RFJ 1—1991

3.《人民防空工程照明设计标准》RFJ 1—1996

4.《人民防空地下室设计规范》GB 50038—2005

5.《人民防空工程设计防火规范》GB 50098—2009

6.《地下工程防水技术规范》GB 50108—2008

7.《轨道交通工程人民防空设计规范》RFJ 02—2009

8.《人民防空工程防化设计规范》RFJ 013—2010

9.《人民防空医疗救护工程设计标准》RFJ 005—2011

10.《城市居住区人民防空工程规划规范》GB 50808—2013

11.《汽车库、修车库、停车场设计防火规范》GB 50067—2014

（二）标准图集

1.《塑料模壳钢筋混凝土双向密肋板通用图集》91RFMLB

2.《人民防空地下室设计规范》图示—建筑专业 05SFJ10

3.《人民防空地下室设计规范》图示—给水排水专业 05SFS10

4.《人民防空地下室设计规范》图示—通风专业 05SFK10

5.《人民防空地下室设计规范》图示—电气专业 05SFD10

6.《防空地下室室外出入口部钢结构装配式防倒塌棚架结构设计》05SFG04

7.《防空地下室室外出入口部钢结构装配式防倒塌棚架建筑设计》05SFJ05

8.《防空地下室室外出入口部钢结构装配式防倒塌棚架 建筑、结构（设计、加工）合订本》05SFJ05、05SFG04

9.《人防工程防护设备图集》RFJ 01—2005

10.《防空地下室建筑设计示例》07FJ01

11.《防空地下室建筑构造》07FJ02

12.《防空地下室防护设备选用》07FJ03

13.《防空地下室移动柴油电站》07FJ05

14.《防空地下室设计荷载及结构构造》07FG01

15.《钢筋混凝土防倒塌棚架》07FG02

16.《防空地下室板式钢筋混凝土楼梯》07FG03

17.《钢筋混凝土门框墙》07FG04

18.《钢筋混凝土通风采光窗井》07FG05

19.《防空地下室给排水设施安装》07FS02

20.《防空地下室通风设计示例》07FK01

21.《防空地下室通风设备安装》07FK02

22.《防空地下室电气设计示例》07FD01

23.《防空地下室电气设备安装》07FD02

24.《防空地下室建筑设计（2007年合订本）》FJ01~03

25.《防空地下室结构设计（2007年合订本）》FG01~05

26.《防空地下室通风设计（2007年合订本）》FK01~02

27.《防空地下室电气设计（2007年合订本）》FD01~02

28.《防空地下室固定柴油电站》08FJ04

29.《防空地下室施工图设计深度要求及图样》08FJ06

30.《人民防空工程防护设备选用图集》RFJ 01—2008

31.《防空地下室给排水设计示例》09FS01

32.《人防工程设计大样图》RFJ 05—2009

33.《城市轨道交通人防工程口部防护设计》11SFJ07

34.《人民防空工程复合材料（玻璃纤维增强塑料）轻质人防门选用图集》RFJ 003—2013

35.《人民防空工程复合材料轻质人防门选用图集》RFJ 002—2016

36.《人民防空工程复合材料（连续玄武岩纤维）人防门选用图集》RFJ 002—2018

（三）政策法规

1.《中华人民共和国人民防空法》（2009 修正），全国人大常委会，1997 年 1 月 1 日施行

2.《关于规范防空地下室易地建设收费的规定》（计价格〔2000〕474 号），国家国防动员委员会等，2000 年 4 月 27 日施行

3.《人民防空工程建设监理暂行规定》（〔2001〕国人防办字第 7 号），国家人民防空办公室，2001 年 3 月 1 日起施行

4.《人民防空工程平时开发利用管理办法》（〔2001〕国人防办字第 211 号），国家人民防空办公室，2001 年 11 月 1 日起施行

5.《人民防空工程建设管理规定》（国人防办字〔2003〕第 18 号），国家国防动员委员会等，2003 年 2 月 21 日发布施行

6.《人民防空工程设计管理规定》（国人防〔2009〕280 号），国家人民防空办公室，2009 年 7 月 20 日施行

7.《人民防空工程施工图设计文件审查管理办法》（国人防〔2009〕282 号），国家人民防空办公室，2009 年 7 月 20 日施行

8.《关于全国人防系统统一采用卫星通信信道和传输设备有关问题的通知》（国人防〔2009〕285 号）

（四）技术文件

1.《全国民用建筑工程设计技术措施–防空地下室》2009JSCS—6

2.《平战结合人民防空工程设计指南》2014SJZN—PZJH

3.《防空地下室结构设计手册》RFJ 04—2015（共 4 册）

二、施工与验收

1.《人民防空工程施工及验收规范》GB 50134—2004

2.《地下防水工程质量验收规范》GB 50208—2011

3.《人民防空工程质量验收与评价标准》RFJ 01—2015

三、产品

1.《人民防空工程防护设备产品质量检验与施工验收标准》RFJ 01—2002

2.《人民防空工程防护设备试验测试与质量检测标准》RFJ 04—2009

3.《人民防空工程复合材料防护密闭门、密闭门标准》RFJ 001—2016

4.《人民防空工程复合材料（连续玄武岩纤维）防护密闭门、密闭门质量检测标准》RFJ 001—2018

5.《RFP 型人防过滤吸收器制造与验收规范（暂行）》RFJ 006—2021

6.《人民防空工程复合材料（玻璃纤维增强塑料）防护设备质量检测标准（暂行）》RFJ 004—2021

7.《人防工程防护设备产品与安装质量检测标准（暂行）》RFJ 003—2021

四、造价定额

1.《人防工程概算定额》（2007）国家人民防空办公室

2.《人防工程工期定额》（2007）国家人民防空办公室

3.《人民防空工程建设造价管理办法》（国人防〔2010〕287 号），国家人民防空办公室

4.《人民防空工程防护（化）设备信息价管理办法》（国人防〔2010〕291 号），国家人民防空办公室

5.《人民防空工程投资估算编制规程》RF/T 005—2012

6.《人民防空工程估算指标》，国家人防防空办公室，2012 年 6 月 18 日实施

7.《人民防空工程预算定额》共分四册：第一册掘开式工程 HDY99—01—2013；第二册坑地道式工程 HDY99—02—2013；第三册安装工程 HDY99—03—2013；第四册附录，国家人民防空办公室，2013 年 10 月 29 日实施

8.《人民防空工程工程量清单计价规范》RFJ 02—2015

9.《人民防空工程工程量计算规范》RFJ 03—2015

10.《关于实施建筑业"营改增"后人防工程计价依据调整的通知》（防定字〔2016〕20 号），国家人防工程标准定额站，2016 年 5 月 1 日执行

五、维护管理

1.《人防工程平时使用环境卫生要求》GB/T 17216—2012

2.《人民防空工程设备设施标志和着色标准》RFJ 01—2014

3.《人民防空工程维护管理技术规程》RFJ 05—2015

六、其他

国家人民防空办公室与中央电视台 7 频道《和平年代》栏目联合拍摄 10 集大型人防电视纪录片《我身边的人防——人民防空创新发展纪实》

北京市人防工程资料目录
（卫军锋整理）

一、标准规范

1.《防空地下室通风图》（通风部分 内部试用）FJT—2003

2.《人防工程防护设备优选图集》华北标 BJ 系统图集 14BJ15—1

3.《北京市人民防空工程平时使用设计要点（试行）》（京人防办发〔2019〕35 号附件），2019 年 3 月 25 日印发

4.《平战结合人民防空工程设计规范》DB11/ 994—2021

二、政策法规

1.《北京市人民防空工程建设与使用管理规定》（北京市人民政府令第 1 号），1998 年 5 月 1 日实施

2.《北京市人民防空条例》，北京市第十一届人大常委会第 33 次会议通过，2002 年 5 月 1 日实施

3. 关于印发《北京市民防规范行政处罚自由裁量权行使规定》和《北京市民防规范行政处罚自由裁量权细化标准（试行）》的通知，北京市民防局，2010 年 11 月 29 日施行

4. 关于《关于落实中小学校舍安全工程有关人防工程建设政策的通知》的备案报告（京民防规备字〔2011〕9 号），北京市民防局、北京市教育委员会，2011 年 3 月 5 日施行

5. 关于印发《北京市民防行政处罚规程》的通知（京民防发〔2013〕142 号），北京市民防局，2013 年 9 月 22 日施行

6. 关于印发《北京市民防行政处罚信息归集制度（试行）》的通知（京民防发〔2014〕92 号），北京市民防局，2014 年 9 月 4 日施行

7. 关于《北京市人民防空工程建设审批档案管理办法》的备案报告（京民防规备字〔2015〕1 号），北京市民防局，2015 年 1 月 26 日施行

8. 关于印发《北京市固定资产投资项目结合修建人民防空工程审批流程（试行）》的通知（京民防发〔2015〕11 号），北京市民防局，2015 年 3 月 1 日起试行

9. 关于印发《北京市民防行政处罚裁量基准》的通知（京民防发〔2015〕85 号），北京市民防局，2015 年 11 月 25 日施行

10. 关于修订《结合建设项目配建人防工程面积指标计算规则（试行）》并继续试行的通知（京民防发〔2016〕47 号），北京市民防局，2016 年 6 月 28 日施行

11.《关于细化北京市防空地下室易地建设条件的通知》（京民防发〔2016〕54 号），北京市民防局，2016 年 6 月 30 日施行

12. 关于印发《结合建设项目配建人防工程战时功能设置规则（试行）》的通知（京民防发〔2016〕83 号），北京市民防局，2016 年 11 月 14 日施行

13.《关于加强社区防空和防灾减灾规范化建设的意见》（京民防发〔2016〕91 号），北京市民防局，2016 年 12 月 2 日施行

14.《关于进一步加强中小学防空防灾教育的实施意见》（京民防发〔2016〕96 号），北京市民防局，2016 年 12 月 29 日施行

15.《关于城市地下综合管廊兼顾人民防空需要的通知（暂行）》（京民防发〔2017〕73 号），北京市民防局，2017 年 7 月 18 日施行

16.《关于清理规范人防工程改造施工图设计文件专项审查中介服务事项的通知》（京民防发〔2017〕100 号），北京市民防局，2017 年 10 月 31 日施行

17.《关于废止部分行政规范性文件的通知》（京民防发〔2017〕123 号），北京市民防局，2017 年 12 月 22 日施行

18. 关于进一步优化《北京市固定资产投资项目结合修建人民防空工程审批流程》的通知（京民防发〔2017〕120 号），北京市民防局，2017 年 12 月 25 日施行

19.《关于进一步优化营商环境深化建设项目行政审批流程改革的意见》（市

规划国土发〔2018〕69 号），北京市规划和国土资源管理委员会，2018 年 3 月 7 日施行

20. 关于印发《北京市人民防空工程和普通地下室规划用途变更管理规定》的通知（京民防发〔2018〕78 号），北京市民防局，2018 年 8 月 21 日施行

21. 关于印发《"人民防空工程监理乙级、丙级资质许可"告知承诺暂行办法》的通知（京人防发〔2018〕3 号），北京市人民防空办公室，2018 年 11 月 8 日施行

22. 关于印发《"人民防空工程设计乙级资质许可"告知承诺暂行办法》的通知（京人防发〔2018〕2 号），北京市人民防空办公室，2018 年 11 月 8 日施行

23.《关于废止部分工程建设审批领域行政规范性文件的通知》（京人防发〔2018〕7 号），北京市人民防空办公室，2018 年 11 月 16 日施行

24. 印发《关于优化新建社会投资简易低风险工程建设项目审批服务的若干规定》的通知（京政办发〔2019〕10 号），北京市人民政府办公厅，2019 年 4 月 28 日施行

25. 关于印发《北京市人民防空办公室关于建立人民防空行业市场责任主体守信激励和失信惩戒制度的实施办法（试行）》的通知（京人防发〔2019〕72 号），北京市人民防空办公室，2019 年 5 月 31 日施行

26. 关于印发《北京市防空地下室面积计算规则》的通知（京人防发〔2019〕69 号），北京市人民防空办公室，2019 年 6 月 3 日施行

27. 关于印发《北京市人民防空办公室行政规范性文件制定和管理办法》的通知（京人防发〔2019〕71 号），北京市人民防空办公室，2019 年 6 月 3 日施行

28. 关于印发《北京市防空地下室易地建设管理办法》的通知（京人防发〔2019〕79 号），北京市人民防空办公室，2019 年 8 月 1 日施行

29. 关于印发《平时使用人民防空工程批准流程》《人防工程拆除批准流程》《人防工程改造批准流程》《人民防空警报设施拆除批准流程》的通知（京人防发〔2019〕111 号），北京市人民防空办公室，2019 年 9 月 11 日施行

30.《北京市人民防空办公室关于废止部分行政规范性文件的通知》（京人防发〔2019〕151 号），北京市人民防空办公室，2019 年 12 月 23 日施行

31.《关于修改 20 部规范性文件部分条款的通知》（京人防发〔2019〕152 号），北京市人民防空办公室，2019 年 12 月 3 日施行

32.《关于废止部分行政规范性文件的通知》（京人防发〔2020〕9 号），北京市人民防空办公室，2020 年 2 月 18 日施行

33. 关于印发《关于利用地下空间设置智能快件箱的指导意见》的通知（京人防发〔2020〕76 号），北京市人民防空办公室，2020 年 8 月 7 日施行

34. 关于印发《北京市人民防空办公室关于建立人民防空行业市场责任主体守信激励和失信惩戒制度的实施办法（试行）》的通知（京人防发〔2020〕86 号），北京市人民防空办公室，2020 年 11 月 1 日施行

35.《北京市人民防空办公室关于规范结合建设项目新修建的人防工程抗力等级

的通知》（京人防发〔2020〕93号），北京市人民防空办公室，2020年11月30日施行

36.北京市人民防空办公室关于印发《人民防空地下室设计方案规划布局指导性意见》的通知（京人防发〔2020〕105号），北京市人民防空办公室，2021年1月8日施行

37.北京市人民防空办公室关于印发《结合建设项目配建人防工程面积指标计算规则（试行）》的通知（京人防发〔2020〕106号），北京市人民防空办公室，2021年1月15日施行

38.北京市人民防空办公室关于印发《结合建设项目配建人防工程战时功能设置规则（试行）》的通知（京人防发〔2020〕107号），北京市人民防空办公室，2021年1月15日施行

39.北京市人民防空办公室关于印发《北京市人民防空系统行政处罚裁量基准（2021年修订稿）》的通知（京人防发〔2021〕60号），北京市人民防空办公室，2021年6月11日施行

40.北京市人民防空办公室关于印发《北京市人民防空系统行政违法行为分类目录（2021年修订稿）》的通知，北京市人民防空办公室，2021年6月11日施行

41.北京市人民防空办公室关于印发《北京市人防行政处罚规程》的通知（京人防发〔2021〕63号），北京市人民防空办公室，2021年6月16日施行

42.北京市人民防空办公室关于印发《北京市人防行政执法管理办法》的通知（京人防发〔2021〕62号），北京市人民防空办公室，2021年7月15日施行

43.北京市人民防空办公室关于印发《北京市人防行政执法管理办法》的通知（京人防发〔2021〕62号），北京市人民防空办公室，2021年6月16日施行

44.北京市人民防空办公室关于取消人民防空工程设计乙级及监理乙、丙级资质认定的通知（京人防发〔2021〕64号），北京市人民防空办公室，2021年7月2日施行

45.北京市人民防空办公室 北京市住房和城乡建设委员会关于印发《新能源电动汽车充电设施在人防工程内安装使用指引》的通知（京人防发〔2021〕72号），北京市人民防空办公室，2021年8月5日施行

三、技术文件

1.《平战结合人民防空工程设计指南》，中国建筑标准设计研究院有限公司，张瑞龙、袁代光等，2014年5月

2.《北京市人民防空工程平时使用设计要点（试行）》，北京市建筑设计研究院有限公司，2019年3月25日施行

四、施工与验收

1.关于印发《人防工程竣工验收备案管理办法》的通知，北京市民防局，2014年6月21日施行

2.关于印发《北京市人民防空工程质量监督管理规定》的通知（京民防发

〔2015〕90号），北京市民防局，2015年12月9日施行

3.关于印发《北京市城市基础设施人民防空防护工程建设管理暂行办法》的通知（京人防发〔2018〕22号），北京市人民防空办公室，2018年11月29日施行

4.关于印发《北京市人民防空工程竣工验收办法》的通知（京人防发〔2019〕4号），北京市人民防空办公室，2019年1月21日施行

5.关于印发《北京市人民防空工程质量监督管理规定》的通知（京人防发〔2019〕119号），北京市人民防空办公室，2019年10月12日施行

五、产品

1.《关于采用新型人防工程防化及防护设备产品的通知》，北京市民防局，2011年6月9日施行

2.《人民防空工程防护设备安装技术规程　第1部分：人防门》DB11/T 1078.1—2014，北京市民防局、原总参工程兵第四设计研究院，2014年10月1日施行

3.《关于做好北京市人防专用设备生产安装管理工作的意见》（京民防发〔2015〕28号），2015年5月1日实施

4.关于印发《北京市人防工程防护设备质量检测实施细则》的通知（京民防发〔2015〕57号），北京市民防局，2015年7月19日施行

5.关于印发《北京市人防工程专用设备销售合同备案管理办法》的通知（京民防发〔2016〕94号），北京市民防局，2017年1月11日施行

6.《关于清理规范人民防空工程竣工验收前人防设备质量检测中介服务事项的通知》（京民防发〔2017〕78号），北京市民防局，2017年8月3日施行

7.关于转发国家人民防空办公室、国家认证认可监督管理委员会《关于规范人防工程防护设备检测机构资质认定工作的通知》（国人防〔2017〕271号）的通知（京民防发〔2018〕6号），北京市民防局，2018年2月6日施行

六、造价定额

《关于进一步落实养老和医疗机构减免行政事业性收费有关问题的通知》（京民防发〔2016〕43号），北京市民防局，2016年6月15日印发

七、维护管理

1.关于印发《实施〈北京市房屋租赁管理若干规定〉细则》的通知（京民防发〔2008〕44号），北京市民防局，2008年3月18日施行

2.关于修改《北京市人民防空工程和普通地下室安全使用管理办法》的决定（北京市人民政府令第236号），北京市人民政府，2011年7月5日施行

3.《北京市人民防空工程和普通地下室安全使用管理办法》（北京市人民政府令第277号），北京市人民政府办公厅，2018年2月12日施行

4.关于印发《北京市地下空间使用负面清单》的通知（京人防发〔2019〕136号），北京市人民防空办公室，2019年10月28日施行

5.关于印发《北京市人民防空工程平时使用行政许可办法》的通知（京人防发〔2019〕105号），北京市人民防空办公室，2019年10月1日施行

6.关于印发《用于居住停车的防空地下室管理办法》的通知（京人防发〔2019〕57号），北京市人民防空办公室，2019年4月30日施行

7.《关于新型冠状病毒感染的肺炎疫情防控期间人防工程使用管理相关工作的通知》（京人防发〔2020〕7号），北京市人民防空办公室，2020年2月6日施行

8.关于印发《北京市人防空工程内有限空间安全管理规定》的通知（京人防发〔2020〕48号），北京市人民防空办公室，2020年5月5日施行

9.关于印发《北京市人民防空工程维护管理办法（试行）》的通知（京人防发〔2020〕81号），北京市人民防空办公室，2020年8月31日施行

八、其他

《北京市房屋建筑工程施工图多审合一技术审查要点（试行）》2018年版

上海市人防工程资料目录

（周锋整理）

1.《上海市民防条例》（公报2018年第八号），上海市人民代表大会常务委员会，1999年8月1日实施，2018年12月20日修订

2.《上海市民防工程建设和使用管理办法》（上海市人民政府令第30号），2002年12月18日上海市人民政府令第129号发布，2018年12月7日修正并重新公布

3.《上海市民防工程平战转换若干技术规定》（沪民防〔2012〕32号），上海市民防办公室，2012年6月1日起实施

4.《上海市人民防空地下室施工图技术性专项审查指引（试行）》（沪民防〔2019〕7号），上海市民防办公室，2019年1月14日实施

5.《上海市民防工程维护管理技术规程》（沪民防〔2019〕82号），上海市民防办公室，2020年1月1日起施行

6.《上海市民防工程标识系统技术标准》DB 31MF/Z 002—2022，2022年6月30日起施行

7.《上海市工程建设项目民防审批和监督管理规定》（沪民防规〔2020〕3号），上海市民防办公室，2021年1月1日起实施，有效期至2025年12月31日

8.《上海市民防建设工程人防门安装质量和安全管理规定》（沪民防规〔2021〕1号），上海市民防办公室，2021年3月8日起实施，有效期至2026年3月7日

9.《上海市民防工程使用备案管理实施细则》（沪民防规〔2021〕5号），上海市民防办公室，2021年12月1日起实施，有效期至2026年11月30日

10.《上海市城市地下综合管廊兼顾人民防空需要技术要求》DB 31MF/Z 002—2021，2021年12月1日起施行

江苏省人防工程资料目录

（朱波、宋华成整理）

1. 省民防局关于《加强人防工程防护设备产品买卖合同管理》的通知（苏防〔2011〕8号），江苏省民防局，2011年2月24日起施行

2. 省民防局关于《采用新型防护设备产品》的通知（苏防〔2012〕32号），江苏省民防局，2012年8月1日施行

3.《江苏省物业管理条例》，江苏省人民代表大会常务委员会，2013年5月1日起施行

4. 省民防局关于印发《江苏省民防工程防护设备设施质量检测管理实施细则（试行）》的通知（苏防规〔2013〕2号），江苏省民防局，2013年7月11日起施行

5. 省民防局关于印发《江苏省民防工程防护设备监督管理规定》的通知（苏防规〔2013〕1号），江苏省民防局，2013年9月1日起施行

6. 省民防局关于《统一全省人防工程防护设备标识设置》的通知（苏防〔2015〕28号），江苏省民防局，2015年6月3日起施行

7. 省民防局关于印发《江苏省人民防空工程项目审查办法》的通知（苏防〔2015〕52号），江苏省民防局，2015年9月6日起施行

8.《省政府办公厅关于推动人防工程建设与城市地下空间开发融合发展的意见》（苏政办发〔2016〕72号），江苏省人民政府办公厅

9.《江苏省政府办公厅关于加强人防工程维护管理工作的意见》（苏政办发〔2016〕111号），江苏省人民政府办公厅，2016年10月18日起施行

10.《关于进一步明确人防工程建设质量监督有关问题的通知》（苏防〔2016〕79号），江苏省民防局，2016年12月5日起施行

11. 省民防局关于印发《江苏省防空地下室建设实施细则（试行）》的通知（苏防规〔2016〕1号），江苏省民防局，2017年1月1日起施行

12.《省民防局关于全面开展人防工程防护设备质量检测工作的通知》（苏防〔2018〕13号），江苏省民防局，2018年2月26日起施行

13.《江苏省城乡规划条例》，江苏省人民代表大会常务委员会，2018年3月28日起施行

14.《人民防空食品药品储备供应站设计规范》DB32/T 3399—2018，江苏省质量技术监督局，2018年5月10日发布，2018年6月10日起实施

15.《江苏省人民防空工程维护管理实施细则》，江苏省人民政府，2018年10月24日起施行

16. 关于印发《江苏省人民防空工程标识技术规定》的通知（苏防〔2018〕71号），江苏省人民防空办公室

17.《江苏省人防工程竣工验收备案管理办法》（苏防〔2018〕81号），江苏省人民防空办公室，2018年12月29日起施行

18. 省人防办关于印发《江苏省人民防空工程建设平战转换技术管理规定》的通知（苏防〔2018〕70号），江苏省人民防空办公室，2019年1月1日起施行

19. 省人防办关于印发《江苏省人防工程建设领域信用管理暂行办法（试行）》的通知（苏防〔2019〕82号），江苏省人民防空办公室，2019年10月20日起施行

20.《江苏省人民防空工程质量监督管理办法》（苏防规〔2019〕1号），江苏省人民防空办公室，2019年10月20日起施行

21.《江苏省防空地下室易地建设审批管理办法》（苏防〔2019〕106号），江苏省人民防空办公室，2019年11月20日发布，2020年1月1日起执行

22.《江苏省人民防空工程建设使用规定》，江苏省人民政府，2020年1月1日起施行

23. 省人防办关于印发《江苏省人民防空工程面积测绘指南（试行）》的通知（苏防〔2020〕58号），江苏省人民防空办公室，2020年11月12日起施行

24. 省人防办关于印发《江苏省人民防空工程监理管理办法》的通知（苏防规〔2021〕1号），江苏省人民防空办公室，2021年5月15日起施行

25. 江苏省实施《中华人民共和国人民防空法》办法，江苏省人民代表大会常务委员会，2021年11月2日起施行

安徽省人防工程资料目录

（王为忠整理）

一、现行规范性文件

1.《安徽省人民政府关于依法加强人民防空工作的意见》（皖政〔2017〕2号），人防办，2017年8月30日起施行

2. 安徽省实施《中华人民共和国人民防空法》办法，1998年8月15日安徽省第九届人民代表大会常务委员会第五次会议通过，1999年10月15日第一次修正，2006年10月21日第二次修正，2020年9月29日修订

3.《安徽省实施〈中华人民共和国人民防空法〉办法》释义

4. 安徽省人防办、省发展改革委、省国土资源厅、省住房和城乡建设厅、省工商监督管理局、省政府金融办、中国人民银行合肥中心支行《关于建立房地产企业使用人防工程信用承诺制度的通知》（皖人防〔2018〕122号），太湖县住房和城乡建设局，2020年11月16日发布

5.《安徽省住房和城乡建设厅、安徽省人民防空办公室关于加强城市地下空间暨人防工程综合利用规划管理》（建规〔2015〕289号），安徽省住房和城乡建设厅，安徽省人民防空办公室，2015年12月10日发布

6.《安徽省民用建筑防空地下室建设审批改革实施意见》（皖人防〔2020〕2号），安徽省人民防空办公室综合处，2020年5月8日发布

7.《安徽省人民防空办公室 安徽省财政厅关于加强人防工程易地建设工作的通

知》（皖人防〔2019〕94号），安徽省人民防空办公室、安徽省财政厅，2019年12月16日发布

8.《安徽省人民防空办公室关于明确防空地下室易地建设面积指标的通知》（皖人防〔2020〕16号），安徽省人民防空办公室，2020年3月12日发布

9.《关于进一步优化施工许可和竣工验收阶段有关事项办理流程的通知》（建市〔2020〕26号），安徽省住房和城乡建设厅、安徽省人防办，2020年4月15日发布

10.《关于进一步规范防空地下室易地建设费减免有关事项的通知》（皖人防〔2020〕60号），安徽省人民防空办公室工程处，2020年7月13日发布

11.安徽省人民防空办公室关于印发《安徽省防空地下室易地建设审批管理办法》的通知（皖人防〔2020〕62号），安徽省人民防空办公室工程处，2020年7月13日发布

12.安徽省人民防空办公室关于印发《安徽省人民防空工程质量监督管理办法》的通知（皖人防〔2020〕63号），安徽省人民防空办公室，2020年12月3日发布

13.《安徽省人防工程质量监督实施细则》（皖人防〔2020〕40号），安徽省人民防空办公室，2020年5月11日发布

14.《关于进一步加强城市住宅小区防空地下室维护管理的通知》（皖人防〔2018〕160号），安徽省人防办、省住房和城乡建设厅，2018年11月12日发布

15.《安徽省人民防空办公室关于人防工程平战功能转换要求的通知》（皖人防〔2016〕131号），安徽省人民防空办公室，2017年1月1日发布

16.《安徽省人民防空办公室关于印发〈安徽省人民防空工程标识技术规定〉的通知》（皖人防〔2020〕66号），安徽省人民防空办公室，2016年9月23日发布

17.《安徽省人民防空办公室关于进一步明确人防工程专用设备和生产安装企业资质要求的通知》（皖人防〔2019〕5号），安徽省人民防空办公室，2019年1月14日发布

18.《安徽省人民防空办公室关于省外人防从业企业入皖备案实行告知承诺制管理有关事项的通知》（皖人防综〔2019〕22号），安徽省人民防空办公室，2018年11月12日发布

19.《安徽省人民防空办公室关于印发〈安徽省人防工程防护质量检测管理办法〉的通知》（皖人防〔2020〕72号），安徽省人民防空办公室，2020年9月4日发布

20.《安徽省人民防空办公室关于规范人防工程防护设备检测合格证发放的通知》（皖人防综〔2018〕87号），安徽省人民防空办公室，2018年11月12日发布

21.《安徽省人民防空办公室 安徽省财政厅关于加强人防工程易地建设工作的通知》（皖人防〔2019〕38号），滁州市人民防空办公室，2019年5月22日发布

22.《安徽省人民防空办公室关于优化人防工程防护防化设备市场营造公平竞争市场环境的指导意见》（皖人防〔2020〕73号），安徽省人民防空办公室，2020年9月14日发布

23.安徽省人民防空办公室关于颁布实施《安徽省人防工程费用定额》的通知（皖

人防〔2020〕74号），安徽省人民防空办公室，2020年9月4日发布

24. 安徽省人民防空办公室关于印发《审批建设防空地下室有关问题的指导意见（试行）》的通知（皖人防〔2021〕32号），安徽省人民防空办公室综合处，2021年8月27日发布

25. 关于印发《安徽省人防工程建设企业从业信用状况分类管理办法（试行）》的通知（皖人防〔2022〕13号），安徽省人民防空办公室法规宣传处，2022年6月24日发布

26. 安徽省人民防空办公室关于印发《安徽省人防工程建设企业从业信用状况分类评分规则》的通知（皖人防〔2022〕14号），安徽省安庆市人防办，2022年6月28日发布

二、废止的规范性文件

1.《安徽省人民防空办公室关于实行人防工程设计及施工图审查单位资质备案管理的通知》（皖人防办〔2012〕18号），废止时间2020年5月12日

2.《安徽省人民防空关于办公室关于进一步加强人防工程设计及施工图审查管理工作的通知》（皖人防办〔2012〕61号），废止时间2020年5月12日

3.《安徽省人民防空办公室关于印发人防示范工程建设基本要求的通知》（皖人防办〔2012〕53号），废止时间2020年5月12日

4.《安徽省人民防空办公室关于广德县人防工程质量监督工作实行代管的通知》（皖人防办〔2012〕73号），废止时间2020年5月12日

5.《安徽省人民防空办公室关于宿松县人防工程质量监督工作实行代管的通知》（皖人防办〔2012〕74号），废止时间2020年5月12日

6.《安徽省人民防空办公室关于开展人防工程乙级监理资质申报工作的通知》（皖人防办〔2012〕111号），废止时间2020年5月12日；执行《安徽省人民防空办公室关于印发"证照分离"改革事项优化审批和强化监管具体措施的通知》（皖人防综〔2018〕88号），安徽省人民防空办公室，2018年11月19日发布

7. 安徽省人民防空办公室关于印发《安徽省人民防空工程建设监理管理暂行规定》的通知（皖人防办〔2012〕122号），废止时间2020年5月12日；国家人民防空办公室关于印发《人防工程监理行政许可资质管理办法》的通知（国人防〔2013〕227号）文件，国家人民防空办公室，2013年3月15日发布

8. 安徽省人民防空办公室关于认真执行《安徽省人民防空工程建设监理管理暂行规定》的通知（皖人防〔2013〕37号），废止时间2020年5月12日；执行国家人防办《人防工程监理行政许可资质管理办法》（国人防〔2013〕227号），国家人民防空办公室，2013年3月15日发布

9.《安徽省人民防空办公室关于开展人防工程监理乙级资质申报工作的通知》（皖人防〔2013〕59号），废止时间2020年5月12日；执行《安徽省人民防空办公室关于印发"证照分离"改革事项优化审批和强化监管具体措施的通知》（皖人防综〔2018〕88号），安徽省人民防空办公室，2018年11月19日发布

10.《安徽省人民防空办公室关于申报乙级及以下人防工程监理资质等级人员条件和丙级资质业务范围通知》（皖人防〔2013〕88号），废止时间2020年5月12日；执行国家人民防空办公室《人防工程监理行政许可资质管理办法》（国人防〔2013〕227号），国家人民防空办公室，2013年3月15日发布

11.《安徽省人民防空办公室关于开展省内人防工程专业设计乙级资质认定工作的通知》（皖人防〔2013〕137号），废止时间2020年5月12日；执行《安徽省人民防空办公室关于印发"证照分离"改革事项优化审批和强化监管具体措施的通知》（皖人防综〔2018〕88号），安徽省人民防空办公室，2018年11月19日发布

12.《安徽省人民防空办公室关于发布人防工程防护设备产品检测信息价的通知》（皖人防〔2014〕5号），废止时间2020年5月12日

13.《安徽省人民防空办公室关于省外甲级人防工程监理设计单位备案有关事项的通知》（皖人防〔2015〕127号），废止时间2020年5月12日；执行《安徽省人民防空办公室关于省外人防从业企业入皖备案实行告知承诺制管理有关事项的通知》（皖人防综〔2019〕22号），安徽省人民防空办公室，2019年5月29日发布

14.《安徽省人民防空办公室关于减违规增设的人防工程监理乙级资质专家评审特别程序的通知》（皖人防〔2016〕9号），废止时间2020年5月12日

15.《安徽省人民防空办公室关于进一步规范人防工程防护（化）设备信息价发布和使用工作的通知》（皖人防〔2016〕50号），废止时间2020年5月12日，自2018年7月份开始，安徽省人防办不再发布防护防化设备价格信息

16.《安徽省人民防空办公室关于明确外省甲级人防工程设计单位备案专业人员配置数量的批复》（皖人防〔2016〕73号），废止时间2020年5月12日

17.《安徽省人民防空办公室关于统一印制使用人防工程施工图审查合格书的通知》（皖人防〔2016〕74号），废止时间2020年5月12日；执行省住房城乡建设厅省人防办《关于进一步优化施工许可和竣工验收阶段有关事项办理流程的通知》（建市〔2020〕26号），安徽省住房和城乡建设厅、安徽省人民防空办公室，2020年4月15日发布

18.《安徽省人民防空办公室防空地下室易地建设费减免备案办理制度》（皖人防秘〔2016〕15号），废止时间2020年5月12日；执行省人防办《关于规范易地建设费减免备案程序的通知》（皖人防综〔2018〕86号），2018年5月18日发布

19.《安徽省人民防空办公室关于实行防空地下室易地建设费减免备案制度的通知》（皖人防〔2016〕43号），废止时间2020年5月12日；执行省人防办《关于规范易地建设费减免备案程序的通知》（皖人防综〔2018〕86号），2018年5月18日发布

20.《安徽省人民防空办公室 安徽省发展和改革委员会关于人防工程防护设备采购项目纳入公共资源交易平台进行交易的通知》（皖人防〔2017〕151号），废止时间2020年5月25日；执行《必须招标的工程项目规定》（中华人民共和国国家发展和改革委员会令第16号），2018年3月27日发布

21.《安徽省人民防空办公室关于依法加强人防工程防护设备市场监管的实施意见》（皖人防〔2017〕56号），废止时间2020年9月4日

22.《安徽省人民防空办公室关于依法进一步严格开展人防工程防护设备市场监管工作的通知》（皖人防〔2017〕140号），废止时间2020年9月4日

23.《安徽省人民防空办公室关于依法进一步加强人防工程防化设备市场和质量监管的通知》（皖人防〔2017〕143号），废止时间2020年9月4日

24.《安徽省人民防空办公室关于实行人防工程建设不良行为信息报告和公告制度的通知》（皖人防〔2014〕132号），废止时间2022年6月15日；执行《安徽省人防工程建设企业从业信用状况分类管理办法（试行）》的通知（皖人防〔2022〕13号），安徽省人民防空办公室、安徽省发展和改革委员会、安徽省住房和城乡建设厅、安徽省市场监督管理局，2022年6月2日发布，《安徽省人防工程建设企业从业信用状况分类评分规则》的通知（皖人防〔2022〕14号），安徽省人民防空办公室，2022年6月10日发布

25.《安徽省人民防空办公室关于印发〈人防工程防护防化设备市场信用行为监管细则〉》的通知（皖人防〔2020〕61号），废止时间2022年6月15日；执行《安徽省人防工程建设企业从业信用状况分类管理办法（试行）》的通知（皖人防〔2022〕13号），安徽省人民防空办公室、安徽省发展和改革委员会、安徽省住房和城乡建设厅、安徽省市场监督管理局，2022年6月2日发布，《安徽省人防工程建设企业从业信用状况分类评分规则》的通知（皖人防〔2022〕14号），安徽省人民防空办公室，2022年6月10日发布

26.安徽省人民防空办公室《关于印发安徽省人防工程建设"黑名单"管理暂行办法的通知》（皖人防〔2016〕76号），废止时间2022年6月15日；执行《安徽省人防工程建设企业从业信用状况分类管理办法（试行）》的通知（皖人防〔2022〕13号），安徽省人民防空办公室、安徽省发展和改革委员会、安徽省住房和城乡建设厅、安徽省市场监督管理局，2022年6月2日发布，《安徽省人防工程建设企业从业信用状况分类评分规则》的通知（皖人防〔2022〕14号），安徽省人民防空办公室，2022年6月10日发布

河北省人防工程资料目录
（孙树鹏整理）

1.关于印发《人防工程防护设备安装技术要求》的通知（冀人防工字〔2016〕35号），河北省人民防空办公室，2016年12月21日印发

2.《人民防空工程建筑面积计算规范》DB13（J）/T 222—2017，河北省住房和城乡建设厅、河北省人民防空办公室，2017年5月1日实施

3.《人民防空工程防护质量检测技术规程》DB13（J）/T 223—2017，河北省住房和城乡建设厅、河北省人民防空办公室，2017年5月1日实施

4.《人民防空工程兼作地震应急避难场所技术标准》DB13（J）/T 111—2017，河北省住房和城乡建设厅、河北省人民防空办公室，2018 年 3 月 1 日实施

5.《城市地下空间暨人民防空工程综合利用规划编制导则》DB13（J）/T 278—2018，河北省住房和城乡建设厅、河北省人民防空办公室，2019 年 2 月 1 日实施

6.《城市地下空间兼顾人民防空要求设计标准》DB13（J）/T 279—2018，河北省住房和城乡建设厅、河北省人民防空办公室，2019 年 2 月 1 日实施

7.《城市综合管廊工程人民防空设计导则》DB13（J）/T 280—2018，河北省住房和城乡建设厅、河北省人民防空办公室，2019 年 2 月 1 日实施

8.《人民防空工程平战功能转换设计标准》DB13（J）/T 8393—2020，河北省住房和城乡建设厅、河北省人民防空办公室，2021 年 4 月 1 日实施

9.《综合管廊孔口人防防护设备选用图集》DBJT 02—187—2020，河北省住房和城乡建设厅、河北省人民防空办公室，2021 年 4 月 1 日实施

山西省人防工程资料目录

（靳翔宇整理）

1.《山西省实施〈中华人民共和国人民防空法〉办法》，1998 年 11 月 30 日山西省第九届人民代表大会常务委员会第六次会议通过，1999 年 1 月 1 日起施行

2.《山西省人民防空工程维护管理办法》（山西省人民政府令第 198 号），自 2007 年 3 月 1 日起施行

3. 山西省人民政府办公厅转发省财政厅等部门《山西省防空地下室易地建设费收缴使用和管理办法》的通知（晋政办发〔2008〕61 号），2008 年 7 月 1 日施行

4.《山西省人民防空办公室关于深化行政审批制度改革加强事中事后监管的意见》（晋人防办字〔2016〕23 号），山西省人民防空办公室

5.《中共山西省委山西省人民政府关于开发区改革创新发展的若干意见》（晋政办发〔2016〕50 号），山西省人民政府办公厅，2016 年 4 月 26 日发布

6.《关于加强防空地下室建设服务监管的通知》，山西省人民防空办公室，2017 年 6 月 10 日发布

7.《关于印发企业投资项目承诺制改革试点防空地下室建设流程、事项准入清单及配套制度的通知》（晋人防办字〔2018〕19 号），山西省人民防空办公室

8.《关于进一步加强和规范建设项目人民防空审查管理的通知》（晋人防办字〔2018〕71 号），山西省人民防空办公室

9.《山西省人民防空工程建设条例》，2018 年 9 月 30 日山西省第十三届人民代表大会常务委员会第五次会议通过

10.《山西省人民政府办公厅关于转发省人防办等部门山西省防空地下室易地建设费收缴使用和管理办法的通知》（晋政办发〔2021〕82 号），山西省人民政府办公厅，自 2021 年 10 月 7 日起施行

河南省人防工程资料目录

（杨向华整理）

一、政策法规

1.《关于规范人防工程建设有关问题的通知》（豫防办〔2009〕100号），河南省人民防空办公室、河南省发展改革委员会、河南省监察厅、河南省财政厅、河南省住房和城乡建设厅，2009年7月1日实施

2.《关于印发河南省防空地下室面积计算规则的通知》（豫人防〔2017〕142号），河南省人民防空办公室，2018年1月9日发布实施

3.《关于调整城市新建民用建筑配建人防工程面积标准（试行）的通知》（豫人防〔2019〕80号），河南省人民防空办公室，2020年1月1日实施

4.《河南省住房和城乡建设厅河南省人民防空办公室关于印发〈河南省城市地下空间暨人防工程综合利用规划编制导则〉〈河南省城市地下综合管廊工程人民防空设计导则〉》（豫建城建〔2020〕384号），河南省住房和城乡建设厅、河南省人民防空办公室，2020年2月26日发布实施

5.《河南省住房和城乡建设厅河南省人民防空办公室关于印发〈河南省城市地下空间暨人防工程综合利用规划编制导则〉〈河南省城市地下综合管廊工程人民防空设计导则〉》（豫建城建〔2020〕384号），河南省住房和城乡建设厅、河南省人民防空办公室，2020年2月26日发布实施

6.《河南省人民防空工程审批管理办法》（豫人防〔2021〕27号），河南省人民防空办公室，2021年3月26日发布

7.《河南省人民防空工程平战转换技术规定》（豫人防〔2021〕70号），河南省人民防空办公室，2021年11月1日实施

二、施工与验收

1.《关于印发河南省人民防空工程质量监督实施细则的通知》（豫人防〔2017〕143号），河南省人民防空办公室，2018年1月9日发布实施

2.《河南省人民防空工程竣工验收备案管理办法》（豫人防〔2019〕75号），河南省人民防空办公室，2019年12月1日实施

3.《河南省人民防空工程监理工作规程（试行）》（豫人防〔2019〕83号），河南省人民防空办公室，2020年1月17日发布

4.《全省人防工程质量监督"随报随检随批，一次办妥"规定》（豫人防工〔2020〕5号），河南省人民防空办公室，2020年2月26日发布

三、产品

1.《关于人防工程防护设备生产标准有关问题的通知》（豫防办〔2009〕201号），河南省人民防空办公室，2009年12月8日发布

2.《关于规范全省人防工程防护设备检测机构资质认定工作的通知》（豫人防〔2018〕49号），河南省人民防空办公室、河南省质量技术监督局，2018年5月16

日发布执行《RFP 型过滤吸收器制造和验收规范（暂行）》有关事项的通知（豫人防〔2021〕9 号），河南省人民防空办公室，2021 年 8 月 30 日发布

四、造价定额

《河南省人民防空办公室关于建筑业实施"营改增"后河南省人防工程计价依据调整的通知》（豫人防〔2016〕127 号），河南省人民防空办公室，2016 年 10 月 29 日发布

五、维护管理

《河南省人民防空工程标识管理办法》的通知（豫人防〔2017〕38 号），河南省人民防空办公室，2017 年 5 月 25 日发布

六、其他

1.《关于明确依法征收人防易地建设费有关问题的通知》（豫防办〔2010〕93 号），河南省人民防空办公室，2010 年 6 月 25 日发布

2.《关于公布人防规范性文件清理结果的通知》（豫人防〔2017〕145 号），河南省人民防空办公室，2017 年 12 月 27 日发布

3.《关于印发河南省人民防空工程审批管理暂行办法的通知》（豫人防〔2017〕139 号），河南省人民防空办公室，2018 年 1 月 8 日发布实施

4.《关于印发河南省人民防空工程建设质量管理暂行办法的通知》（豫人防〔2017〕140 号），河南省人民防空办公室，2018 年 1 月 9 日发布实施

5.《河南省人民防空办公室关于印发河南省人防工程审批制度改革实施意见的通知》（豫人防〔2019〕54 号），河南省人民防空办公室，2019 年 9 月 4 日发布

6.《河南省人民防空办公室行政许可事项工作程序规范》（豫人防〔2019〕86 号），河南省人民防空办公室，2020 年 1 月 8 日发布

7.《河南省人民防空工程施工图设计文件审查要点（试行）》（豫人防〔2021〕15 号），河南省人民防空办公室、河南省住房和城乡建设厅，2021 年 3 月 1 日实施

内蒙古自治区人防工程资料目录
（任青春整理）

1.《内蒙古自治区人民防空工程建设造价管理办法》，内蒙古自治区人民防空办公室，2007 年 10 月 13 日发布

2.《内蒙古自治区人民防空工程建设管理规定》，内蒙古自治区人民政府，2013 年 1 月 17 日发布

3.《内蒙古自治区人民防空办公室关于印发人防工程建设管理相关配套文件的通知》——《内蒙古自治区人民防空工程建设质量监督管理办法》（内人防发〔2013〕16 号），内蒙古自治区人民防空办公室，2013 年 5 月 17 日发布

4.《内蒙古自治区人民防空办公室关于印发人防工程建设管理相关配套文件的通知》——《内蒙古自治区防空地下室建设程序管理办法》（内人防发〔2013〕16 号），

内蒙古自治区人民防空办公室，2013 年 5 月 17 日发布

5.《内蒙古自治区人民防空办公室关于印发人防工程建设管理相关配套文件的通知》——《内蒙古自治区人民防空工程施工图设计文件审查管理办法》（内人防发〔2013〕16 号），内蒙古自治区人民防空办公室，2013 年 5 月 17 日发布

6.《关于规范人防工程防护设备检测》（内人发字〔2018〕11 号），内蒙古自治区人民防空办公室，2018 年 11 月 1 日发布

广西壮族自治区人防工程资料目录
（钟发清整理）

1.《广西壮族自治区防空地下室易地建设费收费管理规定》（桂价费字〔2003〕462 号），广西壮族自治区人民防空办公室等，2004 年 4 月 1 日实施

2. 关于颁布实施《拆除人民防空工程审批行政许可办法》《新建民用建设项目审批批准行政许可办法》的通知（桂人防办字〔2006〕23 号），2006 年 3 月 3 日实施

3. 关于《进一步加快全区人民防空工程平战转换应急准备工作》的通知，广西壮族自治区人民防空办公室等，2007 年 12 月 29 日实施

4.《广西壮族自治区人民防空工程建设与维护管理办法》（广西壮族自治区人民政府令第 86 号），2013 年 4 月 1 日实施

5. 2013 年《人民防空工程预算定额》定额人工费、定额材料费、定额机械费调整系数，广西壮族自治区人民防空办公室，2018 年 7 月 23 日实施

6. 南宁市《应建防空地下室的新建民用建筑项目审批》（一次性告知），南宁市行政审批局、南宁市财政局，2018 年 8 月 1 日实施

7.《广西壮族自治区结合民用建筑修建防空地下室面积计算规则（试行）》（桂防通〔2019〕38 号），广西壮族自治区人民防空和边海防办公室等，2019 年 4 月 30 日实施

8.《关于规范防空地下室建设 优化营商环境 助推产业发展的实施意见》（桂防规〔2020〕1 号），广西壮族自治区人民防空和边海防办公室，2020 年 1 月 15 日实施

9.《广西壮族自治区结合民用建筑修建防空地下室审批管理办法（试行）》（桂防规〔2020〕2 号），广西壮族自治区人民防空和边海防办公室，2020 年 4 月 3 日施行

10. 广西壮族自治区人民防空和边海防办公室关于印发《广西壮族自治区人防工程建设程序管理办法（试行）》的通知（桂防通〔2020〕35 号），广西壮族自治区人民防空和边海防办公室，2020 年 4 月 8 日实施

11. 关于印发《广西壮族自治区人民防空工程设计资质管理实施细则（试行）》的通知（桂防规〔2020〕4 号），广西壮族自治区人民防空和边海防办公室，2020 年 4 月 30 日实施

12. 关于印发《广西壮族自治区人民防空工程质量监督管理实施细则（试行）》的通知（桂防规〔2020〕6 号），广西壮族自治区人民防空和边海防办公室，2020 年 4 月 23 日施行

13.《广西壮族自治区人防工程防护（防化）设备质量管理实施细则（试行）》的通知（桂防规〔2020〕7 号），广西壮族自治区人民防空和边海防办公室，2020 年 4 月 23 日实施

重庆市人防工程资料目录
（张旭整理）

1.《重庆市人民防空条例》，1998 年 12 月 26 日重庆市第一届人民代表大会常务委员会第十三次会议通过，2005 年 7 月 29 日重庆市第二届人民代表大会常务委员会第十八次会议第一次修正，2010 年 7 月 23 日重庆市第三届人民代表大会常务委员会第十八次会议第二次修正

2.《关于新建人防工程增配部分通风设备设施减少平战转换量的通知》（渝防办发〔2018〕162 号），重庆市人民防空办公室，2018 年 10 月 18 日发布实施

3.《重庆市城市综合管廊人民防空设计导则》，重庆市人民防空办公室、重庆市住房和城乡建设委员会，2019 年 4 月 1 日发布实施

4.《关于结合民用建筑修建防空地下室简化面积计算及局部调整分类区域范围的通知》（渝防办发〔2019〕126 号），重庆市人民防空办公室，2020 年 1 月 1 日发布实施

辽宁省人防工程资料目录
（刘健新整理）

1.《大连市人民防空管理规定》，2010 年 12 月 1 日市政府令第 112 号修改，大连市人民政府，2002 年 10 月 1 日实施

2.《沈阳市民防管理规定（2003 年）》（沈阳市人民政府令第 28 号），沈阳市人民政府，2004 年 2 月 1 日实施

3.《辽宁省人民防空工程建设监理实施细则》（辽人防发〔2009〕3 号），辽宁省人民防空办公室，2009 年 4 月 1 日实施

4.《辽宁省人民防空工程防护、防化设备管理实施细则》（辽人防发〔2010〕11 号），辽宁省人民防空办公室，2010 年 3 月 30 日实施

5.《人民防空工程标识》DB21/T 3199—2019，辽宁省市场监督管理局，2020 年 1 月 20 日实施

6.《沈阳市人防工程国有资产管理规定》（沈人防发〔2020〕10 号），沈阳市人

民防空办公室，2020 年 7 月 2 日实施

7.《关于人防工程设计企业从业资质有关事项的通知》（辽人防发〔2021〕1 号），辽宁省人民防空办公室，2021 年 10 月 29 日实施

浙江省人防工程资料目录
（张芝霞整理）

一、设计

（一）标准规范

1.《控制性详细规划人民防空设施配置标准》DB33/T 1079—2018

2.《建筑工程建筑面积计算和竣工综合测量技术规程》DB33/T 1152—2018

3.《早期坑道地道式人防工程结构安全性评估规程》DB33/T 1172—2019

4.《人民防空疏散基地标志设置技术规程》DB33/T 1173—2019

5.《人民防空固定式警报设施建设管理规范》DB33/T 2207—2019

6.《人民防空专业队工程设计规范》DB33/T 1227—2020

7.《人防门安装技术规程》DB33/T 1231—2020

8.《人民防空工程维护管理规范》DB3301/T 0344—2021

（二）政策法规

1. 浙江省人民防空办公室（民防局）关于学习贯彻《浙江省人民政府关于加快城市地下空间开发利用的若干意见》的通知（浙人防办〔2011〕35 号）

2.《浙江省人民防空办公室关于统一全省人防工程标识设置的通知》（浙人防办〔2012〕73 号），浙江省人民防空办公室，2012 年 6 月 8 日颁布

3.《浙江省人民防空办公室等关于加强地下空间开发利用工程兼顾人防需要建设管理的通知》（浙人防办〔2012〕81 号），浙江省人民防空办公室，2013 年 4 月 19 日颁布

4. 浙江省人民防空办公室关于印发《浙江省人民防空工程防护功能平战转换管理规定（试行）》的通知，浙人防办〔2022〕6 号，2022 年 5 月 1 日起施行

5.《浙江省防空地下室管理办法》（浙江省人民政府令第 344 号），浙江省人民政府第 63 次常务会议审议，2016 年 6 月 1 日起施行

6.《关于防空地下室结建标准适用的通知》（浙人防办〔2018〕46 号），浙江省人民防空办公室，2018 年 11 月 29 日颁布

7.《关于要求明确重点镇人防结建政策适用标准的请示》（浙人防办〔2019〕6 号），浙江省人民防空办公室，2019 年 1 月 31 日颁布

8. 关于印发《结合民用建筑修建防空地下室审批工作指导意见》的通知（浙人防办〔2019〕23 号），浙江省人民防空办公室，2019 年 12 月 30 日颁布

9. 浙江省人民防空办公室关于印发《浙江省结合民用建筑修建防空地下室审

批管理规定（试行）》的通知（浙人防办〔2020〕31号），浙江省人民防空办公室，2020年12月21日颁布

10.《浙江省实施〈中华人民共和国人民防空法〉办法》（第四次修订），浙江省第十三届人民代表大会常务委员会第二十五次会议通过，2020年11月27日起执行

（三）技术文件

1.《单建掘开式地下空间开发利用工程兼顾人防需要设计导则（试行）》，浙江省住房和城乡建设厅，浙江省人民防空办公室，2011年11月发布

2.《浙江省城市地下综合管廊工程兼顾人防需要设计导则》，浙江省住房和城乡建设厅，浙江省人民防空办公室，2017年9月发布

3.《浙江省人民防空专项规划编制导则（试行）》（浙人防办〔2020〕11号），浙江省人民防空办公室，2020年4月30日实施

4.《规划管理单元控制性详细规划（人防专篇）》示范文本，浙江省人民防空办公室，2020年6月23日实施

5.《浙江省人防疏散基地（地域）建设标准（征求意见稿）》，浙江省人民防空办公室，2020年7月8日发布

6.《浙江省人防疏散基地（地域）管理规定（征求意见稿）》，浙江省人民防空办公室，2020年7月8日发布

7.《浙江省防空地下室维护管理操作规程（试行）》，浙江省人民防空办公室，2020年7月20日发布

8.《防空地下室维护管理操作手册》，浙江省人民防空办公室，2020年7月20日发布

二、施工与验收

1.关于印发《浙江省人民防空工程竣工验收备案管理办法》的通知（浙人防办〔2009〕61号），浙江省人民防空办公室，2009年8月7日发布

2.关于印发《浙江省人民防空工程质量监督管理办法》的通知（浙人防办〔2017〕4号），浙江省人民防空办公室，2017年1月20日发布

三、产品

1.《关于人防工程防护设备产品实施公开招标的通知》（浙人防办〔2012〕51号），浙江省人民防空办公室，2012年3月21日发布

2.关于印发《浙江省人民防空工程防护设备质量检测管理实施办法》的通知（浙人防办〔2013〕39号），浙江省人民防空办公室，2013年8月15日发布

3.关于印发《浙江省人防工程和其他人防防护设施监理管理办法》的通知（浙人防办〔2014〕4号），浙江省人民防空办公室，2014年1月20日发布

4.关于印发《浙江省人民防空工程防护设备质量检测管理细则（试行）》的通知（浙人防办〔2015〕9号），浙江省人民防空办公室，2015年2月11日发布

5.关于征求《浙江省人防行业信用监督管理办法（试行）》意见与建议的公告，浙江

省人民防空办公室，2020 年 8 月 10 日发布

四、造价定额

关于印发《浙江省人防建设项目竣工决算审计管理办法》的通知，浙江省人民防空办公室，2017 年 4 月 26 日发布

五、维护管理

1.关于下发《浙江省人防工程使用和维护管理责任书（试行）》示范文本的通知，浙江省人民防空办公室，2016 年 9 月 29 日发布

2.《浙江省人民防空办公室关于人民防空工程平时使用和维护管理登记有关事项的批复》（浙人防函〔2016〕65 号），浙江省人民防空办公室，2016 年 12 月 30 日颁布

六、其他

1.关于印发《疏散（避难）基地建设试行意见》的通知（浙民防〔2005〕7 号），浙江省人民防空办公室，2005 年 9 月 30 日颁布

2.关于印发《浙江省人民防空工程防护功能平战转换技术措施》的通知（浙人防办〔2005〕162 号），浙江省人民防空办公室，2005 年 12 月 14 日颁布

3.《浙江省民防局关于人口疏散场所建设的意见（试行）》（浙民防〔2008〕12 号），浙江省人民防空办公室，2008 年 10 月 20 日颁布

4.关于印发《浙江省民防应急疏散场所标志》的通知（浙民防〔2008〕16 号），浙江省人民防空办公室，2008 年 12 月 4 日发布

5.关于印发《浙江省城镇人民防空专项规划编制管理办法》的通知（浙人防办〔2009〕50 号），浙江省人民防空办公室，2009 年 6 月 17 日发布

6.《浙江省民防局浙江省民政厅关于进一步推进应急避灾疏散场所建设的意见》（浙民防〔2010〕4 号），浙江省人民防空办公室，2010 年 5 月 21 日发布

7.《浙江省人民防空办公室关于大力推进人防建设与城市地下空间开发利用融合发展的意见》（浙人防办〔2012〕85 号），浙江省人民防空办公室，2012 年 8 月 3 日起实施

8.《关于地下空间开发利用兼顾人防需要与结建人防相关事宜的批复》，浙江省人民防空办公室，2014 年 5 月 4 日发布

9.《浙江省物价局、浙江省财政厅、浙江省人民防空办公室防空办公室关于规范和调整人防工程易地建设费的通知》（浙价费〔2016〕211 号），浙江省物价局、浙江省财政厅、浙江省人民防空办公室，2017 年 1 月 1 日起实施

10.《关于进一步推进人民防空规划融入城市规划的实施意见》（浙人防办〔2017〕42 号），浙江省人民防空办公室，2017 年 9 月 29 日起实施

11.《关于防空地下室结建标准适用的通知》（浙人防办〔2018〕46 号），浙江省人民防空办公室，2019 年 1 月 1 日起实施

12.《浙江省人民防空办公室关于公布行政规范性文件清理结果的通知》（浙人防办〔2020〕15 号），浙江省人民防空办公室，2020 年 6 月 4 日发布

山东省人防工程资料目录

（张春光整理）

一、设计

（一）标准规范

《人民防空工程平战转换技术规范》DB37/T 3470—2018，山东省人民防空办公室、山东省市场监督管理局，2019年1月29日起实施

（二）政策法规

1.《山东省人民防空工程建设领域企业信用"红黑名单"管理办法》（鲁防发〔2018〕8号），山东省人民防空办公室，2018年11月1日起施行

2.《〈人防工程和其他人防防护设施设计乙级资质行政许可〉告知承诺办法》（鲁防发〔2018〕12号）山东省人民防空办公室，2019年1月1日起施行

3.《关于规范新建人防工程冠名的通知》（鲁防发〔2019〕5号），山东省人民防空办公室，2019年2月1日起实施

4.《关于规范人民防空工程设计参数和技术要求的通知》（鲁防发〔2019〕7号），山东省人民防空办公室，2019年6月16日起实施

5.《山东省人民防空工程管理办法》（省政府令第332号），山东省政府，2020年3月1日起施行

（三）技术文件

《山东省防空地下室工程面积计算规则》（鲁防发〔2020〕5号），山东省人民防空办公室，2021年1月3日起实施

二、施工与验收

1.《关于加强人防工程防化设备生产安装管理的通知》（鲁防发〔2017〕3号），山东省人民防空办公室，2017年7月1日起实施

2.《山东省人民防空工程和其他人防防护设施建设监理实施细则》（鲁防发〔2017〕13号），山东省人民防空办公室，2017年12月1日起施行

3.《山东省人民防空工程质量监督档案管理办法》（鲁防发〔2017〕15号），山东省人民防空办公室，2017年12月1日起施行

4.《关于规范防空地下室制式标牌的通知》（鲁防发〔2017〕10号），山东省人民防空办公室，2018年1月1日起实施

5.《山东省人民防空工程质量监督管理办法》（鲁防发〔2018〕9号），山东省人民防空办公室，2018年12月16日起施行

6.《〈人防工程和其他人防防护设施监理乙级资质行政许可〉告知承诺办法》（鲁防发〔2018〕11号），山东省人民防空办公室，2019年1月1日起施行

7.《〈人防工程和其他人防防护设施监理丙级资质行政许可〉告知承诺办法》（鲁防发〔2018〕13号），山东省人民防空办公室，2019年1月1日起施行

8.《山东省单建人防工程施工安全监督管理办法》（鲁防发〔2020〕2号），山东省人民防空办公室，自2015年11月15日起施行

9.《山东省人民防空工程竣工验收备案管理办法》（鲁防发〔2020〕7号），山东省人民防空办公室，2021年2月1日起实施

10.关于规范《人防工程开工报告》有关问题的通知（鲁防发〔2020〕8号），山东省人民防空办公室，2021年2月1日起实施

三、造价定额

1.《山东省人防工程费用项目组成及计算规则（2020）》（鲁防发〔2020〕3号），山东省人民防空办公室，2020年12月1日起施行

2.《山东省人民防空工程建设造价管理办法》（鲁防发〔2020〕4号），山东省人民防空办公室，2020年12月1日起施行

四、维护管理

1.《山东省人民防空工程维护管理办法》（鲁防发〔2017〕5号），山东省人民防空办公室，2017年9月1日起施行

2.《山东省人民防空工程质量监督档案管理办法》（鲁防发〔2017〕15号），山东省人民防空办公室，2017年12月1日起施行

3.《关于实行制式人防工程平时使用证管理有关问题的通知》（鲁防发〔2017〕16号），山东省人民防空办公室，2017年12月1日起施行

4.《山东省人民防空工程建设档案管理规定》（鲁防发〔2020〕6号），山东省人民防空办公室，2019年2月1日起施行

5.《山东省人民防空办公室关于加强重要经济目标防护管理的意见》（鲁防发〔2021〕1号），山东省人民防空办公室，2021年2月1日起施行

6.《山东省单建人民防空工程安全生产事故隐患排查治理办法》（鲁防发〔2019〕2号），山东省人民防空办公室，2021年2月1日起施行

五、其他

1.《关于规范单建人防工程审批事项的通知》（鲁防发〔2017〕11号），山东省人民防空办公室，2017年12月1日起实施

2.《关于规范人民防空行政许可事项报送的通知》（鲁防发〔2017〕14号），山东省人民防空办公室，2017年12月1日起实施

3.《关于调整人民防空建设项目审批权限的通知》（鲁防发〔2018〕3号），山东省人民防空办公室，2018年5月1日起实施

4.《关于规范人民防空其他权力事项报送的通知》（鲁防发〔2018〕4号），山东省人民防空办公室，2018年5月1日起实施

5.《关于进一步加强学校防空防灾知识教育工作的意见》（鲁防发〔2018〕7号），山东省人民防空办公室，2018年7月1日起实施

6.《山东省人民防空行政处罚裁量基准》（鲁防发〔2018〕10号），山东省人民防空办公室，2019年1月1日起实施

7.《关于规范防空地下室易地建设审批条件的意见》（鲁防发〔2019〕4 号），山东省人民防空办公室，2019 年 2 月 1 日起实施

8.《关于人防工程设计、监理企业发生重组、合并、分立等情况资质核定有关问题的通知》（鲁防发〔2019〕8 号），山东省人民防空办公室，2019 年 10 月 11 日起实施

9.《关于加强人民防空教育工作的通知》（鲁防发〔2019〕9 号），山东省人民防空办公室，2020 年 1 月 19 日起实施

10.《关于在青少年校外活动场所增加防空防灾技能训练内容的通知》（鲁防发〔2019〕10 号），山东省人民防空办公室，2020 年 1 月 19 日起实施

六、济南市人防工程资料

1.《济南市人民防空办公室关于进一步加强已建人防工程管理工作的通知》（济防办发〔2017〕3 号），济南市人民防空办公室，2017 年 2 月 13 日起实施

2.《关于进一步规范我市拆除人防工程设施审批工作的通知》（济防办发〔2017〕4 号），济南市人民防空办公室，2017 年 2 月 13 日起实施

3.《关于规范人民防空工程悬挂标志牌、指示牌、标识牌的通知》（济防办发〔2017〕5 号），济南市人民防空办公室，2017 年 2 月 13 日起实施

4.《济南市人民防空办公室关于加强人防工程设计审批工作的意见》（济防办发〔2018〕78 号），济南市人民防空办公室，2018 年 10 月 1 日起施行

5.《济南市人防工程建设领域从业单位监督管理办法》（济防办发〔2018〕97 号），济南市人民防空办公室，2019 年 1 月 1 日起实施

6.《济南市人民防空工程人防门安装技术导则》（试行）（济人防工〔2020〕10 号），济南市人民防空办公室，2020 年 7 月 13 日公布

7.关于修改《济南市人民政府关于加强防空警报设施管理工作的通告》的决定（济南市人民政府令第 274 号），济南市人民政府，2021 年 1 月 27 日起施行

8.《关于进一步优化房屋建筑工程施工许可办理营商环境的通知》（济建发〔2021〕33 号），济南市住房和城乡建设局、济南市人民防空办公室、济南市行政审批服务局，2021 年 6 月 29 日起实施

贵州省人防工程资料目录

（包万明整理）

1.《省人民政府办公厅关于印发贵州省人民防空工程建设管理办法的通知》（黔府办发〔2020〕38 号），贵州省人民政府办公厅，2020 年 12 月 30 日起施行

2.《贵州省人民防空工程建设审批手册》，贵州省人民防空办公室，2019 年 10 月

3.《关于贵州省防空地下室建设标准和易地建设费征收管理的通知》（黔人防通〔2015〕19 号），贵州省人民防空办公室等单位，2015 年 5 月 29 日起施行

4.《省人民防空办公室关于开展人防工程建设防化设备安装工作的通知》（黔人防通〔2018〕44 号），贵州省人民防空办公室，2018 年 12 月 13 日起施行

5.《省人民防空办公室关于转发工程建设项目审批制度改革有关配套文件的通知》（黔人防通〔2019〕37号），贵州省人民防空办公室，2019年9月30日起施行

6.《贵州省人民防空办公室关于更新〈贵州省常用人防设备产品信息价〉的通知》（黔人防通〔2020〕65号），贵州省人民防空办公室，2021年1月1日起施行

7.《省人民防空办公室关于对防空地下室建筑面积有关事宜的通知》（黔人防通〔2020〕18号），贵州省人民防空办公室，2020年3月26日起施行

8.《贵州省人民防空办公室关于规范防空地下室易地建设审批的通知》（黔人防通〔2020〕21号），贵州省人民防空办公室，2020年4月20日起施行

9.《贵州省人民防空办公室关于加强全省人民防空工程标识标牌设置工作的通知》（黔人防通〔2021〕4号），贵州省人民防空办公室，2021年3月1日起施行

四川省人防工程资料目录
（赵建辉整理）

1.《关于规范勘察设计项目成果报送电子文档命名及格式要求的通知》（川建勘设科发〔2017〕91号），四川省住房和城乡建设厅，2017年2月10日起实施

2.《关于调整我省防空地下室易地建设费标准的通知》（川发改价格〔2019〕358号），四川省发展和改革委员会、四川省财政厅、四川省人民防空办公室，2019年9月1日起实施

3.《四川省人民防空办公室关于明确物流项目修建防空地下室范围的通知》（川人防办〔2020〕75号），四川省人民防空办公室，2020年11月16日起实施

4.关于印发《成都市人防工程设计方案总平图编制规定》的通知（成防办发〔2019〕10号），成都市人民防空办公室，2019年3月6日起实施

5.关于印发《成都市人民防空工程平战转换规定》的通知（成防办〔2019〕59号），成都市人民防空办公室，2019年11月28日起实施

6.关于印发《成都市防空地下室应建面积计算标准》的通知（成防办发〔2020〕19号），成都市人民防空办公室，2020年9月21日起实施

7.关于印发《成都市防空地下室易地建设费征收管理办法》的通知（成防办发〔2020〕18号），成都市人民防空办公室，2020年9月30日起实施

8.《关于医院建设项目中人防医疗救护工程设置类别审批要求的通知》（成防办函〔2021〕24号），成都市人民防空办公室，2021年4月13日起实施

9.《成都市人民防空地下室设计标准》DBJ51/T 159—2021

云南省人防工程资料目录
（王永权整理）

1.云南省实施《中华人民共和国人民防空法》办法，1998年9月25日云南省第

九届人民代表大会常务委员会第五次会议通过，1998 年 9 月 25 日云南省第九届人民代表大会常务委员会公告第 5 号公布

2.《云南省人民防空建设资金管理办法》，云南省人民防空办公室，2002 年 1 月 1 日起施行

3.《云南省人民防空行政执法规定》，云南省人民防空办公室，2006 年 8 月 15 日起施行

4.《云南省人民防空工程平战功能转换管理办法》，云南省人民防空办公室，2012 年 4 月 1 日起施行

5.《关于调整我省防空地下室易地建设收费有关问题的通知》（云价综合〔2014〕42 号），云南省物价局、云南省财政厅、云南省人民防空办公室，2014 年 3 月 7 日起执行

6.《云南省人民防空办公室关于落实人防工程平战转换有关规定的通知》（云防办工〔2017〕28 号），云南省人民防空办公室，2017 年 8 月 1 日起实施

7.《昆明市人民防空工程建设管理规定》（昆明市人民政府公告第 48 号），昆明市人民政府，2009 年 9 月 7 日起施行

8.《昆明市公共地下空间平战结合人防工程建设管理办法》（昆政发〔2012〕96 号），昆明市人民政府，2012 年 12 月 10 日起施行

9.《昆明市人防机动指挥通信系统平时使用管理办法》（昆政办〔2013〕105 号），昆明市人民政府，2013 年 10 月 30 日起施行

10. 关于印发《昆明市人民防空地下室质量检测技术指南（试行）》的通知（昆人防〔2019〕26 号），昆明市人民防空办公室，2019 年 9 月 27 日起实施

11. 关于印发《昆明市防空地下室施工图审查技术指引（试行）》的通知（昆人防〔2019〕32 号），昆明市人民防空办公室，2019 年 12 月 12 日起实施

12.《关于承接昆明市中心城区人防工程建设行政审批监管服务事项的函》（昆人防函〔2020〕419 号），昆明市人民防空办公室，2021 年 1 月 1 日起实施

新疆维吾尔自治区人防工程资料目录
（沈菲菲整理）

一、设计、政策法规

1.《新疆维吾尔自治区人民防空工程平战转换技术规定（试行）》（新人防规〔2020〕2 号），新疆维吾尔自治区人民防空办公室，2021 年 1 月 1 日起施行

2.《新疆维吾尔自治区人民防空工程建设行政审批管理规定（试行）》（新人防规〔2020〕1 号），新疆维吾尔自治区人民防空办公室，2021 年 1 月 1 日起施行

3.《新疆维吾尔自治区城市防空地下室易地建设收费办法》（新发改规〔2021〕10 号），新疆维吾尔自治区发展和改革委员会、新疆维吾尔自治区财政厅、新疆维吾尔自治区住房和城乡建设厅、新疆维吾尔自治区人民防空办公室，2021 年 8 月 30 日起施行

二、施工与验收

1.《新疆维吾尔自治区人民防空工程人防标牌制作悬挂技术规定》，新疆维吾尔自治区人民防空办公室，2019 年 5 月 29 日发布

2.《新疆维吾尔自治区人民防空工程竣工验收备案管理规定（试行）》，新疆维吾尔自治区人民防空办公室，2019 年 5 月 29 日起施行

三、维护管理

1.《新疆维吾尔自治区人民防空重点城市警报通信设施建设管理规定（试行）》（新政发〔2003〕58 号），新疆维吾尔自治区人民政府、新疆军区，2003 年 7 月 25 日起施行

2.《新疆维吾尔自治区人民防空警报试鸣暂行规定》（新政发〔2005〕38 号），新疆维吾尔自治区人民政府，2005 年 6 月 1 日起施行

3.《关于落实人防工程防化设备质量监管的通知》，新疆维吾尔自治区人民防空办公室，2017 年 7 月 1 日起施行

4.《新疆维吾尔自治区人防专家库管理办法（暂行）》，新疆维吾尔自治区人民防空办公室，2019 年 5 月 29 日起施行

5.《新疆维吾尔自治区人民防空工程质量监督管理规定（试行）》（新人防规〔2020〕5 号），新疆维吾尔自治区人民防空办公室，2021 年 1 月 1 日起施行

四、其他

1.《新疆维吾尔自治区"人防工程 遗留问题"处理程序的意见》，新疆维吾尔自治区人民防空办公室，2017 年 3 月 13 日起施行

2.《自治区人民防空办公室"双随机一公开"工作实施细则（试行）》，新疆维吾尔自治区人民防空办公室，2018 年 11 月 5 日起施行

3.《关于自治区房屋建筑和市政基础设施工程施工图审查机构开展人防工程施工图审查有关问题的通知》，新疆维吾尔自治区人民防空办公室、新疆维吾尔自治区住房和城乡建设厅，2019 年 12 月 5 日起施行

吉林省人防工程资料目录

（刘健新整理）

1.《吉林省人民防空地下室防护（化）功能平战转换技术规程》，吉林省人民防空办公室，2016 年 10 月 20 日起实施

2.《吉林省玄武岩纤维防护设备选用图集》RFJ 01—2017（吉防办发〔2017〕92 号），吉林省人民防空办公室，2017 年 6 月 12 日起实施

3.《吉林省人防工程质量检测管理办法》，吉林省人民防空办公室，2017 年 8 月 11 日起实施

4.《吉林省附建式地下空间开发利用兼顾人防要求工程设计导则》，吉林省人民防空办公室，2018 年 6 月起实施

陕西省人防工程资料目录

（韩刚刚整理）

一、设计

（一）标准规范

1.《早期人民防空工程分类鉴定规程》DB 61/T 1019—2016

2.《城市地下空间兼顾人民防空工程设计规范》DB 61/T 1229—2019

3.《人民防空工程标识标准》DB 61/T 5006—2021

4.《人民防空工程防护设备安装技术规程 第一部分：人防门》DB 61/T 1230—2019

（二）政策法规

1.《陕西省实施〈中华人民共和国人民防空法〉办法》，1998 年 6 月 26 日陕西省第九届人民代表大会常务委员会第三次会议通过，2002 年 3 月 28 日第一次修正，2003 年 11 月 29 日第二次修正

2.《关于人防工程易地建设费收费标准的补充通知》（陕价费调发〔2004〕19 号），陕西省物价局财政厅，2004 年 6 月 16 日起实施

3.《关于重新核定人防工程易地建设费收费标准的通知》（陕价费调发〔2004〕12 号），陕西省物价局价格监测监督处，2004 年 12 月 21 日起实施

4.《陕西省人民防空办公室关于明确新建民用建筑修建防空地下室范围的通知》（陕人防发〔2021〕95 号），陕西省人民防空办公室，2022 年 1 月 1 日起实施

5.《陕西省人民防空办公室关于规范防空地下室易地建设费执行减免政策的通知》（陕人防发〔2020〕126 号），陕西省人民防空办公室，2020 年 11 月 9 日起实施

二、施工与验收

《陕西省开展房屋建筑和市政基础设施工程建设项目竣工联合竣工验收的实施方案（试行）》（陕建发〔2018〕400 号），陕西省住房和城乡建设厅、陕西省发展和改革委员会、陕西省国家安全厅、陕西省自然资源厅、陕西省广播电视局、陕西省人民防空办公室，2018 年 11 月 26 日发布

三、产品

1.《关于公示人防工程防护设备定点生产和安装企业目录的通告》，陕西省人民防空办公室，2021 年 11 月 4 日发布

2.《陕西省人防专用设备生产安装企业、检测机构质量行为监督管理措施》，陕西省人民防空办公室，2021 年 9 月 16 日发布

3.《关于人防工程防护设备定点生产和安装企业入陕登记的通告》，陕西省人民防空办公室，2021 年 9 月 22 日发布

四、造价定额

《陕西省人防工程标准定额站关于发布 2014 年陕西省人防工程防护设备质量检测信息价的通知》（陕防定字〔2014〕05 号），陕西省人民防空工程标准定额站，2014 年 10 月 25 日起实施

五、维护管理

《陕西省人防平战结合工程防火安全管理规定》，陕西省人民防空办公室，2016年3月22日发布

六、其他

1.《关于进一步加强西安市城市地下空间规划建设管理工作的实施意见》（市政办发〔2018〕2号），西安市人民政府办公厅，2018年1月10日起实施

2. 西安市人民防空办公室关于贯彻落实《关于规范人防工程防护设备检测机构资质认定工作的通知》的通知，西安市人民防空办公室，2018年7月18日起实施

3.《西安市"结建"人防工程建设审批管理规定》（市人防发〔2018〕42号），西安市人民防空办公室，2018年10月1日起实施

4.《关于认定施工图综合审查机构的通知》（陕建发〔2018〕242号），陕西省住房和城乡建设厅、陕西省公安消防总队、陕西省人民防空办公室，2018年8月10日起实施

5.《西安市人民防空办公室关于西安市人防结建审批执行埋深3米条件等有关问题的通知》（市人防发〔2020〕26号），西安市人民防空办公室，2020年5月20日起实施

甘肃省人防工程资料目录
（王辉平整理）

1.《甘肃省物价局 甘肃省财政厅 甘肃省人防办 甘肃省建设厅关于〈甘肃省防空地下室易地建设费收费实施办法〉的补充通知》（甘价服〔2004〕第181号），甘肃省人民防空办公室，2004年6月28日起实施

2.《对人防工程防护设备定点生产企业管理规定的解读》，甘肃省人民防空办公室，2012年1月17日发布

3.《甘肃省人民防空行政处罚自由裁量权实施标准》（甘人防办发〔2015〕208号），甘肃省人民防空办公室，2015年12月4日起实施

4.《甘肃省人民防空工程平战结合管理规定》，甘肃省人民防空办公室，2020年1月10日发布施行

5.《甘肃省人民防空办公室关于进一步加强人防工程建设与管理的规定》（甘人防办发〔2020〕69号），甘肃省人民防空办公室，2020年10月1日起实施

6. 关于修订印发《甘肃省人防工程监理行政许可资质管理办法》的通知（甘人防办发〔2020〕93号），甘肃省人民防空办公室，2020年11月11日发布

广东省人防工程资料目录
（胡明智整理）

1.《广东省实施〈中华人民共和国人民防空法〉办法》，1998年7月29日广

东省第九届人民代表大会常务委员会公告第 12 号公布，1998 年 8 月 13 日起施行，2010 年 7 月 23 日修正

2.《广东省人民防空警报通信建设与管理规定》（粤府令第 82 号），广东省人民政府，2003 年 10 月 1 日起施行

3.《高校学生公寓和教师住宅建设项目缴纳人防工程建设费问题》（粤人防〔2004〕73 号），广东省人民防空办公室，2004 年 4 月 5 日

4.《关于明确新建民用建筑修建防空地下室标准的通知》（粤人防〔2010〕23 号），广东省人民防空办公室、广东省发展和改革委员会、广东省物价局、广东省财政厅、广东省住房和城乡建设厅，2010 年 1 月 26 日起实施

5.《关于开展人防工程挂牌管理工作的通知》（粤人防〔2010〕289 号），广东省人民防空办公室

6.《广东省人防工程防洪涝技术标准》（粤人防〔2010〕290 号），广东省人民防空办公室，2010 年 11 月 10 日起实施

7.《关于加强人防工程施工管理的意见》（粤人防〔2012〕105 号），广东省人民防空办公室

8.《广州市人民防空管理规定》，2013 年 8 月 28 日广州市第十四届人民代表大会常务委员会第二十次会议通过，2013 年 11 月 21 日广东省第十二届人民代表大会常务委员会第五次会议批准，2014 年 2 月 1 日起施行

9.《转发国家发改委等四部门关于防空地下室易地建设收费有关问题的通知》（粤人防〔2017〕117 号），广东省人民防空办公室，2017 年 6 月 2 日发布

10.《广东省单建式人防工程平时使用安全管理规定》的通知（粤人防〔2017〕177 号），广东省人民防空办公室，2017 年 8 月 4 日发布

11.《广东省人民防空办公室关于加强人防工程监理监督管理工作的意见》，广东省人民防空办公室，2018 年 3 月 3 日起实施

12.《广东省人防工程维护管理暂行规定》，广东省人民防空办公室，2018 年 10 月 10 日起实施

13.《关于规范结建式人防工程质量安全监督竣工验收备案工作的通知》（粤建质函〔2019〕1255 号），广东省住房和城乡建设厅，2019 年 12 月 2 日发布

14.《广东省人民防空办公室关于人民防空系统行政处罚自由裁量权实施办法》（粤人防〔2017〕127 号），广东省人民防空办公室，2020 年 2 月 26 日起实施

15.《广东省人民防空办公室关于征求规范城市新建民用建筑修建防空地下室意见的公告》（粤人防办〔2020〕72 号），广东省人民防空办公室，2020 年 6 月 19 日发布

16.《关于征求结建式人防工程质量监督工作指引（征求意见稿）意见的公告》（粤建公告〔2020〕62 号），广东省住房和城乡建设厅，2020 年 9 月 27 日发布

17. 关于印发《结建式人防工程质量监督工作指引》的通知（粤建质〔2021〕146 号），广东省住房和城乡建设厅，广东省人民防空办公室，2021 年 9 月 14 日发布

18.《广州市地下综合管廊人民防空设计指引》，广州市民防办公室、广州市住房和城乡建设委员会，2017年5月发布

19.《广州市住房和城乡建设局 广州市人民防空办公室关于人防工程设置标志牌的通知》（穗建规字〔2021〕9号），广州市住房和城乡建设局、广州市人民防空办公室，2021年9月2日发布

20.佛山市人民防空办公室关于印发《防空地下室施工图设计文件审查技术指引（试行）》的通知（佛人防〔2017〕121号），2017年10月30日发布

21.《汕头市人民防空管理办法》，汕头市人民政府办公室，2011年2月25日印发

美国防护工程设计标准等资料目录
（陈雷整理）

1.《防核武器设施设计：设施系统工程》（Designing facilities to resist nuclear weapon effects：facilities system engineering），TM 5-858-1，美国陆军部，1983年10月公开

2.《防核武器设施设计：武器效应》（Designing facilities to resist nuclear weapon effects：weapon effects），TM 5-858-2，美国陆军部，1984年7月6日公开

3.《防核武器设施设计：结构》（Designing facilities to resist nuclear weapon effects：structures），TM 5-858-3，美国陆军部，1984年7月6日公开

4.《防核武器设施设计：隔震系统》（Designing facilities to resist nuclear weapon effects：shock isolation systems），TM 5-858-4，美国陆军部，1984年6月11日公开

5.《防核武器设施设计：通风防护，加固，穿透防护，液压波防护设备，电磁脉冲防护设备》（Designing facilities to resist nuclear weapon effects：air entrainment，fasteners，penetration protection，hydraulic-surge protective devices，EMP protective devices），TM 5-858-5，美国陆军部，1983年12月15日公开（EMP，the electromagnetic pulse 的简写）

6.《防核武器设施设计：硬度验证》（Designing facilities to resist nuclear weapon effects：hardness verification），TM 5-858-6，美国陆军部，1984年8月31日公开

7.《防核武器设施设计：设施支持系统》（Designing facilities to resist nuclear weapon effects：facility support systems），TM 5-858-7，美国陆军部，1983年10月15日公开

8.《防核武器设施设计：说明性示例》（Designing facilities to resist nuclear weapon effects：illustrative examples），TM 5-858-8，美国陆军部，1985年8月14日公开

9.《设施系统工程：防核武器设施设计》（Facilities system engineering：designing facilities to resist nuclear weapon effects），UFC 3-350-10AN，美国国防部，2009年4月8日修订，取代：TM 5-858-1

10.《武器效应：防核武器设施设计》（Weapons effects：designing facilities to resist nuclear weapon effects），UFC 3-350-03AN，美国国防部，2009 年 4 月 8 日修订，取代：TM 5-858-2

11.《结构：防核武器设施设计》（Structures：designing facilities to resist nuclear weapon effects），UFC 3-350-04AN，美国国防部，2009 年 4 月 8 日修订，取代：TM 5-858-3

12.《隔震系统：防核武器设施设计》（Shock isolation systems：designing facilities to resist nuclear weapon effects），UFC 3-350-05AN，美国国防部，2009 年 4 月 8 日修订，取代：TM 5-858-4

13.《通风防护，加固，穿透防护，液压波防护设备，电磁脉冲防护设备：防核武器设施设计》（Air entrainment，fasteners，penetration protection，hydraulic-surge protection devices，and EMP protective devices：designing facilities to resist nuclear weapon effects），UFC 3-350-06AN，美国国防部，2009 年 4 月 8 日修订，取代 TM 5-858-5

14.《硬度验证：防核武器设施设计》（Hardness verification：designing facilities to resist nuclear weapon effects），UFC 3-350-07AN，美国国防部，2009 年 4 月 8 日修订，取代：TM 5-858-6

15.《设施支持系统：防核武器设施设计》（Facility support systems：Designing facilities to resist nuclear weapon effects），UFC 3-350-08AN，美国国防部，2009 年 4 月 8 日修订，取代：TM 5-858-7

16.《说明性示例：防核武器设施设计》（Illustrative examples：designing facilities to resist nuclear weapon effects），UFC 3-350-09AN，美国国防部，2009 年 4 月 8 日修订，取代：TM 5-858-8

17.《促进核设施退役的总体设计标准》（General design criteria to facilitate the decommissioning of nuclear facilities），TM 5-801-10，美国陆军部，1992 年 4 月 3 日公开

18.《防常规武器防护工程设计与分析》（Design and analysis of hardened structures to conventional weapons effects），UFC 3-340-01，美国国防部，2002 年 6 月 30 日公开

19.《防护工程供热、通风与空调设施标准》（Heating，ventilating and air conditioning of hardened installations）UFC3-410-03FA，美国国防部，1986 年 11 月 29 日编制，2007 年 12 月公开

参考文献

[1] 陆耀庆, 实用供热空调设计手册 [M]. 北京: 中国建筑工业出版社, 2008.

[2] 周谟仁, 流体力学泵与风机 (第二版) [M]. 北京: 中国建筑工业出版社, 1985.

[3] 孙一坚, 工业通风 (第二版) [M]. 北京: 中国建筑工业出版社, 1985.

[4] 孙一坚, 简明通风设计手册 (第一版) [M]. 北京: 中国建筑工业出版社, 1997.

[5] 郭春信, 地下空间自然通风 [M]. 北京: 中国建筑工业出版社, 1994.

[6] 地下建筑暖通空调设计手册编写组, 地下建筑暖通空调设计手册 [M]. 北京: 中国建筑工业出版社, 1983.

[7] 狄彦强, 传染性隔离病房气流组织设计研究 [J]. 暖通空调, 2005, 35: (11) 40.